资助项目
贵州省高层次创新型人才遴选培养计划（〔2016〕5666）
贵州省科技支撑计划（〔2017〕2827）

贵州道地中药材产地适宜性评价与品质提升关键技术

孙　超　张珍明　林昌虎　等　编著

科学出版社

北　京

内 容 简 介

本书是一本系统研究中药材产地适宜性与品质提升关键技术的综合性专著。本书首先简要介绍了贵州自然条件与中药材（经济）发展现状、贵州土壤类型与分布，以及产地适宜性评价的基本原理；之后围绕贵州道地半夏和太子参等多种中药材，对其进行了产地适宜性评价，提出了能够调控中药材品质最合理的耕作方式，因地制宜地提出了贵州道地中药材在不同适宜产地的施肥建议，构建了贵州道地中药材的污染控制与快速检测体系。

本书可供中药学、作物学、土壤学、生态学和环境科学等多个学科领域的科技工作者、研究生和本科生等在开展相关研究时使用，同时也能为决策者提供一定的科学参考。

审图号：黔 S（2023）002 号

图书在版编目（CIP）数据

贵州道地中药材产地适宜性评价与品质提升关键技术 / 孙超等编著. —北京：科学出版社，2023.3
　　ISBN 978-7-03-073878-3

　　Ⅰ. ①贵… Ⅱ. ①孙… Ⅲ. ①中药材—栽培技术—研究—贵州 Ⅳ. ①S567

中国版本图书馆 CIP 数据核字（2022）第 221352 号

责任编辑：罗　静　岳漫宇　薛　丽 / 责任校对：郑金红
责任印制：吴兆东 / 封面设计：刘新新

科学出版社 出版
北京东黄城根北街 16 号
邮政编码：100717
http://www.sciencep.com

北京中科印刷有限公司 印刷
科学出版社发行　各地新华书店经销

*

2023 年 3 月第　一　版　开本：B5（720×1000）
2023 年 3 月第一次印刷　印张：14 1/2
字数：292 000
定价：149.00 元
（如有印装质量问题，我社负责调换）

《贵州道地中药材产地适宜性评价与品质提升关键技术》编写人员

（按贡献大小排名）

孙　超　贵州医科大学　研究员

张珍明　贵州大学　教授

林昌虎　贵州医科大学　教授

张清海　贵州医科大学　教授

何腾兵　贵州大学　教授

王文华　贵州省农业资源与环境研究所　研究员

林绍霞　贵州省中国科学院天然产物化学重点实验室　副研究员

柳小兰　贵州省中国科学院天然产物化学重点实验室　副研究员

颜秋晓　贵州省中国科学院天然产物化学重点实验室　助理研究员

文锡梅　贵州省山地资源研究所　副研究员

牟桂婷　贵州省生物研究所　助理研究员

张家春　贵州省植物园　正高级工程师

蒋　影　贵州省植物园　高级工程师

洪　江　贵州科学院　副研究员

李龙强　贵州省第一测绘院　正高级工程师

陈盼芳　贵州省第一测绘院　高级工程师

刘盈盈　贵州省生物研究所　副研究员

罗文敏　贵州省生物研究所　副研究员

邓冬冬　贵州省第一测绘院　高级工程师

前　言

《中共中央　国务院关于促进中医药传承创新发展的意见》中指出，中医药学是中华民族的伟大创造，是中国古代科学的瑰宝，也是打开中华文明宝库的钥匙，为中华民族繁衍生息作出了巨大贡献，对世界文明进步产生了积极影响。党和政府高度重视中医药工作，特别是党的十八大以来，以习近平同志为核心的党中央把中医药工作摆在更加突出的位置，中医药改革发展取得显著成绩。同时，中医药发展基础和人才建设还比较薄弱，中药材质量良莠不齐，中医药传承不足、创新不够、作用发挥不充分，中西医并重方针仍需全面落实，遵循中医药规律的治理体系亟待健全，迫切需要深入实施中医药法，采取有效措施解决以上问题，切实把中医药这一祖先留给我们的宝贵财富继承好、发展好、利用好。国务院办公厅下发给工业和信息化部、国家中医药管理局等部门的《中药材保护和发展规划（2015—2020 年）》（以下简称《规划》），对我国中药材资源保护和中药材产业发展进行了全面部署，《规划》中指出，中药材是中医药事业传承和发展的物质基础，是关系国计民生的战略性资源。保护和发展中药材，对于深化医药卫生体制改革、提高人民健康水平，对于发展战略性新兴产业、增加农民收入、促进生态文明建设，具有十分重要的意义。

《贵州省发展中药材产业助推脱贫攻坚三年行动方案（2017—2019 年）》、《贵州省中药材保护和发展实施方案（2016—2020 年）》和《贵州省农村产业革命中药材产业发展推进方案（2019—2020 年）》等方案中指出，将合理布局产业、做大做强优势品种、延伸加粗产业链条、增强内生动力和带动能力，作为发展特色中药材产业的重要内容，推动贵州省实现从中医药资源大省向中医药强省迈进。

据贵州省农村产业革命中药材产业发展工作专班统计，截至 2021 年 9 月底，贵州省中药材累计种植面积 707.73 万亩（1 亩≈666.67m²）、产量 128.45 万 t、产值 146.62 亿元。全省共建设 100 亩以上生产基地 1949 个、面积 207.4 万亩，1000 亩以上规模化基地 330 个、面积 162 万亩，10 000 亩以上规模化基地 28 个、面积 91.4 万亩；建设种子种苗繁育基地 391 个、可推广种植面积 118 万亩，产业集聚度进一步加强。中药材种植成为贵州省助力乡村振兴，促进人民增产增收和中药民族药产业持续发展的重要支撑产业。

贵州地处中国西南部，是全国唯一没有平原的省份，境内地势西高东低，自中部向北、东、南三面倾斜，全省地貌可概括分为高原、山地、丘陵和盆地 4 种基本类型，其中 92.5%的面积为山地和丘陵；属亚热带季风气候，地跨长江和珠江两大水系。贵州特有的气候、地形地貌等环境特征在为道地中药材提供良好生长环境的同时，也给道地中药材种植的现代化管理带来了极大的挑战。独特的喀斯特地貌，决定了以目前的技术水平，3S 技术不能在省、市，以及县域范围内应用，因此，以道地中药材产地为应用研究范围，不失为发展贵州中药材现代化种植的突破口，将为贵州实现中药材现代化种植管理提供一定的参考。

本书围绕中药材产地适宜性与品质提升关键技术开展科学研究，旨在为贵州中药材种植的合理布局，种植新区、优势集中产区的布局及中药材质量、产量的全面提升提供科技支撑。围绕中药材产地适宜性评价的关键问题，研究团队完成了土壤环境与中药材品质的关系、产地适宜性评价与种植区划的研究，构建了中药材产地适宜性评价数字平台，并集成研究成果，研究了不同耕作方式与施肥对主要中药材生长、产量及品质的影响，筛选优化出贵州主要中药材的适宜耕作方式，总结了根茎、花叶类中药材品质调控的适宜技术，开展了成果验证示范基地建设，本书也对以上内容进行了细致地阐述。

由于本书涉及范围广、跨度大，书中难免有不足之处，敬请各位读者不吝指正。

孙　超　张珍明　林昌虎

2021 年 11 月

目　录

第一章　贵州自然条件与中药材（经济）发展现状

贵州简称"黔"，是我国古人类发祥地之一。春秋以前，贵州为荆州西南裔，属于"荆楚"或"南蛮"之一部。至春秋时代，境内部族林立，著名的有牂牁国，其政治中心叫夜郎邑（今安顺一带）。春秋末年，牂牁国衰落，牂牁江（今北盘江）流域另一支"濮"人兴起，占领了牂牁国北部领土，仍以夜郎邑为中心，定国号为夜郎。

第一节　贵州自然条件概况

一、气候条件

气候资源是四大主要自然资源之一。组成气候资源的光、热、水、气为植物生长提供最基础的物质和能量，既不能缺少，也不能被取代。贵州地处亚热带低纬度高原山区，气候类型为亚热带高原季风湿润气候类型。气候复杂多变，20 世纪五六十年代严冬、酷暑和旱涝（以旱为主）较多，而 80 年代后期以来（尤其是 90 年代）暖冬、旱涝（以涝为主）较多。贵州热量较丰富，由于海拔高差较大，气温垂直变化明显，大部分地区年均温在 14℃，东部边缘地区年均温 16～17℃，北部赤水和南部边缘地区年均温达 18℃。西部是贵州低温区，年均温低于 12℃；常年降水充沛，但时空分布不均，降水主要集中在夏季，大部分地区降水量在 1100～1300 mm；光能资源的年总量并不丰富，且各地光能资源年内分布不均，4～9 月日照时数偏多，占年总日照时数的 71%～77%，能充分满足植物的光照需要（钟有萍等，2018；吴战平和许丹，2007；王孜昌和王宏艳，2002）。

二、地形地貌

贵州地势相较于其他省份十分复杂，同时囊括了山地、丘陵及盆地，甚至还有高山、峡谷等。虽然说该省主要由高原、山地、丘陵、盆地这 4 大地形组成，但实际上有 92.5% 的土地面积是山地及丘陵。地形众多、崇山峻岭、连绵起伏、山脉纵横交错。其中，贵州喀斯特地貌最具有代表性，如溶洞、石林、石沟、石牙、石缝等各式各样，千姿万态。

贵州地形地貌复杂，气候和植被区域性分异明显，土壤类型多样，水平地带性和垂直地带性分布显著。且地处我国西南喀斯特（岩溶）地区的中心地带，分布着世界上最为典型的喀斯特景观，分布面积最广、最为集中。元古代浅变质岩系构成其基底，古生代至中生代沉积岩形成其盖层，经燕山运动使白垩系以前的整个沉积盖层发生强烈褶皱、断裂。盖层的沉淀是该地势高原形成的根本，且其褶皱的断裂发展和新构造运动促进了地质结构大幅度提升，让贵州变成了高原，而且在不一样的地质构造单位上有着不一样的地貌，该地区地貌差别也非常明显。贵州以高原、山地为主，地形东边低西边高，由中间向四周倾斜下降（除西部外），平均海拔为 1100 m。自古以来有"八山一水一分田"的说法。喀斯特地貌总面积为 109 084 km^2，占贵州面积的 62%。从东南向西北地势呈上升趋势，因大陆及海洋气候的共同影响，在特征上具有亚热带季风气候特点（陈默涵等，2016；贵州省综合农业区划编委会，1980）。

三、地形地貌对土壤类型的影响

由于地质背景不同，以及气候和植被的区域差异，形成了不同类型的土壤。土壤具有明显的水平和垂直分布差异，土壤微生物功能多样，干旱季节性变化极其显著。贵州气候和地理的复杂性直接影响土壤的发育与土壤类型的分布，其中红壤、黄壤、黄棕壤等是贵州的地带性土壤，其面积约占土壤总面积的60.29%，受母岩特性制约的岩性土壤（石灰土、紫色土）占土壤总面积的23.14%，人工耕种熟化的水稻土及其他土壤约占 16.57%。贵州的土壤总面积高达 158 741 km^2，占该省面积的90%以上。调研结果显示，省内有 15 个土类，36 个亚类。主要土壤类型有：黄壤、红壤、黄棕壤、石灰土、紫色土、水稻土等。在此基础上，应该建立更加完善的土壤分类系统，使得系统可以被交叉引用。岩溶山区特殊的地质地貌因素造就了生态环境脆弱的基础，土壤资源极其珍贵。土壤地带性属中亚热带常绿阔叶林红壤-黄壤地带。中部和东部的大部分地区主要的植被类型是湿性常绿阔叶林，该地区分布着大量的黄壤，其范围包括了整个贵州高原的主体。西南部多呈现偏干性的常绿阔叶林带，与西北地区具有很大的差异，包括土壤、湿度、环境和作物等，都有很多的不同，但是各自也保持着自身的特色，在对其进行了解的时候不能就单方面来研究，需要考虑很多的因素。例如，西南部为偏干性常绿阔叶林带，以红壤为主；西北部为具北亚热带成分的常绿阔叶林带，多为黄棕壤。但是，可以明显看出，贵州土壤资源不足，因此，提高土壤利用效率迫在眉睫，这对于更好地发展贵州农林业生产十分重要（陈默涵等，2016；张瑞萍，2008；高华端，2003；陈旭晖，1997；庞纯焘，1982；邹国础，1981；杨云，1980）。

第二节　中药材（经济）发展现状

中药（含民族药）产业是我国传统优势产业之一，近年来，多地政府将中药产业作为地区重点支柱产业扶持发展。作为我国重要的药用资源基地，贵州充分发挥地区特色优势，着力打造地方品牌，使贵州中药产业得到了快速发展。截至 2021 年 9 月，贵州中药材种植面积 707.73 万亩、产量 128.45 万 t、产值 146.62 亿元，10 万亩以上中药材种植大县达 25 个，200 亩以上规模化标准化生产基地达 1296 个、面积 72 万亩，种植规模万亩以上单品 47 个，产业累计带动 8.5 万户中低收入农户、25.5 万中低收入者增收。但相比邻省云南，虽然种植面积相当，产值却只有云南的一半，究其原因：一是贵州山地中药材产品附加值低；二是基础薄弱，现代化发展水平不高；三是缺少大品种，市场竞争力不强；四是产业链条短，一二三产业融合发展不够；五是产业机械化、信息化水平低。贵州省委、省政府已明确要把贵州建成全国道地中药材重要产区（潘建，2021；任小巧等，2014）。

第二章 贵州土壤类型与分布

土壤是地球陆地表面能够生长植物的疏松层，它以不完全连续的状况存在于陆地表面，可以称为土壤圈。土壤是独立的历史自然体，有着自己的生成发展过程。在土壤的发展过程中，受人类生产活动的影响，所以土壤是生物、气候、母岩、地形、时间和人类生产活动等成土因素综合作用下的产物。由于各成土因素作用的不同，产生出多种类型的土壤。各种类型土壤形成过程的实质是地球表面物质的地质大循环与生物小循环的对立统一（严健汉和詹重慈，1985）。

第一节 土壤功能与作用

土壤圈作为地球圈层中的一员，是各种物质、能量进行转换的重要场所，同时为生长在土壤中的植物源源不断地提供其所需的各种营养元素、矿物质等。因此，土壤对陆生植物的生长有着决定性的作用。从农业生产的角度看，土壤的本质属性是具有肥力，即土壤具有从环境条件与营养条件两方面供应和协调植物生长发育的能力。土壤温度和空气以及土壤孔隙属于环境因素，土壤养分和水分属于营养因素。而土壤的缓冲性、多孔性和吸收性是反映调节作用的主要特性。土壤肥力是土壤理化、生物特性的综合反映，它是一个动态的过程，可以变好，也可以变坏。从环境科学的角度看，土壤是人类环境的一个重要组成要素，它具有同化和代谢外界环境进入土体的物质的能力，使许多有毒、有害的污染物质变成无毒物质，甚至化害为利，这就是所谓的土壤净化力，所以土壤是环境的重要净化体。土壤作为一个生态系统，具有维持本系统生态平衡的自动调节能力，可以称为广义的土壤缓冲性能，它是土壤综合协调作用的反映（严健汉和詹重慈，1985）。

生产功能。影响植物生长的因素主要包括温度、光照、水分、养分和空气，其中温度与光照向植物提供热能和光能，水分、养分和空气是植物生长必需营养物质积累的源泉，水分与养分大部分是植物通过根系直接从土壤中获取的，小部分是植物通过叶片从空气中获得的，因此，土壤环境在植物生长过程中占据着关键的位置。

生态功能。生态系统是指在自然界一定的空间内，生物与环境构成的统一整体，在这个统一整体中，生物与环境之间相互影响、相互制约，并在一定时期内处于相对稳定的动态平衡状态。生态系统可大可小，小至一个鱼塘、一块草坪，大至海洋、湖泊、森林，甚至地球上所有生物、非生物的集合，都可称之为一个生态。土壤圈作为自然环境的五大圈（土壤圈、岩石圈、大气圈、水圈、生物圈）之一，属于中间圈层，是生物与环境间进行物质和能量交换的重要场所。在陆地生态系统中占有不可替代的地位。

环境功能。从环境学的角度看，土壤不仅是一种资源，还是人类生存环境的重要组成部分。它依据其独特的物质组成、结构、空间位置，在提高肥力的同时，还通过自身的缓冲、同化和净化性能，在稳定和保护人类生存环境中发挥极为重要的作用。土壤在自然界中处于大气圈、岩石圈、水圈、生物圈之间的过渡带，是联系有机界和无机界的中心环节，也是连接地理环境各组成要素的纽带。同时，土壤也是各种污染物的最大承受者。

工程功能。土壤的工程功能首先表现在：一方面，土壤是道路、桥梁、隧道、水坝等一切建筑物的"基地"与"地基"，"地基"的首要条件是坚实稳固的基础，事实上，不同地质条件下形成的土壤，其土壤性质如土壤坚实度、抗压强度、土壤黏滞性、可塑性、涨缩性、稳定性等是完全不同的，因此，在工程建筑选点、设计前，对土壤"基地"的稳固性做出评价是必不可缺的；另一方面，土壤又是工程建筑的原始材料，几乎 90%以上的建筑材料来源于土壤圈。其次，土壤还是陶瓷工业的基本原材料，一个精制的陶瓷制品总是由一种"特质"的土壤加工而成。

第二节　贵州土壤类型

贵州的土壤是在复杂的地貌、气候、植被、母质等自然条件及人为活动的影响下发育形成的，土壤类型较多，从亚热带的红壤到暖温带的棕壤都有分布。其中，黄壤分布面积最广，遍及贵州高原的主体部分。同时，境内还广泛发育石灰土和紫色土等岩性土，其中又以石灰土分布较广，紫色土呈斑状或条带状零星分布于贵州各地。

一、贵州土壤类型、面积和分布概况

根据全国第二次土壤普查的统计资料，贵州全省土壤面积为 23 871.17 万亩，占总土地面积的 90.36%，其中耕地 7352 万亩（毛面积，净面积 5597.29 万亩），林地 8948 万亩，牧地 7505 万亩。根据全国第二次土壤普查分类系统并结合贵州实际，贵州土壤共划分为 4 个土纲，6 个亚纲，15 个土类，36 个亚类；144 个土属，417 个土种（表 2-2-1）；其中土类是基本单元，土种则是基层分类单元。在土类以上归纳为土纲，土类以下则续分为亚类，亚纲是土纲的辅助单元，土属是土类和土种之间的过渡单元，土种以下还可再续分为变种。这次土壤分类依然遵循土壤发生学和土壤地带性学说的原则，即将土壤形成因素、成土过程与土壤属性作为土壤分类的依据。贵州地带性土壤有红壤、黄壤、黄棕壤和棕壤4个土类。红壤主要分布在东部海拔600 m以下的地区和南部800（东段）～1000 m（西段）以下地区，黄棕壤分布在东中部1300 m以上和西部1800 m以上地区，红壤与黄棕壤之间的广大地区，即贵州高原的主体分布着黄壤。在西部2400 m以上地区还分布着棕壤，但面积很小，仅占土壤面积的0.35%。此外还有石灰土、紫色土、石质土、粗骨土等初育土，沼泽土、潮土等水成土和半水成土，以及人为土——水稻土等11个非地带性土类。其中以石灰土的面积最大，除黔东南东部和黔北的赤水等少数县（市）外，贵州各地均有分布，面积占全省的第二位。其次为水稻土，除西部海拔2000 m以上高寒地区外，全省各地都有分布。紫色土呈斑状或条带状零星分布，主要分布在北部和西部的部分地区。水成土——沼泽土局部分布在地形低洼处，潮土主要分布在河流两岸，面积都不大。石质土等初育土多分布在坡度较陡的坡地。贵州主要土类及开垦为耕地的面积情况见表2-2-2。由表2-2-2可见，虽然贵州有15个土类，但红壤、黄壤、黄棕壤、石灰土、粗骨土、紫色土这6个土类就占全省土壤面积的九成以上，由这6个土类开垦的耕地也同样占全省耕地面积的90%以上，其中又以黄壤的面积最大，黄壤占全省土壤面积和耕地面积都将近50%（贵州省烤烟土壤区划项目组，2015）。

表 2-2-1　贵州省土壤分类系统

土纲	亚纲	土类	亚类	土属	土种（耕作土壤）
铁铝土	湿热铁铝土	红壤	红壤	红泥土	红泥土、死红泥土、油红泥土
				红砂泥土	红砂泥土、生红砂泥土、油红砂泥土、复钙红砂泥土
				红砂土	红砂土、寡红砂泥土
				桔红泥土	桔红泥土、油桔红泥土
				红黏泥土	复钙红黏泥土
			黄红壤	黄红泥土	黄红泥土、死黄红泥土、油黄红泥土
				黄红砂泥土	黄红砂泥土、生黄红砂泥土、油黄红砂泥土、黄红扁砂泥土
				黄红砂土	黄红砂土、寡黄红砂土
				桔黄红泥土	桔黄红泥土、死桔黄红泥土、油桔黄红泥土
				大黄红泥土	大黄红泥土、死大黄红泥土、油大黄红泥土
				黄红黏泥土	黄红桔泥土

续表

土纲	亚纲	土类	亚类	土属	土种（耕作土壤）
		红壤	红壤性土	幼红泥土	幼红泥土
				幼红砂泥土	幼红砂泥土
				幼红砂土	幼红砂土
				幼枯红泥土	幼枯红泥土
				幼大红泥土	幼大红泥土
铁铝土	湿热铁铝土	黄壤	黄壤	黄泥土	黄泥土、油黄泥土、死黄泥土、黄胶泥土、油黄胶泥土、碳质黄泥土、马肝黄泥土、死马肝黄泥土、油马肝黄泥土、复钙黄泥土
				黄砂泥土	黄砂泥土、生黄砂泥土、熟黄砂泥土、煤砂泥土、复钙黄砂泥土
				黄砂土	黄砂土、寡黄砂土、熟黄砂土
				枯黄泥土	枯黄泥土、死枯黄泥土、油枯黄泥土
				大黄泥土	大黄泥土、死大黄泥土、油大黄泥土、浅黄泥土、寡浅黄泥土、熟浅黄泥土、火石大黄泥土
				黄黏泥土	黄黏泥土、死黄黏泥土、油黄黏泥土、复盐基黄黏泥土
				紫黄砂泥土	紫黄砂泥土
				麻砂黄泥土	麻砂黄泥土
			漂洗黄壤	白胶泥	白胶泥
				白鳝泥	白鳝泥
				白散土	白散土
				白泥土	白泥土
				白黏土	白黏土
			黄壤性土	幼黄泥土	幼黄泥土、幼煤泥土、黄后砂泥土
				幼黄砂泥土	幼黄砂泥土
				幼黄砂土	幼黄砂土
				幼枯黄泥土	幼枯黄泥土
				幼大黄泥土	幼大黄泥土

续表

土纲	亚纲	土类	亚类	土属	土种（耕作土壤）
铁铝土	湿热铁铝土	粗骨土	酸性粗骨土	砾石红泥土	砾石红泥土、砾石红砂泥土、砾石红砂土、砾石大红泥土
				砾石黄泥土	砾石黄泥土、砾石黄砂泥土、砾石黄砂土、砾石枯黄泥土、砾石大黄泥土
				砾石灰泡土	砾石灰泡土、砾石灰泡砂土、砾石灰泡泥土、砾石煤灰泡土、砾石马肝灰泡土
			钙质粗骨土	白云砂土	白云砂土、岩砂土
		土质初育土	红黏土	酸性红黏土	板红黏土	板红黏土
		新积土	新积土	山洪湖砂土	新积砂砾土、洪淤砂泥土
水成土	水成土	沼泽土	草甸沼泽土		
			沼泽土		
			泥炭沼泽土		
		泥炭土	低位泥炭土		
水半成土	暗半水成土	山地草甸土	山地草甸土		
	淡半水成土	潮土	潮土	潮砂泥土	潮砂土、潮砂泥土、油潮砂泥土、潮泥土、油潮泥土、砾潮泥土
人为土	水稻土	水稻土	淹育水稻土	幼黄泥田	幼黄泥田、幼黄砂泥田、幼黄砂田、幼黄启砂泥田
				幼红泥田	幼红泥田、幼红砂泥田、幼红砂田、幼红扁砂泥田
				幼血肝泥田	幼血泥田、幼血砂泥田、幼血胶泥田、幼羊肝泥田
				大土泥田	大土泥田、砂大土泥田、胶大土泥田
			渗育水稻土	黄泥田	黄泥田、黄砂泥田、黄胶泥田、黄扁砂泥田、煤泥田、铁砂田
				红泥田	红泥田、红砂泥田、红胶泥田、红扁砂泥田
				血肝泥田	血泥田、血砂泥田、血胶泥田、羊肝泥田

续表

土纲	亚纲	土类	亚类	土属	土种（耕作土壤）
人为土	水稻土	水稻土	渗育水稻土	大泥田	大泥田、砂大泥田、胶大泥田、砻子泥田、火烧土田
				潮砂泥田	潮砂泥田、潮泥田
				煤锈水田	煤浆泥田、煤锈田、锈水田
			潴育水稻土	斑黄泥田	
				斑红泥田	
				紫泥田	
				大眼泥田	
				斑潮泥田	
				冷水田	
			潜育水稻土	青黄泥田	
				青红泥田	
				青紫泥田	
				青潮泥田	
				鸭屎泥田	
				马粪田	
				烂锈田	
				冷浸田	
			脱潜水稻土	干青红泥田	
				干青紫泥田	
				干青潮泥田	
				干鸭屎泥田	
				干马粪田	
			漂洗水稻土	白胶泥田	
				白鳝泥田	
				白砂田	

注：表中略去了各土属中的自然土种

表 2-2-2　贵州省土壤分布

土类	面积/万亩	占全省土壤面积/%	耕地面积/万亩	占总耕地面积/%	稻田面积/万亩	旱地面积/万亩
红壤	1 718.91	7.20	272.73	3.70	94.73	178
黄壤	11 705.55	49.04	3 364.18	45.76	1 067.18	2 297
黄棕壤	1 479.62	6.20	399.00	5.43		399
石灰土	4 178.32	17.50	1 645.74	22.4	627.74	1 018
粗骨土	1 432.50	6.00	514.00	6.99		514
紫色土	1 330.06	5.57	680.40	9.25	152.40	528
合计	21 844.96	91.51	6 876.05	93.53	1 942.05	4 934

二、贵州土壤资源质量

肥力性状，耕作层是耕作土壤最重要的发生层次，受耕作、施肥、灌溉影响较大，其厚度与农作物产量息息相关。在贵州耕作土壤中，无论稻田或旱地，均以 15～20 cm 耕层厚度的面积比例最大，分别为 47.6%和 58.0%，其次为 10～15 cm 耕层厚度，小于 10 cm 耕层厚度的比例最小。一般稻田耕层厚度比旱地的大。贵州壤土面积最大，达 173.35 万 hm²，占耕地面积的 46.4%；黏土面积 87.38 万 hm²，占 23.4%；沙土面积 54.85 万 hm²，占 14.7%；砾质土（砾石含量小于 30%）面积 27.07 万 hm²，占 7.3%；砾石土（砾石含量 30%～70%）面积 30.52 万 hm²，占 8.2%。

土壤表层容重，多在 0.70～1.21 t/m³，以山地草甸土最小，新积土最大。平均容重小于 1.00 t/m³ 的土壤类型有山地草甸土、泥炭土、石质土、沼泽土、石灰土、紫色土、黄壤，大于 1.00 t/m³ 的有红壤、粗骨土、新积土、水稻土。

土壤 pH，在 3.1～8.9。通常林草地土壤与耕地土壤之间有一定的差异。贵州耕地土壤以微酸性（pH 5.5～6.5）所占面积比例最大，为 35.7%；其次为中性（pH 6.5～7.5）土壤，占 31.1%；酸性和微碱性土壤分别占 16.6%和 13.1%；强碱性和碱性土壤很少，分别占 1.8%和 1.7%。

土壤阳离子交换量，一般变幅在 3.0～58.7 mg/cmol，随土地利用方式、土壤类型、质地和有机质含量不同而异。林草地土壤阳离子交换量平均值为：黄棕壤＞石灰土＞粗骨土＞紫色土＞黄壤＞红壤。而旱作土则为：紫色土＞黄棕壤＞石灰土＞粗骨土＞黄壤＞红壤。

土壤有机质及全氮含量，总体水平较高，平均分别为土壤总量的 4.06%和 0.204%。耕层有机质、全氮含量很丰富的分别占 27.1%和 29.9%，中等和较丰富的分别占 54.9%和 54.1%，低和较低的分别占 18.0%和 16.0%。土壤速效磷含量很低，平均为 8.06 mg/kg，变幅为痕量至 99 mg/kg。缺磷及极缺磷耕地面积大，占 93.6%。速效钾含量平均值为 124.40 mg/kg，变幅为 1～802 mg/kg；中等及丰富水平以上比例为 85.4%，很丰富的比例高达 15.3%。有效态微量元素含量由高到低依次是铁、锰、铜、锌（高或较高），钼（中），硼（低），平均含量分别为 70.83 mg/kg、27.4 mg/kg、2.5 mg/kg、1.73 mg/kg、0.174 mg/kg、0.38 mg/kg。有效硼含量＜0.5 mg/kg 的土壤样品占 69.5%，有效钼含量＜0.15 mg/kg 的土壤样品占 38.2%，有效锰含量＜5 mg/kg 的土壤样品占 12.2%，有效锌含量＜0.5 mg/kg 的土壤样品占 7.9%，有效铜含量＜0.2 mg/kg 的土壤样品占 8.4%，有效铁含量＜4.5 mg/kg 的土壤样品占 4.0%（陈泽辉，2011）。

第三节　贵州土壤特征

贵州常见土壤类型主要有黄壤、红壤和石灰土。黄壤、红壤是贵州山丘坡地主要的土壤类型，其中黄壤约占贵州土壤总面积的 49.04%，红壤约占 7.20%。黄壤和红壤的特点是酸性强、可耕层浅、土质黏重、湿时糊烂、干时板结、透气性差，不适于根及根茎类药材的生长。石灰土约占贵州土壤总面积的 17.50%，其主要特点是土壤透气性好，但保水性能差，雨后易板结，坡地易水土流失，适合于杜仲、黄檗、厚朴等木本类中药材和天冬、丹参、桔梗等根类中药材的种植。

第三章　产地适宜性评价

产地适宜性评价是针对具体作物在特定地域种植的土壤适宜度，所做出的定性、定量和定位的结论性评价，具有实践性、经验性、客观性及应用性的特点。适宜性分析要综合考虑区位以及土壤发育的生物、物理、化学条件，能够帮助农户和决策者对区域的土壤条件进行综合考虑，提高土壤及土地资源利用率，以实现土壤及土地资源的可持续利用。目前，产地适宜性评价主要集中于评价方法和土壤适宜性指标体系的研究，评价方法已经融合多学科的特点并可进行定量评价，而土壤适宜性指标主要是考虑影响土壤质量的因素（秦维等，2017；文正敏，2001）。

第一节　土地适宜性评价

土地适宜性评价是评价土地对特定利用类型的适宜性的过程，是最普遍和最常用的一种土地评价，适宜性按每种利用类型分开进行评价、分类和表达。这些特定利用类型可以是土地利用大类，如农业、林业、牧业等，也可以是更详细的土地利用，如某种农作物或森林树种等。土地适宜性评价是利用相关的自然、经济、社会和技术数据，对土地进行最佳土地利用评价，它是特殊目的的土地评价，不仅揭示了土地的生产潜力，更重要的是针对某种土地利用反映出土地适宜性的程度及改良利用的可能性。

由于各国及其不同地区根据自身特点形成了许多评价体系，加之评价研究工作的不断发展，土地适宜性评价的分类情况也较为复杂，可以从多种角度进行比较和分类：①按评价目的划分，有比较性评价和解释性评价，由于目的的不同，这两种评价的依据和着眼点也不同；②按评价指标划分（或者按评价的性质来划分），有自然评价和经济评价；③按评价的方法划分，有类别体系评价和参数体系评价两大类（傅伯杰，1991；登特等，1988；倪宏伶等，1993）。

第二节　道地中药材产地适宜性评价

随着中药原料用药需求量的不断提高，以及野生药材的过度采挖，中药资源日趋匮乏。为保证临床用药和国内外市场对中药材的需求，栽培中药材已成为野生药材最主要的替代来源。市场需求的快速增长导致道地药材产区土地资源紧张，迫切需要寻找新的生产适宜区，加之部分药材如人参、白术等，由于存在连作障碍需要多年后才能再次种植，每年都面临重新选择生产适宜区的难题。且种植户由于缺乏中药材引种和产地适宜性分析等相关知识，不考虑药材生产的自然生态环境盲目栽培引种，导致药材品质下降等诸多问题（陈士林等，2006）。

目前，常用大宗药材在由传统道地药材产区向新产区引种扩大的过程中缺乏政府参与，缺乏对药材生态适宜性的系统分析和评价研究，导致栽培药材质量的下降和土地资源的浪费。因此，加强道地药材产地适宜性研究，了解和掌握道地药材产地适宜性是解决这些问题的先决条件。产地适宜性分析和区划是中药材引种栽培的基础，也是研究道地药材形成的重要途径。对于充分合理地利用资源、优质高产地发展中药生产以及尽快实现中药生产集约化和商品规格化等具有十分重要的意义（陈士林等，2006）。

一、道地药材区划

特定生态环境是形成道地药材的重要外在因素。中国各地区的水土、气候、日照等生态环境因子千差万别，不同地域生态、气候条件的差异造成不同产区道地药材在性状、质量和药效上的差别。目前，道地药材的环境生态论、品种延续与产地变异论、持续利用理论和生态型理论均阐述了环境对道地药材的重要影响。道地药材品质与产地自然因素以及人为因素有密切关系。自然因素是指该地域所具有的特殊的地理环境、气候、土壤、水质、物种等；药用植物品质与气候因子的关联分析，以及道地药材产地生态适宜性的研究，在生物多样性监测、种质保护和评价等方面都具有重要的理论与实践意义（谢彩香等，2016；黄林芳和王雅平，2015）。

道地药材区划是对道地药材的自然分布规律以及道地药材生产的地域特点进行系统研究，按照区内相似性和区间差异性原则将道地药材资源分区。道地药材品质与生态环境研究不仅阐释了道地药材的生态特征需求，以及生态环境对道地药材品质的影响，同时对指导道地药材区划和生产合理布局也有重要参考价值。道地药材区划的目的在于揭示道地药材资源与道地药材生产的地域分异规律，药材区划是个庞大的系统工程，需要考虑的作用因素较多。目前道地药材区划主要有以下几种：定性区划和定量区划、生态区划和生产区划、国内区划和国际区划（谢彩香等，2016）。

二、道地药材产地适宜性研究方法

道地药材是中医中药在长期生产及临床实践中所使用的珍贵资源，如何使用现代多学科的方法、手段来阐明道地药材形成的科学原理，探讨道地药材形成的自然规律，建立和发展道地药材生产的规范基地，是决定中药材质量的重要因素。值得注意的是，道地药材的产地适宜性概念与普通生物学的概念不完全相同，因为道地药材的活性成分有些是正常发育条件下产生的，有些也可能是在胁迫（逆境）条件下产生和积累的，如银杏最适宜的生长发育环境并非黄酮类化合物积累的最适环境，而在次适宜环境下生长的银杏，黄酮积累较多。换言之，有些药材生长发育的适宜条件和次生代谢产物积累并不一定是平行的。因此，以道地药材为研究对象，开展产地适宜性研究，是中药资源生态学研究的一个重点且极富特色的研究领域。目前，按研究目的、对象和手段不同，产地适宜性的研究方法主要归纳为如下几类（索风梅等，2005）。

（一）单品种产地适宜性研究

在道地药材生产上，单品种的产地适宜性研究较多，一般多集中于单因子研究，如在产地土壤因子方面，采用野外调查与室内分析相结合的方法对款冬（*Tussilago farfara* L.）（花蕾可入药）的种植历史与地理分布，产地的气候、地形地貌、水文地质、成土母质、利用情况等成土条件，土壤剖面特征等进行了调查和研究，发现种植款冬的适宜土壤为灰包土，其次为黄灰包土。此外，通过分析不同土壤类型的土壤背景值和对应的三七皂苷含量。结果表明：不同土壤类型三七皂苷含量有明显差异，但土壤微量元素对三七皂苷含量无直接影响，这与不同产地三七的生态环境观察和微量元素研究中的结果较为一致。但是在松贝品质与其群落类型的相关性的研究中却发现，土壤元素钾、锰、锌、磷的含量差异是导致松贝品质差异的重要因子，且若尔盖高原土壤区所产松贝为最优的商品规格。在气候因子方面，通过比较两地乌头的粗多糖含量，发现在不同气候环境下生长的乌头中粗多糖含量存在着一定的差异，且在海拔相差不大的情况下，日照时数是造成两地乌头粗多糖含量差异的主要原因（索风梅等，2005；陈兴福等，2003；赵莉等，2000；崔秀明等，2000；张之申等，1991；陈士林等，1990）。

（二）单项地理因素的区划方法

中药材区划和适宜性区划的研究近年来得到广泛重视，中药材区划涉及中药研究的许多方面，其中，道地药材的产地适宜性研究是一个重要的内容，在中药材区划研究中，自然因素的分析与评价有很强的针对性或指向性，即首先必须明确是从什么目的出发进行自然因素的分析与评价，与单项地理因素相对应时，往往选择比较单一的目的。例如，采用国家规定的相关标准及方法从区域性、安全性、可操作性三个方面对佛坪山茱萸种植基地进行自然因素分析与评价，结果表明，佛坪是山茱萸的道地产区，其大气、土壤、灌溉水等环境因子均符合国家规定的相关标准，符合山茱萸规范化种植的条件。此外，根据甘肃自然条件，运用模糊数学方法对 20 种绿色道地药材气候生态适宜性进行定量研究，提出了道地药材生产合理布局及增产增值的设想。产地适宜性研究是中药材区划的重要内容，如通过对江苏地产、地道中药资源及其产业化背景的调查、分析和评价，将该省中药资源区划分成 5 个一级区、14 个二级区的二级区划系统，并对各区的自然概况和适生中药材品种作了介绍。在这些研究中，既考虑热量，也考虑水分条件、地貌因素和道地药材分布，具有多指标分析的性质。当然，即使是自然因素，如气候因素，也包含若干个指标，因此，可以说所谓单项的说法都是相对的（索风梅等，2005；宋婕等，2004；段金廒等，2004；汪少林等，2001）。

（三）多项自然因素的区划方法

道地药材产地适宜性评价和研究，通常不仅考虑单项因素，还需综合考虑与道地药材产地适宜性发展相关的诸多自然因素，在该领域中，既有传统的研究方法又有数值区划的分析手段，与单项地理因素的区划方法相比，多项自然因素区划方法的研究较少，目前，这类研究主要是针对特定植物成分而进行的。例如，通过建立梯度洗脱双波长高效液相色谱法（high performance liquid chromatography，HPLC），测定小檗属植物中生物碱（小檗胺、药根碱、巴马汀、小檗碱）含量，分析了采集于甘肃不同产地、不同品种小檗属植物的茎木、根木、茎皮、根皮样品，结果表明，不同产地、不同品种、不同部位三颗针植物中生物碱的含量分布有明显的差异。药用植物有效成分的形成、积累和生态条件密切相关，所以在选择生态适宜区时，除应考虑生长发育的适宜性外，还应分析研究药材产地和活性成分积累的关系。道地药材充分体现了中药材生长发育及药效成分二者与环境的高度适宜性，传统道地产区中药材的药效作用，从中医理论角度看是其全部活性组分的综合效应。在《中国中药区划》中，对药材适宜性分析和中药区划的关系作了阐述，提出了中药材的适宜性分析是药材生产区域合理划分的前提，并对野生、家用药用植物类和药用动物、矿物与海洋药物类适宜区进行了分析。例如，对金银花 4 个道地产地和 1 个非道地产地的土壤元素、有机质、金银花主成分含量和生态因子相关性进行了研究，结果表明，4 个道地产地在地理位置、土壤类型、气候区划等方面具有共性，道地和非道地产地金银花药材中主成分含量差异显著。在数值区划方面，将聚类分析应用于中药区划，其区划结果比较客观综合地反映了生态环境条件，并且与药材的道地产地基本相符，如"南药"区、"秦药"区、"怀药"区等，同时区划结果也与中国植物区系分区和中国植被分区有一定的吻合度（索风梅等，2005；中国药材公司，1995；刘晔玮等，2004；邢俊波等，2003；陈士林等，1994）。

（四）建立在聚类分析、模糊数学基础上的数值区划方法和 3S 技术的应用

数值分类是一种客观且可重现的定量研究方法，它能使研究者从大量的原始

资料中归纳出普遍的结论，在很大程度上弥补了定性方法之不足，如陈士林等（1994）根据药用植物的地理分布，运用计算机以组平均法聚类分析研究了中药区划，将全国分为 4 个区和 8 个亚区，并对各区和亚区的生态环境条件、植物区系和植被特征作了阐述。此外，肖小河等（1990）根据模糊集合论（fuzzy set theory）分别建立了乌头和附子 5 个生态气候要素的隶属函数模型，对四川乌头和附子产地气候条件的生态适宜性进行了综合评价，将四川划分为 3 个乌头不同适宜区和4 个附子不同适宜区，并运用该方法定量表征了 15 种川产道地药材气候生态适宜性（肖小河等，1992a），同时，运用聚类分析方法，将国产乌头属植物划分为 4个分布区（肖小河等，1992b）。诸多实践证明，运用该方法能够较好地对道地产地进行适宜性评价，具有很强的应用价值。类似地，采用主成分分析（principal component analysis，PCA）方法，对黑龙江 14 个引种西洋参生产基地的 12 项气候和地理指标组成的 14×12 原始数据矩阵进行了分类与排序。结果表明，黑龙江引种西洋参的气候分布格局呈聚集分布状况，明显集合成两个集团，而且还表明，影响引种西洋参分布的主导气候因子是水、热条件，以及二者的组合状态。近年来，3S 技术在农业和林业的产地适宜性评价上得到了较为广泛的应用，尤其是经济林业上（史舟等，2002；李红等，2002）。例如，金志凤和尚华勤（2003）利用浙江省 1∶25 万地形数据和常山县气象站 40 年的气候资料，建立区划指标的高层模型，应用地理信息系统 （geographic information system，GIS）技术对常山县胡柚适宜种植区成功进行了气候区划。目前，3S 技术在道地药材研究上应用较为有限，且现有的研究多集中于中药资源的调查和估产上，如甘草和人参的资源调查与产量估算等。中国医学科学院药用植物研究所在这方面进行了大量的研究（张本刚等，2005；陈士林等，2005），在道地药材产地适宜性评价方面，应用 GIS对苍术道地药材气候生态特征进行了研究，发现降水量与高温分别是影响苍术挥发油含量的生态主导因子和生态限制因子，并对其生境特征进行了定量研究，得出苍术道地药材形成具有逆境效应（郭兰萍等，2005）。在产地土壤适宜性方面，目前采用 GIS 平台，建立了一个由数据库、知识库、推理机和人机界面所构成的"专家系统"。系统调用有关知识，通过推理模拟专家的评价过程，解决了传统的土壤适宜性评价方法所存在的计算复杂、定位困难等问题。经过试验性运用证明该系统稳定可靠（刘友兆等，2001），有望在今后的道地药材产地适宜性研究中得到广泛应用（索风梅等，2005）。

（五）生物技术和仪器分析技术在产地适宜性研究中的应用

近年来，国内外从 DNA 分子水平上研究中药材道地性取得了长足进展。应用 DNA 技术，可以判断道地药材种下变异及产地平移等。例如，利用随机扩增多态性 DNA（random amplified polymorphic DNA，RAPD）对丹参主要群居的遗传关系及药材的道地性问题进行分析，结果表明，山东和河南可认为是丹参的道地产地（郭宝林等，2002）。仪器分析技术在道地药材产地适宜性的研究中主要集中在道地药材化学成分、有效成分的提取和分离，以及产地环境要素的测定三个方面。这些新技术手段的应用，必将推动道地药材产地适宜性研究领域的进一步发展（索风梅等，2005）。

第四章 贵州道地半夏、太子参等7种
中药材产地适宜性评价与种植区划

第一节 贵州道地半夏、太子参等7种
中药材产地适宜性评价

一、贵州道地半夏、太子参等7种中药材产地环境分析

（一）铁皮石斛

铁皮石斛（*Dendrobium officinale* Kimura et Migo）分布于浙江、江西、福建、安徽、湖南、广西、广东、云南、四川、贵州、西藏等省份。

本项目组对贵州铁皮石斛主要分布区域——兴义、罗甸、荔波、赤水、习水、正安、江口等地的主要气象因子分析发现，其年均气温均在16℃以上，≥10℃积温5000℃以上，1月均温6℃以上，1月最低气温3℃以上，7月均温22～27℃，年均降水量1200 mm以上。

铁皮石斛为多年生草本植物，常附生于海拔300～1700 m的林中树干上或岩石上，喜温暖、湿润和半阴环境，不耐寒。

（二）半夏

半夏[*Pinellia ternata* (Thunb.) Breit.]分布于湖北、河南、安徽、山东、四川、甘肃、浙江、湖南、江苏、河北、江西、陕西、山西、福建、广西、云南、贵州等省份。

半夏为贵州广布种，但在高温地区越夏困难，产量低。在贵州生长较好的区域主要有威宁、赫章、毕节、大方及六盘水等地。

据本项目组在赫章半夏主产区河镇舍虎等地考察发现，该区域年均温14℃，≥10℃积温4000～4500℃，1月均温2～4℃，7月均温19～22℃，海拔2200 m左右。

本专项子课题2-1林绍霞等研究发现，贵州半夏产地土壤pH在4.73～7.50，平均为6.30，其中，pH在6～7的土壤居多。张国泰等（1995）研究指出，半夏对土壤要求不高，但喜肥，在肥沃疏松、湿润、土层深厚、pH为6～7的沙质壤土中生长良好。

（三）太子参

太子参[*Pseudostellaria heterophylla* (Miq.) Pax ex Pax et Hoffm.]分布于福建、贵州、江苏、安徽、浙江、江西、山东、山西、湖南、湖北、辽宁、河北、河南、陕西、四川等省份。贵州太子参主要分布于中、东部地区的施秉、黄平、凯里、麻江、镇远、瓮安等地。

本项目组在施秉牛大场、黄平一碗水等太子参主产区考察时，经对气象资料对比分析，该区域年均温为 15～17℃，≥10℃积温 4500～5500℃，1 月均温 3～6℃，7 月均温 24～26℃，年均降水量 1100～1300 mm。海拔 700～900 m。

黄冬寿等（2010）报道，太子参产地土壤 pH 为 4.5～6.0。黄秀平等（2014）报道，施秉太子参种植基地的土壤 pH 为 3.69～7.14，黄平太子参种植基地的土壤 pH 为 3.66～8.48。

（四）山银花

山银花是忍冬科忍冬属木质藤本植物灰毡毛忍冬、红腺忍冬、华南忍冬或黄褐毛忍冬的干燥花蕾或待初开的花，这些忍冬科植物分布区域广。其中灰毡毛忍冬（*Lonicera macranthoides* Hand.-Mazz.）在我国贵州、广西、安徽、浙江、江西、福建、湖北等省份大量分布或栽培。

在贵州主要分布于赤水、习水、绥阳、桐梓、梵净山、盘州、石阡、普定、雷山、都匀、贵阳、独山、荔波、兴仁等地。

本项目组通过中国植物物种信息数据库查询发现，灰毡毛忍冬在贵州见于海拔 300～1600 m 的地区。

本专项子课题 2-1 林绍霞等研究发现，灰毡毛忍冬分布区域，土壤 pH 多为 5.0～6.5。王晓明等（2004）报道，灰毡毛忍冬对土壤要求不严格，适应性强，对砂土、黏土、偏酸偏碱土都表现出良好的适应性。

（五）何首乌

何首乌（*Polygonum multiflorum* Thunb.）分布于山西、甘肃、山东、陕西、河北、江苏、浙江、安徽、江西、福建、台湾、湖北、湖南、广东、广西、四川、云南、贵州等省份。贵州多分布于都匀、福泉、凯里、施秉、湄潭等地。

野外考察发现，何首乌多生于山坡路旁、山谷水边、山谷灌丛、荒草坡地、沟边石缝中。本专项子课题 2-1 林绍霞等研究发现，贵州都匀何首乌产区土壤 pH 为 5.50，施秉何首乌产区土壤 pH 为 5.81，基本均为酸性土。左群等报道，何首乌在 pH 为 4.5～8.5 的土壤中均能生长，但长势和产量表现出一定的差异，以 pH 5.5～6.5 的处理产量较高，pH 4.5～5.0 的处理产量中等，而 pH 7.0～8.5 的处理产量较低；其中，土壤 pH 为 6.0 的处理产量最高。这说明，何首乌在偏酸性（5.5～6.5）的土壤中长势较好，产量较高，而中性及偏碱性（7.0～8.5）的土壤不利于其高产。

陈亚等（2011）报道，何首乌资源分布区的年均气温为 16.6℃，年均日照时数为 1708.3 h，年均降水量为 1222.3 mm；海拔以 1000～2000 m 分布居多；土壤类型主要有红壤、黄壤、黄棕壤、赤红壤、棕壤、石灰（岩）土，以红壤和黄壤为主。

（六）钩藤

钩藤[*Uncaria rhynchophylla* (Miq.) Miq．ex Havil.]主要分布于湖南、江西、贵州、广东、广西、云南等省份，贵州主要分布在剑河、黎平、锦屏、雷公山、三都、赤水、梵净山，海拔 500～800 m 的山谷疏林中。

本项目组在钩藤主要产区剑河久仰奉党、光纪等地考察时，经对气象资料对比分析，该区域年均温 16～17℃，≥10℃积温 5000～5500℃，1 月均温 4～6℃，7 月均温 25～26℃，海拔 800～900 m。

本专项子课题 2-1 林绍霞等研究发现，钩藤生长地土壤 pH 为 4.8～6.8，其中，pH 在 5.0～6.0 的土壤居多。

李金玲等（2013）报道：贵州野生钩藤主要分布在黔东南、黔南、黔北及黔中地区，集中分布在海拔 450～1250 m 的地区。钩藤生长地土壤 pH 在 4.37～7.16，平均 pH 为 5.69，其中大部分土壤属于酸性范围。

（七）玄参

玄参（*Scrophularia ningpoensis* Hemsl.）分布于河北、河南、山西、陕西、湖北、湖南、安徽、江苏、浙江、福建、江西、广东、云南、四川、贵州等省份。贵州玄参主要分布于道真、盘州、黔西、雷山、水城、威宁、大方、江口等地。

本项目组在玄参主产地道真阳溪四坪、阳坝等地考察后发现，该区域年均温 16～17℃，≥10℃积温 5000～5500℃，1 月均温 5～6℃，1 月最低温 3～4℃，7 月均温 25～27℃，7 月最高温 31～32℃，年均降水量 1000～1100 mm，海拔 800～1000 m。

本专项子课题 2-1 林绍霞等研究发现，贵州玄参产地土壤属于弱酸性土壤，玄参种植土壤 pH 平均为 5.30。余启高（2008）报道，玄参一般种植于海拔 600～1200 m 的地区，喜温暖湿润的气候环境，稍耐寒。

二、土地利用现状数据获取和适宜地初步划分

在产地适宜性评价过程中，为了确保评价结果的客观真实，土地利用现状多通过遥感数据及部分全国第二次土壤普查成果数据获取。遥感数据客观真实地再

现了地表信息，具有现势性强、准确率高的特点，多应用于资源环境现状调查和动态监测等领域。在本项目研究过程中，以 ALOS 卫星数据全色（分辨率 2.5 m）及多光谱（分辨率 10 m）融合数据为土地利用现状的遥感调查数据源，该数据成像时间为 2010 年 10 月，并结合近几年土地利用总体规划调整了相关数据。

ALOS 卫星数据以 ERDAD9.1 遥感图像处理软件为技术平台，通过波段组合合成标准假彩色影像；以 1 : 5 万地形图为参考选择地面控制点，运用三次多项式实现几何精校正，校正误差控制在亚像元内；通过野外调查，选择训练样地，建立分类标志，进行最大似然法监督分类；再结合迭代法非监督分类结果，经过室内人机交互目视判读提取土地利用现状成果。

在评价过程中，以土地利用现状为基础，以适合中药材种植的土地利用类型为切入点，进行产地适宜性的首次选择和评价（表 4-1-1）。

表 4-1-1　土地利用类型与中药材种植适宜性

序号	土地利用类型	是否适合中药材种植
1	城镇建设用地、农村居民点用地、独立工矿用地、交通用地、水域（河流、水库、坑塘水面）	不适合
2	经果林地及裸岩石砾地	不适合
3	水田	部分适合
4	有林地	部分适合
5	旱地、灌木林地及草地等	适合

1）从实用角度分析，城镇建设用地、农村居民点用地、独立工矿用地、交通用地、水域（河流、水库、坑塘水面）不能进行中药材种植。

2）从经济成本角度分析，经果林地及裸岩石砾地不适宜种植中药材。

3）适宜种植中药材的土地类型为旱地、灌木林地及草地等类型，部分中药材种类（如铁皮石斛）可以在有林地和水田开展林下种植。

通过 GIS 的数据查询、检索及管理等功能，查找出适宜中药材种植的区域。

三、评价因子选择及量化分级

（一）评价因子选择

陈士林等编著的《中国药材产地生态适宜性区划》中，选取了农业上常用的≥10℃积温、年平均气温、7 月最高气温、7 月平均气温、1 月最低气温、1 月平均气温、年均相对湿度、年均降水量、年均日照时数、土壤类型 10 个农业生产上常用的生态指标作为中药材产地适宜性分析的评价指标。本项目根据土壤 pH 对中药材等植物生长影响较大的特点，增加了土壤 pH 作为评价指标；同时，结合贵州山区的特点，还增加了海拔、坡度两个地形指标，共 13 个生态指标，作为中药材产地适宜性分析的评价因子。其中，石斛一般不直接长在土壤里，因此石斛的产地适宜性评价指标未将土壤类型及土壤 pH 列入。

（二）评价因子空间分布模拟与量化分级

（1）评价因子空间分布模拟

地形地貌因子空间分布模拟：贵州省地势图、贵州省坡度图、贵州省坡向图，由 1∶5 万数字高程模型（digital elevation model，DEM）生成（附图 1～附图 3）。

气候因子空间分布模拟：≥10℃积温（℃）、年平均气温（℃）、1 月平均气温（℃）、1 月最低气温（℃）、7 月平均气温（℃）、7 月最高气温（℃）、年均降水量（mm），根据贵州 88 个气象站点的气象观测资料，采用插值法进行空间分布模拟（附图 4～附图 10）；年均日照时数（h）、年均相对湿度，采用 1∶50 万图件数据数字化（附图 11～附图 12）。

土壤条件空间分布模拟：土壤类型、土壤利用类型及土壤 pH 由 1∶50 万纸质图件扫描后矢量化生成（附图 13～附图 15）。

（2）评价因子量化分级

根据本章第一节中"贵州道地半夏、太子参等 7 种中药材产地环境分析"结果，结合从这些中药材主产区提取的相关生态因子，按适宜、基本适宜、不适宜或不建议三种类型，将石斛（铁皮石斛）、半夏、太子参、山银花（灰毡毛忍冬）、何首乌、钩藤、玄参 7 种中药材产地适宜性的评价因子分级如下（表 4-1-2～表 4-1-8）。

表 4-1-2　贵州石斛（铁皮石斛）产地适宜性评价因子分级

序号	评价因子类型	适宜	基本适宜	不适宜或不建议
1	海拔/m	300～800	>800～1350	<300；>1350
2	坡度/°	>15～35	5～15	<5；>35
3	≥10℃积温/℃	≥5500	5000～5500	<5000
4	年平均气温/℃	≥16	15～16	<15
5	1 月平均气温/℃	>7	5～7	<5
6	1 月最低气温/℃	>5	3～5	<3
7	7 月平均气温/℃	>23～28	22～23	<22
8	7 月最高气温/℃	>27～34	25～27	<25
9	年均降水量/mm	>1200～1500	1000～1200	—
10	年均日照时数/h	1000～1200	>1200～1500	>1500
11	年均相对湿度/%	>76～85	70～76	—

表 4-1-3　贵州半夏产地适宜性评价因子分级

序号	评价因子类型	适宜	基本适宜	不适宜或不建议
1	海拔/m	>1600~2300	800~1600；>2300~2500	<800；>2500
2	坡度/°	>8~25	>25~35；0~8	>35
3	土壤 pH	>5.5~7.5	4.5~5.5	<4.5；>7.5
4	≥10℃积温/℃	3500~5000	>5000~6000	—
5	年平均气温/℃	12~16	>16~18	>18
6	1 月平均气温/℃	1~4	>4~7	>7
7	1 月最低气温/℃	−1~2	−2~−1 >2~3	>3
8	7 月平均气温/℃	17~22	>22~25	>25
9	7 月最高气温/℃	22~25	>25~28	>28
10	年均降水量/mm	900~1400	>1400	—
11	年均日照时数/h	>1300~1600	1000~1300	—
12	年均相对湿度/%	>78~85	75~78	—
13	土壤类型	红壤、黄壤、黄棕壤、红褐土、黄红壤	紫色土、石灰土	水稻土、草甸土

表 4-1-4　贵州太子参产地适宜性评价因子分级

序号	评价因子类型	适宜	基本适宜	不适宜或不建议
1	海拔/m	>500~1300	300~500；>1300~1800	<300；>1800
2	坡度/°	>8~25	>25~35；0~8	>35
3	土壤 pH	>5.5~7.5	4.5~5.5	<4.5；>7.5
4	≥10℃积温/℃	>4500~5500	4000~4500；>5500~6500	>6500；<4000
5	年平均气温/℃	>14~17	12~14；>17~18	>18
6	1 月平均气温/℃	>3~5	2~3；>5~10	<2；>10
7	1 月最低气温/℃	>1~4	−1~1；>4~6	<−1；>6
8	7 月平均气温/℃	>24~26	19~24；>26~27	<19；>27
9	7 月最高气温/℃	>28~32	23~28；>32~33	<23；>33
10	年均降水量/mm	>1100~1300	1000~1100；>1300~1500	<1000
11	年均日照时数/h	>1100~1600	900~1100	—
12	年均相对湿度/%	75~82	>82~85	—
13	土壤类型	红壤、黄壤、黄棕壤、红褐土、黄红壤	紫色土、石灰土	水稻土、草甸土

表 4-1-5　贵州山银花（灰毡毛忍冬）产地适宜性评价因子分级

序号	评价因子类型	适宜	基本适宜	不适宜或不建议
1	海拔/m	300～1350	>1350～1500	<300；>1500
2	坡度/°	>8～25	25～35；0～8	>35
3	土壤 pH	4.5～7.5	>7.5～8.5	<4.5；>8.5
4	≥10℃积温/℃	>4500～6500	4000～4500	>6500；<4000
5	年平均气温/℃	>14～20	12～14	—
6	1月平均气温/℃	>3～10	1～3；>10～12	—
7	1月最低气温/℃	>1～6	-2～1；>6～9	—
8	7月平均气温/℃	>20～28	17～20	—
9	7月最高气温/℃	>24～33	22～24；>33～35	—
10	年均降水量/mm	>1100～1500	1000～1100	<1000
11	年均日照时数/h	>1100～1800	1000～1100	>1800
12	年均相对湿度/%	75～82	>82～85	>85
13	土壤类型	黄壤、黄棕壤、紫色土、石灰土	红壤、红褐土、黄红壤	水稻土、草甸土

注："-"为无相关内容，后同

表 4-1-6　贵州何首乌产地适宜性评价因子分级

序号	评价因子类型	适宜	基本适宜	不适宜或不建议
1	海拔/m	300～1500	>1500～2000	<300；>2000
2	坡度/°	>8～25	>25～35；0～8	>35
3	土壤 pH	>5.5～6.5	4.5～5.5；>6.5～7.5	<4.5；>7.5
4	≥10℃积温/℃	>4500～6500	3500～4500；>6500～7000	—
5	年平均气温/℃	>14～17	12～14；>17～20	—
6	1月平均气温/℃	>4～7	1～4；>7～12	—
7	1月最低气温/℃	>2～5	-2～2；>5～9	—
8	7月平均气温/℃	>22～28	17～22	—
9	7月最高气温/℃	>26～34	22～26	—
10	年均降水量/mm	>1100～1500	900～1100	—
11	年均日照时数/h	>1100～1600	900～1100	—
12	年均相对湿度/%	75～82	>82～85	—
13	土壤类型	红壤、黄壤、黄棕壤、红褐土、黄红壤	紫色土、石灰土	水稻土、草甸土

表 4-1-7　贵州钩藤产地适宜性评价因子分级

序号	评价因子类型	适宜	基本适宜	不适宜或不建议
1	海拔/m	>450~1000	300~450；>1000~1300	<300；>1300
2	坡度/°	>8~25	>25~35；0~8	>35
3	土壤 pH	4.5~6.5	>6.5~7.0	<4.5；>7.0
4	≥10℃积温/℃	>4500~6000	4000~4500	>6000；<4000
5	年平均气温/℃	>15~17	14~15；>17~18	<14；18
6	1 月平均气温/℃	>4~10	3~4；>10~15	<3；>15
7	1 月最低气温/℃	−2~8	>8~9	—
8	7 月平均气温/℃	>22~28	19~22	<19
9	7 月最高气温/℃	>24~33	22~24；>33~34	—
10	年均降水量/mm	>1000~1500	900~1000	—
11	年均日照时数/h	>1100~1600	1000~1100	—
12	年均相对湿度/%	>75~85	70~75	>85
13	土壤类型	红壤、黄壤、黄棕壤、红褐土、黄红壤	紫色土、石灰土	水稻土、草甸土

表 4-1-8　贵州玄参产地适宜性评价因子分级

序号	评价因子类型	适宜	基本适宜	不适宜或不建议
1	海拔/m	>600~1300	>1300~1700；400~600	<400；>1700
2	坡度/°	>8~25	>25~35；0~8	>35
3	土壤 pH	>5.5~7.5	4.5~5.5	<4.5，>7.5
4	≥10℃积温/℃	>4500~5500	4000~4500；>5500~6000	<4000，>6000
5	年平均气温/℃	>15~17	13~15；>17~18	<13；18
6	1 月平均气温/℃	>5~6	3~5；>6~7	<3；>7
7	1 月最低气温/℃	>3~4	1~3；>4~6	<1；>6
8	7 月平均气温/℃	>24~27	23~24；>27~28	<23
9	7 月最高气温/℃	>29~32	27~29；>32~33	<27；>33
10	年均降水量/mm	1000~1200	>1200~1500	<1000
11	年均日照时数/h	1000~1200	>1200~1500	>1500
12	年均相对湿度/%	>80~85	75~80	—
13	土壤类型	红壤、黄壤、黄棕壤、红褐土、黄红壤	紫色土、石灰土	水稻土、草甸土

四、评价因子数据库建立

建立评价因子数据库是实现贵州石斛（铁皮石斛）、半夏、太子参、山银花（灰毡毛忍冬）、何首乌、钩藤、玄参 7 种中药材种植基地适宜性评价的重要基础工作。评价因子数据库包括基础信息和专题信息两个模块，其中基础信息模块存储交通、水系、行政界线、政府驻地等；专题信息模块存储土地利用现状分布图，海拔、坡度、坡向、气候条件、土壤类型、土壤 pH 等。

空间数据格式包括矢量数据和栅格数据两种类型；主要数据源有调查统计数据、ALOS 卫星遥感影像数据、国家基础地理信息数据（1∶5 万 DEM 数据及河流、行政区等）及传统纸质地图。调查统计数据运用 ArcGIS9.3 内插生成连续矢量数据；ALOS 卫星遥感影像数据运用 ERDAS9.1 提取土地利用现状等相关信息；传统纸质地图运用 ArcGIS9.3 扫描矢量化，如土壤 pH、土壤类型、空气相对湿度及光照等；根据国家基础地理信息数据生成的 DEM 数据生成地势图、坡度图和坡向图。

五、评价因子权重确定

各评价因子对中药材生长的作用程度不同，导致各因子所处地位有所差异。因此，为了保证评价模型的相对客观性和可靠性，评价过程中应当给各评价因子赋予相应权重。确定评价因子权重的方法主要有层次分析法、回归分析法、德尔菲法（delphi method）和灰色关联度法等。评价因子权重（w_i）计算参考式（4-1），各评价因子权重主要通过专家打分确定。

$$w_i = \left[\sum_{n=1}^{n} \left(x_i \middle/ \sum_{i=1}^{13} x_i \right) \right] \middle/ n \qquad (4\text{-}1)$$

式中，w_i 为评价因子权重，x_i 为评价因子 i 对中药材种植适宜地的相对重要性，n 为参加打分的专家人数。专家打分调查表如表 4-1-9 所示。

表 4-1-9　评价因子权重确定专家打分调查表

序号	评价因子类型	对中药材种植适宜地的相对重要性	评价因子权重值
1	海拔/m	X_1	
2	坡度/°	X_2	
3	土壤 pH	X_3	
4	≥10℃积温/℃	X_4	
5	年平均气温/℃	X_5	
6	1 月平均气温/℃	X_6	
7	1 月最低气温/℃	X_7	

续表

序号	评价因子类型	对中药材种植适宜地的相对重要性	评价因子权重值
8	7 月平均气温/℃	X_8	
9	7 月最高气温/℃	X_9	
10	年均降水量/mm	X_{10}	
11	年均日照时数/h	X_{11}	
12	年均相对湿度/%	X_{12}	
13	土壤类型	X_{13}	

评价因子 i 对中药材种植适宜地的权重值参考以下标准：当评价因子 i 对中药材种植适宜地绝对重要时，取值 10；当评价因子 i 对中药材种植适宜地明显重要时，取值 7.5；当评价因子 i 对中药材种植适宜地比较重要时，取值 5；当评价因子 i 与中药材种植适宜地同等重要时，取值 2.5；当评价因子 i 对中药材种植适宜地不很重要时，取值 0。通过专家打分，运用式（4-1）计算，得到各评价因子权重如表 4-1-10 所示。

表 4-1-10　评价因子权重结果

序号	评价因子类型	对中药材种植适宜地的相对重要性	评价因子权重值
1	海拔/m	X_1	0.10（0.12）
2	坡度/°	X_2	0.05（0.06）
3	土壤 pH	X_3	0.08
4	≥10℃积温/℃	X_4	0.10（0.12）
5	年平均气温/℃	X_5	0.07（0.09）
6	1 月平均气温/℃	X_6	0.07（0.09）
7	1 月最低气温/℃	X_7	0.07（0.08）
8	7 月平均气温/℃	X_8	0.07（0.08）
9	7 月最高气温/℃	X_9	0.07（0.08）
10	年均降水量/mm	X_{10}	0.09（0.11）
11	年均日照时数/h	X_{11}	0.08（0.09）
12	年均相对湿度/%	X_{12}	0.07（0.08）
13	土壤类型	X_{13}	0.08

注：评价因子权重值中，小括号内的数据为石斛 11 个评价因子权重值

六、贵州道地半夏、太子参等 7 种中药材产地适宜性评价结果

GIS 支持下的产地适宜性评价是 GIS 在土地资源领域的重要应用。鉴于空间数据格式不同，产地适宜性评价有基于矢量数据和基于栅格数据两种方法。矢量

数据对于表达海拔、坡度、年均降水量等连续变化的空间现象并不理想。栅格数据不仅便于连续空间现象表达，而且便于实现各种模型分析。在评价过程中选用基于栅格数据的叠加分析方法，将相同比例尺、相同投影坐标系统、相同栅格单元大小的各评价因子栅格数据叠加在一起，以各栅格单元为评价基本单元，通过模型运算生成评价结果。基于栅格数据的叠加分析方法生成的结果图层，完全保留了参加运算的各因子数据的属性信息，其空间位置精度则同栅格单元大小密切相关，栅格单元越小空间位置精度越高。但是，如果栅格单元太小，空间数据量增大，反而影响模型运算效率。另外，如果参加运算的各因子数据的属性信息单位不统一，评价结果的可靠性也会受到一定影响。基于此，结合成图精度要求，将各评价因子数据转换为 50 m×50 m 的栅格数据，并用 ArcGIS9.3 把各评价因子适宜地属性数据替换为 100、基本适宜地替换为 60、不适宜或不建议地替换为 0，以完成数据无量纲化处理。各评价因子无量纲化处理结果如表 4-1-11 所示。

表 4-1-11 贵州道地半夏、太子参等 7 种中药材产地适宜性评价因子无量纲化处理结果

序号	评价因子类型	适宜	基本适宜	不适宜或不建议
1	海拔/m	100	60	0
2	坡度/°	100	60	0
3	土壤 pH	100	60	0
4	≥10℃积温/℃	100	60	0
5	年平均气温/℃	100	60	0
6	1 月平均气温/℃	100	60	0
7	1 月最低气温/℃	100	60	0
8	7 月平均气温/℃	100	60	0
9	7 月最高气温/℃	100	60	0
10	年均降水量/mm	100	60	0
11	年均日照时数/h	100	60	0
12	年均相对湿度/%	100	60	0
13	土壤类型	100	60	0
	综合评价值	>90	80~90	<80

在评价过程中，选用加权指数和模型对贵州中药材产地适宜性划分结果进行评价。评价模型如式（4-2）所示：

$$\text{Score}_j = \sum_{i=1}^{13} V_i \times W_i \tag{4-2}$$

式中，Score_j 为第 j 个评价单位的加权指数和，即评分得分值，V_i 为该评价单位第

i 个评价因子经过无量纲化处理后的属性数值，W_i 为该评价单元第 i 个评价因子的权重值。

通过对贵州道地半夏、太子参等 7 种中药材产地适宜性进行评价，其结果见附图 16～附图 22、表 4-1-12。

表 4-1-12　贵州道地半夏、太子参等 7 种中药材产地适宜性评价面积统计

序号	中药材种类	适宜		基本适宜		不适宜或不建议	
		面积/km²	百分比/%	面积/km²	百分比/%	面积/km²	百分比/%
1	石斛	3 446.99	1.96	4 351.56	2.47	168 300.45	95.53
2	半夏	4 552.23	2.59	13 403.30	7.61	158 143.48	89.77
3	太子参	7 500.32	4.26	17 962.10	10.20	150 641.16	85.51
4	山银花	7 903.41	4.49	19 402.09	11.02	148 793.50	84.46
5	何首乌	6 994.41	3.97	22 255.43	12.64	146 849.15	83.36
6	钩藤	6 603.71	3.75	20 304.21	11.53	149 191.07	84.69
7	玄参	3 848.26	2.19	6 527.98	3.71	165 722.77	94.11

注：数值修均导致舍入误差，百分比之和可能不为 100%，全书同

石斛：适宜面积为 3446.99 km²（517.05 万亩），占贵州面积的 1.96%；主要位于贵州西南部的兴义、册亨、贞丰，南部的荔波、三都、平塘、罗甸、望谟，东南部的榕江、黎平、三穗，东部的江口，以及北部的赤水一带。基本适宜面积为 4351.56 km²（652.73 万亩），占贵州面积的 2.47%。不适宜或不建议面积为 168 300.45 km²（25 245.07 万亩），占贵州面积的 95.53%。

半夏：适宜面积为 4552.23 km²（682.83 万亩），占贵州面积的 2.59%；主要位于贵州西北部的赫章、威宁、毕节、大方，西部的六盘水等地。基本适宜面积为 13 403.30 km²（2010.48 万亩），占贵州面积的 7.61%。不适宜或不建议面积为 158 143.48 km²（23 721.52 万亩），占贵州面积的 89.77%。

太子参：适宜面积为 7500.32 km²（1125.04 万亩），占贵州面积的 4.26%；主要位于黔东南的施秉、黄平、镇远、麻江、丹寨，黔南的福泉、贵定，黔中的开阳、息烽、修文、清镇等地区。基本适宜面积为 17 962.10 km²（2694.30 万亩），占贵州面积的 10.20%。不适宜或不建议面积为 150 641.16 km²（22 596.17 万亩），占贵州面积的 85.51%。

山银花（灰毡毛忍冬，后文均指此物种）：适宜面积为 7903.41 km²（1185.51 万亩），占贵州面积的 4.49%；主要位于贵州除西北部、东北部以外的大部分地区。基本适宜面积为 19 402.09 km²（2910.30 万亩），占贵州面积的 11.02%。不适宜或不建议面积为 148 793.50 km²（22 319.03 万亩），占贵州面积的 84.46%。

何首乌：适宜面积为 6994.41 km²（1049.16 万亩），占贵州面积的 3.97%，主要位于贵州除西北部以外的广泛区域，其中以黔东南的丹寨、麻江、黄平、

镇远，黔南的贵定、龙里、平塘、独山、荔波等地较为集中。基本适宜面积为 22 255.43 km^2（3338.30 万亩），占贵州面积的 12.64%。不适宜或不建议面积为 146 849.15 km^2（22 027.37 万亩），占贵州面积的 83.36%。

钩藤：适宜面积为 6603.71 km^2（990.55 万亩），占贵州面积的 3.75%；主要位于贵州除西部、北部以外的大部区域，其中以黔东南的剑河、三穗、天柱、锦屏、岑巩、台江、黄平、施秉、镇远，铜仁、江口、松桃、石阡等地区较为集中。基本适宜面积为 20 304.21 km^2（3045.62 万亩），占贵州面积的 11.53%。不适宜或不建议面积为 149 191.07 km^2（22 378.66 万亩），占贵州面积的 84.69%。

玄参：适宜面积为 3848.26 km^2（577.24 万亩），占贵州面积的 2.19%，主要位于贵州东北部的道真、务川、正安，东、中部的贵定、开阳、瓮安、黄平等地。基本适宜面积为 6527.98 km^2（979.19 万亩），占贵州面积的 3.71%。不适宜或不建议面积为 165 722.77 km^2（24 858.42 万亩），占贵州面积的 94.11%。

第二节　贵州道地半夏、太子参等 7 种中药材种植区划

一、种植区划原则

中药材种植区划必须把自然条件、社会经济条件、技术条件和发展方向等因素有机结合起来，既要遵循自然规律又要遵循经济规律，其目标是在充分发挥贵州区域自然资源优势的基础上，通过寻求区域范围内中药材适宜土地资源的利用规模和布局优化，从而因地制宜、合理利用区域土地资源，实现中药材高产优质以及经济、社会和生态效益的统一。中药材种植区划主要遵循以下原则。

（一）种植区划与适宜性程度相一致的原则

土地种植中药材的适宜性及其程度是根据中药材的正常生长对立地条件（对中药材影响较大的地貌、温度、光照、水分和土壤等）的客观要求，根据区域土地对中药材生长和中药材品质影响最显著的要素经过科学评价获得的，是客观存在的土地本质特征。因此，在进行中药材种植用地区划时，必须考虑土地种植中药材的适宜性及其程度，按照适宜、基本适宜种植中药材的土地依次进行用地布局，只有优先考虑适宜种植中药材土地资源的合理利用，才能充分发挥土地资源的优势和生产潜力，提高中药材品质，取得最佳的综合利用效益。

（二）用地区位的合理性和安全性原则

在中药材用地区划上既要选择自然生态条件好，没有环境污染的地区，又要兼顾便于农户种植和管理，以及中药材生产加工与运输等，以确保中药材产品的品质和中药材农户生产的积极性。

（三）中药材种植的社会可接受性原则

中药材种植的社会可接受性是中药材种植规模、历史、种植技术及农户种植积极性等的综合反映。社会环境现状和人类活动的特点、方式和程度决定了中药材种植的社会可接受程度。一个有中药材种植历史，且种植面积较大、中药材市场规模较大的地区，种植的中药材社会接受性高，农户经济收入高，种植积极性高，种植技术好，中药材生产过程中管理可控性强，利于优质中药材的生产。因此，在进行中药材用地区划时，应优先考虑社会可接受性高、适宜中药材种植的县（市、区）。

适度规模种植是中药材集约化生产、提高经济效益的基础，集中连片是所有用地区划的共性和基本要求，也是用地区划和分类的主要区别之所在，因此，用地规模及集中连片性是中药材种植规模化和中药材生产集约化、专业化发展的基本要求。由于区域土地资源存在行政管辖权和使用权，为了保证中药材种植项目在实施过程中具有可操作性，用地区划中应兼顾行政界线的完整性，便于中药材用地资源开发利用及科学管理。

二、种植区划指标

根据上述中药材种植区划的基本原则，本研究以土地适宜中药材种植的等级（综合质量指数）、斑块的实际面积、区位的安全性与合理性及县域近年中药材种植的社会可接受程度作为中药材用地区划指标（表 4-2-1）。

表 4-2-1　贵州中药材种植用地区划指标体系

中药材种植区	用地规模与集中连片性	用地适宜性	区位合理性和安全性	社会可接受程度
优先种植区	集中连片，斑块实际面积≥50 亩	适宜	距主要道路 1~5 km	接受程度高
一般种植区	集中连片，斑块实际面积≥50 亩	适宜	距主要道路 1~5 km	接受程度一般
		适宜	距主要道路≥5 km	接受程度高
		基本适宜	距主要道路 1~5 km	接受程度高
		基本适宜	距主要道路≥5 km	接受程度高
	集中连片，斑块实际面积≥50 亩	适宜	距主要道路≥5 km 或≤1 km	接受程度一般
		基本适宜	距主要道路 1~5 km	接受程度较高
		基本适宜	距主要道路≥5 km 或≤1 km	接受程度较高

在具体进行中药材种植区划时，综合上述指标来确定分区界线。

三、区划指标数据库建立

利用本研究完成的贵州中药材产地适宜性评价数据库，借助 ArcGIS9.2 软件提取出最适宜、适宜和基本适宜的栅格单元，以最适宜、适宜和基本适宜等为单位将中药材用地区划栅格单元转化为多边形单元矢量数据，将斑块面积 ≤50 亩的不适宜中药材用地单元剔除，作为贵州中药材种植用地区划的基础图件。借助 ArcGIS9.3 软件的 BUFFER 模块，以距主要道路≤1 km、1～5 km 和 ≥5 km 为界对面积≥50 亩的宜中药材用地斑块进行缓冲区分析，建立宜中药材用地区位合理与安全性因素数据库；根据相关数据[如各市（州、直管市）政府上报的《2013 年度中药材产业发展情况统计表》等]，统计各地中药材种植面积，并计算各地种植中药材面积占全省中药材种植总面积的百分比，以此作为中药材种植的社会可接受程度量化数据，建立适宜种植中药材用地图斑的社会可接受性属性数据库。

四、7 种中药材种植区划

依据贵州中药材用地区划指标体系（表 4-2-1），利用中药材种植用地区划指标数据库，根据中药材用地适宜性、区位的安全性和合理性，以及社会可接受性提取出中药材优先种植区、一般种植区，建立贵州中药材种植用地区划空间和属性数据库。

利用贵州中药材种植用地区划空间和属性数据库，借助 ArcGIS9.3 软件分别统计贵州道地半夏、太子参等 7 种中药材优先种植区、一般种植区和不适宜或不建议种植区的面积（表 4-2-2），结果如下。

表 4-2-2　贵州道地半夏、太子参等 7 种中药材种植区划面积统计

序号	中药材类型	优先种植区		一般种植区		不适宜或不建议种植区	
		面积/km²	百分比/%	面积/km²	百分比/%	面积/km²	百分比/%
1	石斛	2 553.44	1.45	3 927.01	2.23	169 618.56	96.28
2	半夏	2 694.31	1.53	5 601.21	3.18	167 804.74	95.25
3	太子参	5 371.02	3.05	12 027.56	6.83	158 700.42	90.10
4	山银花	5 915.08	3.36	12 232.81	6.95	157 951.10	89.66
5	何首乌	5 642.83	3.20	14 850.48	8.43	155 605.70	88.33
6	钩藤	5 326.97	3.02	10 136.73	5.76	160 635.29	91.19
7	玄参	1 156.20	0.66	5 047.81	2.87	169 894.99	96.44

1）**石斛**：优先种植区面积 2553.44 km^2（383.01 万亩），占贵州面积的 1.45%，主要分布于贵州西南部的兴义、册亨、贞丰，南部的荔波、三都、平塘、罗甸、望谟，东南部的榕江、黎平、三穗，东部的江口，以及北部的赤水一带。一般种植区面积 3927.01 km^2（589.05 万亩），占贵州面积的 2.23%；不适宜或不建议种植区 169 618.56 km^2，占贵州面积的 96.28%。

2）**半夏**：优先种植区面积 2694.31 km^2（404.15 万亩），占贵州面积的 1.53%，主要分布于贵州西北部的赫章、威宁、毕节、大方，西部的六盘水等地。一般种植区面积 5601.21 km^2（840.18 万亩），占贵州面积的 3.18%；不适宜或不建议种植区面积 167 804.74 km^2，占贵州面积的 95.25%。

3）**太子参**：优先种植区面积 5371.02 km^2（805.65 万亩），占贵州面积的 3.05%，主要分布于黔东南的施秉、黄平、镇远、麻江、丹寨，黔南的福泉、贵定，黔中的开阳、息烽、修文、清镇等地。一般种植区面积 12 027.56 km^2（1804.13 万亩），占贵州面积的 6.83%；不适宜或不建议种植区面积 158 700.42 km^2，占贵州面积的 90.10%。

4）**山银花**：优先种植区面积 5915.08 km^2（887.26 万亩），占贵州面积的 3.36%，广泛分布于除西北部、东北部以外的大部分地区；一般种植区面积 12 232.81 km^2（1834.91 万亩），占贵州面积的 6.95%；不适宜或不建议种植区面积 157 951.10 km^2，占贵州面积的 89.66%。

5）**何首乌**：优先种植区面积 5642.83 km^2（846.42 万亩），占贵州面积的 3.20%，主要分布于黔东南的丹寨、麻江、黄平、镇远，黔南的贵定、龙里、平塘、独山、荔波等地区。一般种植区面积 14 850.48 km^2（2227.57 万亩），占贵州面积的 8.43%；不适宜或不建议种植区面积 155 605.70 km^2，占贵州面积的 88.33%。

6）**钩藤**：优先种植区面积 5326.97 km^2（799.04 万亩），占贵州面积的 3.02%，主要分布于黔东南的剑河、三穗、天柱、锦屏、岑巩、台江、黄平、施秉、镇远、江口、松桃、石阡等地。一般种植区面积 10 136.73 km^2（1520.50 万亩），占贵州面积的 5.76%；不适宜或不建议种植区面积 160 635.29 km^2，占贵州面积的 91.19%。

7）**玄参**：优先种植区面积 1156.20 km^2（173.43 万亩），占贵州面积的 0.66%，主要分布于贵州东北部的道真、务川、正安，东、中部的贵定、开阳、瓮安、黄平等地。一般种植区面积 5047.81 km^2（757.17 万亩），占贵州面积的 2.87%，主要分布于黔中、黔南以及黔东南地区；不适宜或不建议种植区面积 169 894.99 km^2，占贵州面积的 96.44%。

第三节　三个典型县域中药材产地适宜性评价与种植区划

在县级中药材种植适宜性评价过程中，土地数据采用全国第二次土壤普查数据。县级气候、地势及土壤条件等评价因子和数据与省级一致。为了保持与全省评价结果的一致性，产地适宜性评价技术路线及评价因子、权重等与省级一致，种植区划方法也与省级一致。

本课题组选择了位于贵州东部、中部、西部不同海拔地带的施秉、修文、赫章作为县域中药材产地适宜性评价与种植区划的试点。

以上 3 县的中药材产地适宜性评价结果如下（表 4-3-1）。

表 4-3-1　贵州东部、中部、西部 3 个县域中药材产地适宜性评价结果

典型县	序号	中药材类型	适宜		基本适宜		不适宜或不建议	
			面积/km²	百分比/%	面积/km²	百分比/%	面积/km²	百分比/%
施秉	1	石斛	0.00	0.00	48.76	3.18	1495.04	96.84
	2	半夏	0.00	0.00	28.00	1.81	1515.80	98.19
	3	太子参	106.59	6.90	104.22	6.75	1332.99	86.34
	4	山银花	71.71	4.65	80.97	5.24	1391.12	90.11
	5	何首乌	86.88	5.63	63.69	4.13	1393.24	90.25
	6	钩藤	45.70	2.96	83.67	5.42	1414.43	91.62
	7	玄参	43.16	2.80	67.48	4.37	1433.15	92.83
修文	1	石斛	0.00	0.00	37.74	3.51	1037.76	96.47
	2	半夏	0.00	0.00	87.61	8.14	987.89	91.84
	3	太子参	50.61	4.71	61.99	5.76	962.90	89.51
	4	山银花	90.97	8.46	65.85	6.12	918.68	85.40
	5	何首乌	38.31	3.56	113.23	10.53	923.96	85.89
	6	钩藤	3.69	0.34	71.76	6.67	1000.05	92.97
	7	玄参	2.57	0.24	71.20	6.62	1001.73	93.12
赫章	1	石斛	0.00	0.00	0.00	0.00	3250.00	100.00
	2	半夏	262.32	8.07	274.55	8.45	2713.13	83.48
	3	太子参	0.00	0.00	56.47	1.74	3193.53	98.26
	4	山银花	1.22	0.04	78.39	2.41	3170.40	97.55
	5	何首乌	0.79	0.02	49.90	1.54	3199.31	98.44
	6	钩藤	0.59	0.02	76.40	2.35	3173.00	97.63
	7	玄参	0.00	0.00	100.75	3.10	3149.25	96.90

一、施秉

石斛： 无适宜种植区；基本适宜种植区面积为 48.76 km²（7.31 万亩），占全县面积的 3.18%，主要分布于县东南部的马号，中部的城关，东部的甘溪等区域。不适宜或不建议种植区面积为 1495.04 km²，占全县面积的 96.84%。

半夏： 无适宜种植区；基本适宜种植区面积 28.00 km²（4.20 万亩），占全县面积的 1.81%，主要分布于县东北部的白垛、东部的甘溪等地。不适宜或不建议种植区面积为 1515.80 km²，占全县面积的 98.19%。

太子参： 适宜种植区面积为 106.59 km²（15.99 万亩），占全县面积的 6.90%，在全县广泛分布。基本适宜种植区面积为 104.22 km²（15.63 万亩），占全县面积的 6.75%。不适宜或不建议种植区面积为 1332.99 km²，占全县面积的 86.34%。

山银花： 适宜种植区面积 71.71 km²（10.76 万亩），占全县面积的 4.65%，在全县广泛分布，其中以白垛、城关、牛大场较为集中；基本适宜种植区面积为 80.97 km²（12.15 万亩），占全县面积的 5.24%。不适宜或不建议种植区面积为 1391.12 km²，占全县面积的 90.11%。

何首乌： 适宜种植区面积为 86.88 km²（13.03 万亩），占全县面积的 5.63%，零星分布于县域内。基本适宜种植区面积为 63.69 km²（9.55 万亩），占全县面积的 4.13%。不适宜或不建议种植区面积为 1393.24 km²，占全县面积的 90.25%。

钩藤： 适宜种植区面积为 45.70 km²（6.85 万亩），占全县面积的 2.96%；主要分布于杨柳塘、城关。基本适宜种植区面积为 83.67 km²（12.55 万亩），占全县面积的 5.42%。不适宜或不建议种植区面积为 1414.43 km²，占全县面积的 91.62%。

玄参： 适宜种植区面积为 43.16 km²（6.47 万亩），占全县面积的 2.80%；主要分布于县北部的白垛、马溪、牛大场。基本适宜种植区面积为 67.48 km²（10.12 万亩），占全县面积的 4.37%。不适宜或不建议种植区面积为 1433.15 km²，占全县面积的 92.83%。

二、修文

石斛： 无适宜种植区。基本适宜种植区面积为 37.74 km²（5.66 万亩），占全县面积的 3.51%。不适宜或不建议种植区面积为 1037.76 km²，占全县面积的 96.47%。

半夏： 无适宜种植区。基本适宜种植区面积 87.61 km²（13.14 万亩），占全县面积的 8.14%。不适宜或不建议种植区面积为 987.89 km²，占全县面积的 91.84%。

太子参： 适宜种植区面积为 50.61 km²（7.59 万亩），占全县面积的 4.71%；

在全县北部、西部广泛分布，其中以六桶、大石、六广、小箐等地较为集中。基本适宜种植区面积为 61.99 km²（9.30 万亩），占全县面积的 5.76%。不适宜或不建议种植区面积为 962.90 km²，占全县面积的 89.51%。

山银花：适宜种植区面积 90.97 km²（13.65 万亩），占全县面积的 8.46%，在全县广泛分布。基本适宜种植区面积为 65.85 km²（9.88 万亩），占全县面积的 6.12%。不适宜或不建议种植区面积为 918.68 km²，占全县面积的 85.40%。

何首乌：适宜种植区面积为 38.31 km²（5.75 万亩），占全县面积的 3.56%；主要分布于县北部，以大石、六桶较为集中。基本适宜种植区面积为 113.23 km²（16.98 万亩），占全县面积的 10.53%。不适宜或不建议种植区面积为 923.96 km²，占全县面积的 85.89%。

钩藤：适宜种植区面积为 3.69 km²（0.55 万亩），占全县面积的 0.34%。基本适宜种植区面积为 71.76 km²（10.76 万亩），占全县面积的 6.67%。不适宜或不建议种植区面积为 1000.05 km²，占全县面积的 92.97%。

玄参：适宜种植区面积为 2.57 km²（0.39 万亩），占全县面积的 0.24%，主要分布于六屯。基本适宜种植区面积为 71.20 km²（10.68 万亩），占全县面积的 6.62%。不适宜或不建议种植区面积为 1001.73 km²，占全县面积的 93.12%。

三、赫章

石斛：无适宜种植区和基本适宜种植区。

半夏：适宜种植区面积 262.32 km²（39.35 万亩），占赫章县面积的 8.07%，全县广泛分布，其中河镇、可乐、双坪、罗州、六曲河、古基、哲庄等地较为集中。基本适宜种植区面积为 274.55 km²（41.18 万亩），占全县面积的 8.45%。不适宜或不建议种植区面积为 2713.13 km²，占全县面积的 83.48%。

太子参：无适宜种植区。基本适宜种植区面积为 56.47 km²（8.47 万亩），占全县面积的 1.74%，主要分布于县东部的哲庄、古基、六曲河、达依、野马川等地。不适宜或不建议种植区面积为 3193.53 km²，占全县面积的 98.26%。

山银花：适宜种植区面积为 1.22 km²（0.18 万亩），占全县面积的 0.04%；基本适宜种植区面积为 78.39 km²（11.76 万亩），占全县面积的 2.41%，主要分布于县南部的雉街、珠市、兴发、松林坡等地。不适宜或不建议种植区面积为 3170.40 km²，占全县面积的 97.55%。

何首乌：适宜种植区面积为 0.79 km²（0.12 万亩），占全县面积的 0.02%；基本适宜种植区面积为 49.90 km²（7.48 万亩），占全县面积的 1.54%，主要分布于县南部的松林坡、兴发、雉街、珠市等地。不适宜或不建议种植区面积为 3199.31 km²，占全县面积的 98.44%。

钩藤：适宜种植区面积为 0.59 km²（0.09 万亩），占全县面积的 0.02%；基本适宜种植区面积为 76.40 km²（11.46 万亩），占全县面积的 2.35%。不适宜或不建议种植区面积为 3173.00 km^2，占全县面积的 97.63%。

玄参： 无适宜种植区。基本适宜种植区面积为 100.75 km^2（15.11 万亩），占全县面积的 3.10%，主要分布于县东部的六曲河、野马川、达依、哲庄、古基等地。不适宜或不建议种植区面积为 3149.25 km^2，占全县面积的 96.90%。

四、小结

以上 3 县的中药材种植区划结果如下（表 4-3-2）。

表 4-3-2　贵州东部、中部、西部 3 个县域中药材种植区划面积统计

典型县	序号	中药材类型	优先种植区		一般种植区		不适宜或不建议种植区	
			面积/km^2	百分比/%	面积/km^2	百分比/%	面积/km^2	百分比/%
施秉	1	石斛	—	—	—	—	—	—
	2	半夏	—	—	—	—	—	—
	3	太子参	74.73	4.84	86.61	5.61	1382.46	89.55
	4	山银花	56.27	3.64	94.44	6.12	1393.09	90.24
	5	何首乌	46.63	3.02	96.28	6.24	1400.90	90.74
	6	钩藤	35.66	2.31	68.24	4.42	1414.43	91.62
	7	玄参	—	—	65.22	4.22	1478.58	95.78
修文	1	石斛	—	—	—	—	—	—
	2	半夏	—	—	34.44	3.20	1041.06	96.78
	3	太子参	27.45	2.55	69.68	6.48	978.37	90.95
	4	山银花	87.10	8.10	30.14	2.80	958.26	89.08
	5	何首乌	34.11	3.17	71.77	6.67	969.62	90.14
	6	钩藤	2.74	0.25	37.32	3.47	1035.44	96.26
	7	玄参	—	—	57.75	5.37	1017.75	94.61
赫章	1	石斛	—	—	—	—	—	—
	2	半夏	257.32	7.92	261.87	8.06	2730.81	84.02
	3	太子参	—	—	—	—	—	—
	4	山银花	—	—	—	—	—	—
	5	何首乌	—	—	—	—	—	—
	6	钩藤	—	—	—	—	—	—
	7	玄参	—	—	—	—	—	—

（一）施秉

1）石斛：根据产地适宜性评价结果，仅有基本适宜种植区，未作种植区划。

2）半夏：根据产地适宜性评价结果，仅有基本适宜种植区，未作种植区划。

3）太子参：优先种植区面积为 74.73 km²（11.21 万亩），占全县面积的 4.84%，主要布局于牛大场、城关、杨柳塘、白垛等地。一般种植区面积为 86.61 km²（12.99 万亩），占全县面积的 5.61%，主要分布于牛大场、杨柳塘、甘溪等地。不适宜或不建议种植区面积为 1382.46 km²，占全县面积的 89.55%。

4）山银花：优先种植区面积为 56.27 km²（8.44 万亩），占全县面积的 3.64%，主要分布于县东北部的白垛，中部的城关，南部的杨柳塘及西部的牛大场等地；一般种植区面积为 94.44 km²（14.17 万亩），占全县面积的 6.12%。不适宜或不建议种植区面积为 1393.09 km²，占全县面积的 90.24%。

5）何首乌：优先种植区面积为 46.63 km²（6.99 万亩），占全县面积的 3.02%，主要分布于白垛、牛大场、城关等地；一般种植区面积为 96.28 km²（14.44 万亩），占全县面积的 6.24%。不适宜或不建议种植区面积为 1400.90 km²，占全县面积的 90.74%。

6）钩藤：优先种植区面积为 35.66 km²（5.35 万亩），占全县面积的 2.31%，主要分布于杨柳塘、城关、牛大场等地，其他地区有少量分布；一般种植区面积为 68.24 km²（10.24 万亩），占全县面积的 4.42%。不适宜或不建议种植区面积为 1414.43 km²，占全县面积的 91.62%。

7）玄参：无优先种植区；一般种植区面积为 65.22 km²（9.78 万亩），占全县面积的 4.22%，主要分布于牛大场、马溪、白垛等地。不适宜或不建议种植区面积为 1478.58 km²，占全县面积的 95.78%。

（二）修文

1）石斛：根据产地适宜性评价结果，仅有基本适宜区，未作种植区划。

2）半夏：无优先种植区；一般种植区面积为 34.44 km²（4.12 万亩），占全县面积的 3.20%，主要分布于谷堡、扎佐、久长、小箐等地。不适宜或不建议种植区面积为 1041.06 km²，占全县面积的 96.78%。

3）太子参：优先种植区面积为 27.45 km²（4.12 万亩），占全县面积的 2.55%，主要分布于县西北部的大石、六桶、六广和西部的谷堡等地。一般种植区面积为 69.68 km²（10.45 万亩），占全县面积的 6.48%。不适宜或不建议种植区面积为 978.37 km²，占全县面积的 90.95%。

4）山银花：优先种植区面积为 87.10 km²（13.07 万亩），占全县面积的 8.10%，广泛分布于全县，其中以县西北部的六桶、大石、六广、小箐较为集中。一般种植区面积为 30.14 km²（4.52 万亩），占全县面积的 2.80%。不适宜或不建议种植区面积为 958.26 km²，占全县面积的 89.08%。

5）何首乌：优先种植区面积为 34.11 km²（5.12 万亩），占全县面积的 3.17%，主要分布于县西北部的大石、六桶、洒坪等地。一般种植区面积为 71.77 km² （10.77 万亩），占全县面积的 6.67%。不适宜或不建议种植区面积为 969.62 km²，占全县面积的 90.14%。

6）钩藤：优先种植区面积为 2.74 km²（0.41 万亩），占全县面积的 0.25%，主要分布于六广、六桶等地；一般种植区面积为 37.32 km²（5.60 万亩），占全县面积的 3.47%，主要分布于大石、六广、六桶、谷堡等地。不适宜或不建议种植区面积为 1035.44 km²，占全县面积的 96.26%。

7）玄参：无优先种植区；一般种植区面积为 57.75 km²（8.66 万亩），占全县面积的 5.37%，主要分布于大石、六广、谷堡、久长、扎佐等地。不适宜或不建议种植区面积为 1017.75 km²，占全县面积的 94.61%。

（三）赫章

根据产地适宜性评价结果，该县石斛、太子参、山银花、何首乌、钩藤、玄参适宜种植区面积小或无适宜种植区，未进行种植区划。

半夏：优先种植区面积为 257.32 km²（38.60 万亩），占全县面积的 7.92%，主要分布于河镇、可乐、双坪、朱明、罗州、白果、达依、六曲河、古基、哲庄、野马川等地。一般种植区面积为 261.87 km²（39.28 万亩），占全县面积的 8.06%，主要分布于铁匠、双坪、可乐、结构、财神、朱明、妈姑、珠市、雉街、松林坡等地。不适宜或不建议种植区面积为 2730.81 km²，占全县面积的 84.02%。

第五章 贵州道地半夏、太子参等6种 中药材耕作方式优化与应用示范

第一节 材料与方法

一、供试样品的采集

为保证取样的代表性、针对性，选择了施秉（太子参）、都匀（何首乌）、剑河（钩藤）、道真（玄参）、赫章（半夏）、丹寨和绥阳（山银花）等多个中药材种植示范基地进行调查采样。土壤样品的采集容易受到人为因素的影响，导致土壤理化性质差异很大，因此必须重视控制采样误差，采集具有代表性的样品，应考虑地形、植被等自然因素及耕作、施肥等人为因素的影响。在采样之前，针对所选择区域制定采集样点布设的大致方案和采样路线，以确定具体的采样方法。

（一）土壤混合样品的采集及制备

土壤混合样品是指采集多个样点的土壤样品，均匀混合后的平均土壤样品。其采样原则如下。

1）在样点部位把地面的作物残茬、杂草、石块等除去。

2）每个采样点取 0～20 cm 土壤混合样。

3）把采集的土壤样品放在塑料布上用手捏碎、混匀、摊平，用四分法取对角线的两份混合，约 1 kg，放在布袋里，附上标签，用铅笔注明采样地点、采样深度、采样日期、采样人、采样地区海拔、采样地区坡度，标签一式两份，一份放在布袋里，一份系在布袋上。与此同时要做好采样记录。

本研究采集土壤混合样品，封装运回实验室。土壤样品放在室内自然风干，挑出石块和残枝落叶，采用四分法取样，并用玛瑙研钵研磨，分别过 20 目和 100 目筛备用。

半夏土壤样品采集于 2014 年 3 月 22～24 日，9 月 25～26 日，共采集土壤样品 59 个。其中半夏净作土壤样品 18 个，轮作土壤样品 23 个，间作土壤样品 10 个，套作土壤样品 8 个。

太子参土壤样品采集于 2012 年 7 月至 2012 年 8 月，共采集 35 个样点，105 个土壤样品[35 个根区（0～20 cm）、70 个非根区（0～20 cm、20～40 cm）]。

山银花土壤样品于 2012 年 6 月 10～12 日采集，共采集 41 个样点，82 个土

壤样品（41个根区、41个非根区）。

何首乌土壤样品在罗甸、湄潭、都匀共采集52个；另在重点研究区域（都匀）采集土壤样品24个，共计76个。

钩藤土壤样品采集于2013年10月15～17日，共采集20个样点，40个土壤样品（20个根区、20个非根区）。

玄参土壤样品分根区和非根区进行采样，共采集土壤样品28个。

（二）植株样品采集及制备

对每个植株样品的茎、叶、块根、芽进行分开处理，分别放置于密封袋中，运回实验室。置于80℃电热恒温鼓风干燥箱杀青处理后烘干，放于中草药粉碎机中粉碎，过60目筛，备用。

半夏植株的采集，分别在净作、间作、套作、轮作小区及大田内以厢宽（1.1 m）×长（1 m）为采集样方，每种种植方式采集6个样方，共采集半夏植株样品24组。

太子参植株的采集，于2012年7月太子参成熟期，在与土样对应的位点采集太子参植株，共采集35个样品。

山银花植株样品共采集163份（花40份、叶41份、新茎41份、老茎41份）。

2013年11月在何首乌的重点种植区域（都匀王司何首乌种植基地）采集成熟期与土样位点对应的何首乌植株样品，共采集38组样品（块根38份、茎38份、叶38份）。

钩藤植株样品在每个对应的土样点采集，共采集60份（钩20份、叶20份、茎20份）。

玄参植株样品采集了28个。

二、试验分析与方法

参照《土壤农化分析》（鲍士旦，1999）和《土壤农业化学分析方法》（鲁如坤，1999）等进行下列指标的测定。

（一）土壤物理指标测定方法

土壤含水量：铝盒法。
土壤容重：环刀法。
土壤比重：比重瓶法。
土壤质地：简易比重计法。

（二）土壤常规化学指标测定方法

土壤 pH：电位法，水土比为 1：2.5。

土壤有机质：《土壤有机质测定法》（NYT 85—1988）。

土壤全氮：《土壤全氮测定法（半微量开氏法）》（NY/TY 53—1987），开氏法。

土壤碱解氮：碱解扩散法。

土壤全磷：高氯酸消解-钼锑抗比色法。

土壤有效磷：《石灰性土壤有效磷测定方法》（NY/T 148—1990），盐酸-氟化氨提取-钼锑抗比色法。

土壤全钾：氢氧化钠熔融-火焰光度法。

土壤速效钾：《土壤速效钾和缓效钾含量的测定》（NY/T 889—2004），乙酸铵浸提-火焰分光光度法。

（三）表观测定

鲜重/干重：称量法/烘干法。

分级：筛分法。

（四）生物碱测定

鸟苷及腺苷、二苯乙烯苷、结合蒽醌类的测定：高效液相色谱法（HPLC）。

（五）土壤生物指标测定方法

（1）土壤微生物数量测定

采用稀释平板法进行培养计数，细菌用牛肉膏蛋白胨琼脂培养基，真菌用马丁培养基，放线菌用高氏 1 号培养基（姚槐应，2003）。

（2）土壤酶活性的测定

脲酶采用靛酚蓝比色法，磷酸酶采用磷酸苯二钠比色法，过氧化氢酶采用高锰酸钾滴定法（孙瑞莲等，2003）。

（3）土壤微生物生物量碳、氮、钾的测定

土壤微生物生物量碳、氮、钾的测定采用氯仿熏蒸浸提法。

（4）微生物多样性指数

香农-维纳指数（Shannon-Wiener index）（H）$= -\sum(ni/N)\ln(ni/N)$

辛普森（Simpson）指数（D）$=1-\sum(ni/N)\ln(ni/N)$

式中，ni 为第 i 个物种的个体数；N 为群落中所有物种的个体数。

Shannon 均匀度指数（E）$=H/\ln S$

式中，S 为群落中的总物种数；H 为香农-维纳指数。

第二节　研　究　内　容

一、验证贵州半夏等 6 种中药材质量、产量评价体系

集成本研究半夏、太子参、山银花、何首乌、钩藤、玄参 6 种中药材品质、种植区划等方面的研究成果，进一步完善中药材质量标准体系，完成中药材的品质与生态环境（水、土、气候等）的相关性评价。

二、优化中药材耕作方式

在贵州中药材种植适宜区内，通过研究不同耕作方式（轮作、间作、套作、混作、净作、少耕、免耕、仿野生等）对土壤环境质量（物理、化学、生物等）性状的影响，比较不同耕作方式对中药材品质提升的效果，寻找能够调控半夏、太子参等 6 种中药材品质的最合理的耕作方式。

第三节　结果与分析

一、半夏耕作方式优化研究

（一）基本情况

半夏别名麻芋头、三步跳等，是天南星科（Araceae）半夏属（Pinellia）多年生草本植物。其干燥块茎为常用中药材之一，已有 2000 多年的用药历史。半夏主要产于长江流域及东北、华北等省区。在 558 种中药处方中，三叶半夏位列使用频率最高的中药材第 22 位。我国半夏资源分布较广，除内蒙古、新疆、青海、西藏未见野生外，其余各省份均有分布，主产于四川、贵州、湖北、辽宁、河南、陕西、山西、安徽、江苏、浙江等地。半夏喜冷凉气候，贵州主要分布在赫章、大方等海拔高于 1500 m 的地方。示范基地位于赫章河镇舍虎，海拔 2120 m，东经 104.3531°，北纬 27.2942°。土壤主要为砂质黄棕壤。

（二）不同种植方式黔产半夏土壤物理性状差异

净作半夏土壤含水量 18.87%±2.70%；套作半夏土壤含水量 18.50%±2.76%；轮作半夏土壤含水量 22.15%±4.07%；间作半夏土壤含水量 21.12%±6.36%。4 种种植方式土壤含水量均适宜半夏的生长，以轮作半夏土壤含水量最高。

由图 5-3-1 可知，净作半夏土壤容重为 1.01 g/cm³，变幅在 0.90～1.20 g/cm³，套作半夏土壤容重 1.09 g/cm³，变幅在 0.94～1.42 g/cm³，轮作半夏土壤容重 1.04 g/cm³，变幅在 0.98～1.16 g/cm³，间作半夏土壤容重 1.16 g/cm³，变幅在 1.00～1.29 g/cm³。不同土壤容重对根冠养分的吸收有着重要的影响，这可能是作物产量的限制因子之一。造成各处理间土壤容重差异的原因：一方面，土壤中微生物群落的复杂程度、腐殖质含量不同，使微生物分泌成分及腐殖酸对土壤颗粒的胶结作用出现差异，进而影响了土壤中水稳性团聚体含量；另一方面，套作、轮作、间作作物根系的穿插松土能力，以及分泌物含量、成分不同，对土壤容重贡献率表现不一致。

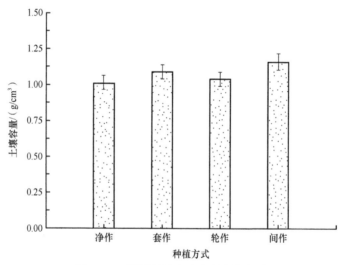

图 5-3-1　不同种植方式半夏土壤容重

轮作半夏土壤比重最大，为 2.69 g/cm³，高出净作半夏土壤 1.95%，套作半夏土壤 1.58%，间作半夏土壤 2.61%。净作半夏土壤比重变异系数为 2.29%，套作半夏土壤比重变异系数为 1.19%，轮作半夏土壤比重变异系数为 4.91%，间作半夏土壤比重变异系数为 6.74%。总体而言，4 种种植方式半夏土壤比重差异不大。

（三）不同种植方式黔产半夏土壤养分特征分析

净作半夏土壤 pH 为 5.73，套作半夏土壤 pH 为 5.89，轮作半夏土壤 pH 为 5.97，间作半夏土壤 pH 为 5.85。轮作土壤的 pH 最高，对于改善土壤酸性效果最好。

不同种植方式黔产半夏土壤有机质含量在 21.70～142.20 g/kg，4 种种植方式，有机质含量关系为：轮作（89.73 g/kg）＞间作（75.10 g/kg）＞套作（72.09 g/kg）＞净作（42.50 g/kg）。

不同种植方式黔产半夏土壤全氮含量在 1.50～4.67 g/kg，4 种种植方式，全氮含量关系为：轮作（3.37 g/kg）＞套作（2.87 g/kg）＞间作（2.79 g/kg）＞净作（1.83 g/kg）。

不同种植方式黔产半夏土壤全磷含量为 0.45～2.49 g/kg，4 种种植方式，全磷含量关系为：套作（1.42 g/kg）＞轮作（1.37 g/kg）＞间作（0.87 g/kg）＝净作（0.87 g/kg）。

不同种植方式黔产半夏土壤有效磷含量为 3.50～31.56 mg/kg，4 种种植方式，有效磷含量关系为：间作（13.64 mg/kg）＞套作（13.54mg/kg）＞净作（13.13 mg/kg）＞轮作（12.85 mg/kg）。

不同种植方式黔产半夏土壤全钾含量为 5.08～25.00 g/kg，4 种种植方式，全钾含量关系为：净作（12.37 g/kg）＞套作（11.23 g/kg）＞轮作（7.32 g/kg）＞间作（6.48 g/kg）。

不同种植方式黔产半夏土壤速效钾含量为 45.20～240.98 mg/kg，4 种种植方式，速效钾含量关系为：净作（150.76 mg/kg）＞套作（128.12 mg/kg）＞轮作（117.72 mg/kg）＞间作（70.88 mg/kg）。

（四）不同种植方式黔产半夏土壤中微量元素含量特征

土壤中 Fe、Mn、Cu、Zn 含量不同程度地受土壤中 N、P、K、有机质、pH 的影响。不同种植方式下半夏土壤中 N、P、K、有机质、pH、机械组成等存在差异，加上植物根系在土壤中穿插方式以及对微量元素的"好恶"，出现了不同种植方式间土壤中微量元素含量差异的现象。具体结果如表 5-3-1。

表 5-3-1　不同种植方式黔产半夏土壤中微量元素含量状况

种植方式	描述性统计	Fe/（g/kg）	Mn/（mg/kg）	Cu/（mg/kg）	Zn/（mg/kg）
净作	范围	13.89～60.40	0.34～1.72	34.15～128.76	90.79～530.54
	平均值	28.00 aA	1.34 abA	69.12 aA	172.15 aA
	标准差	9.03	0.41	23.30	96.86
	变异系数/%	32.26	30.38	33.71	56.27
套作	范围	13.54～23.51	0.70～1.81	43.77～78.58	100.51～554.81
	平均值	18.42 bB	1.21 bA	55.60 aA	189.32 aA
	标准差	4.12	0.30	10.18	143.98
	变异系数/%	22.34	24.85	18.31	76.05

种植方式	描述性统计	Fe/（g/kg）	Mn/（mg/kg）	Cu/（mg/kg）	Zn/（mg/kg）
轮作	范围	4.62～36.80	0.43～1.73	41.70～72.26	98.55～191.41
	平均值	23.56 abB	1.38 abA	55.81 aA	130.40 aA
	标准差	6.00	0.30	9.87	23.53
	变异系数/%	25.47	21.80	17.68	18.05
间作	范围	15.41～33.49	1.24～2.81	43.67～94.39	98.60～246.89
	平均值	27.94 aA	1.64 aA	67.53 aA	176.11 aA
	标准差	5.83	0.54	14.20	54.09
	变异系数/%	20.85	32.60	21.02	30.72

注：同列不同小写字母代表在 0.05 水平差异显著，同列不同大写字母代表在 0.01 水平差异极显著，全书同

（五）不同种植方式黔产半夏土壤环境质量评价

对标准化的数据进行分析，可以得到每个采样点的主成分值，并以各主成分的方差贡献率为权重进行加权汇总，得到综合主成分分值。按综合主成分分值进行排序，即可对各不同种植方式下的土壤环境质量进行综合评价比较。

表 5-3-2　不同种植方式主成分分值表

种植方式	F1	F2	F3	F4	F5	F 综合
净作	−0.803	−0.142	0.493	0.056	0.101	−0.126
套作	0.302	0.231	0.081	−0.682	0.655	−0.002
轮作	0.617	−0.083	0.178	0.092	−0.357	0.173
间作	−0.305	0.299	−1.713	0.376	0.062	−0.301

如表 5-3-2 所示，不同种植方式主成分分值：轮作 F 综合＞套作 F 综合＞净作 F 综合＞间作 F 综合，可见轮作方式土壤环境质量最优。本研究中，第一主成分（F1）中有机质的载荷最大，为 0.962，此外，因子载荷绝对值大于 0.200 的还有 10 个指标，其主要反映的是土壤养分中的有机质、全氮、碱解氮、全磷、全钾、Cu、Zn 的信息。第二主成分中，含水量、物理性黏粒含量、有效磷、速效钾、Mn、Cd 的因子载荷较大，因此，第二主成分主要反映土壤化学指标的信息。根据相似的推论方式，第三主成分主要反映土壤化学和物理指标的信息；第四、第五主成分主要反映的是土壤微量元素的信息。

（六）不同种植方式黔产半夏长势、产量与品质分析

（1）不同种植方式黔产半夏长势情况

根据黔产半夏种植习惯与生长习性，在 2014 年 4 月至 9 月，对半夏出苗后到第一次倒苗，4 个时期的长势情况进行了观察。4 个时期分别为：峰前期、峰期、中间期、谷期。在半夏净作、轮作、间作、套作的每个小区内，随机选择三个样方（1 m²）进行株高观察，结果如图 5-3-2 所示。

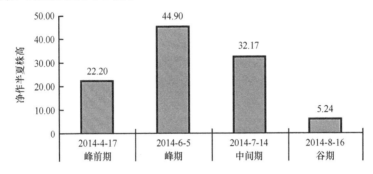

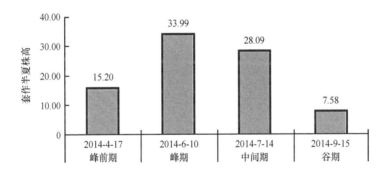

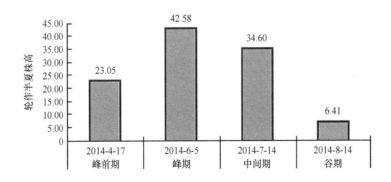

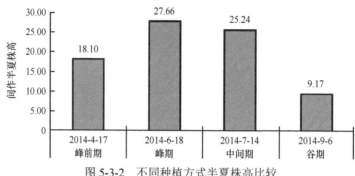

图 5-3-2　不同种植方式半夏株高比较

由于半夏生长受到光照和温度的影响很大，所以通过间作、套作的方式进行遮阴，造成套作与间作半夏的峰期与谷期出现的时间晚于净作、轮作方式。净作与轮作峰前期、峰期和中间期的株高明显优于套作和间作，可见轮作和净作更有利于半夏的生长。

（2）不同种植方式黔产半夏产量分析

以直径 1 cm 半夏块茎做种，各处理间种植密度保持一致。结果如表 5-3-3 所示，净作与轮作半夏块茎直径（d）在 1.00～1.50 cm 所占比重较大，套作与间作半夏块茎直径（d）多数<1.00 cm。4 种种植方式按照每公顷产量高低排序：轮作>净作>间作>套作。半夏轮作土壤是 4 种处理下养分含量最高、环境质量最好的土壤，这是轮作半夏产量最高的直接原因。间作与套作通过遮阴减少了太阳辐射，有助于在相同的温度条件下减轻半夏的倒苗程度，通过种间的协同作用理论上可以提高半夏产量，但是本研究选择的区域地处黔西北高原，年均温度仅有 11℃，终年湿润，此外，半夏与大豆、马铃薯共处产生养分竞争也可能是产量不高的原因之一。

表 5-3-3　不同种植方式黔产半夏分级、产量

种植方式	半夏粒级			产量/（kg/hm²）
	大（d≥1.50cm）	中（1.50 cm>d≥1.00 cm）	小（d<1.00 cm）	
	鲜重/g	鲜重/g	鲜重/g	
净作	320.16 bB	725.40 bB	301.29 bB	13 468.50
套作	0.00 cC	50.26 dD	636.63 aA	6 868.90
轮作	451.18 aA	905.33 aA	633.98 aA	19 904.90
间作	21.28 cC	245.95 cC	625.47 aA	8 927.00

（3）不同种植方式黔产半夏品质分析

1）鸟苷与腺苷含量。通过表 5-3-4 可知，半夏大（$d \geq 1.50$ cm）块茎鸟苷含量，轮作处理极显著高于间作、净作，腺苷含量轮作与间作存在极显著差异，间作与净作存在极显著差异，二者极显著高于轮作；半夏中等（1.50 cm$> d \geq 1.00$ cm）大小块茎鸟苷含量，两两之间都有极显著差异，高低排序为：轮作＞套作＞净作＞间作，腺苷含量套作与轮作没有显著差异，轮作极显著高于其他处理；半夏小（$d < 1.00$ cm）块茎鸟苷含量，轮作与套作无显著差异，二者极显著高于净作与间作，腺苷含量排序为：轮作＞间作＞套作＞净作。

表 5-3-4　不同种植方式黔产半夏鸟苷及腺苷含量差异对比

种植方式	大（$d \geq 1.50$ cm）		中（1.50 cm$> d \geq 1.00$ cm）		小（$d < 1.00$ cm）	
	鸟苷/（μg/g）	腺苷/（μg/g）	鸟苷/（μg/g）	腺苷/（μg/g）	鸟苷/（μg/g）	腺苷/（μg/g）
净作	194.12 cC	51.19 bB	83.74 cC	37.31 bB	96.63 cC	60.27 bB
套作	—	—	222.68 aA	60.91 aA	190.19 aA	71.54 bB
轮作	216.25 aA	33.84 cC	230.28 bB	87.44 aA	188.20 aA	95.59 aA
间作	204.92 bB	57.98 aA	40.03 dD	29.21 cC	118.80 bB	88.83 aB

2）总有机酸含量。总有机酸含量的测定结果如表 5-3-5 所示：半夏大（$d \geq 1.50$ cm）块茎总有机酸含量，轮作处理极显著低于间作、净作；半夏中等（1.50 cm$> d \geq 1.00$ cm）大小块茎总有机酸含量，轮作处理极显著高于其他处理，净作处理显著高于套作、间作；半夏小（$d < 1.00$ cm）块茎总有机酸含量，轮作处理极显著高于其他处理，净作处理极显著低于套作、间作。除净作半夏小块茎总有机酸含量为 12.2983 mg，其他处理总有机酸的含量高于《中华人民共和国药典》（2010 年版）（以下简称《药典》）规定的 0.25%。

表 5-3-5　不同种植方式黔产半夏总有机酸含量差异对比表

种植方式	项目	大（$d \geq 1.50$ cm）	中（1.50 cm$> d \geq 1.00$ cm）	小（$d < 1.00$ cm）
净作	称样量/g	5.0214	5.0547	5.0149
	总有机酸含量/mg	20.9775 aA	15.2977 bB	12.2983 cC
	变异系数/%	0.4178	0.3026	0.2452
套作	称样量/g	—	5.0224	5.0263
	总有机酸含量/mg	—	13.1981 cB	15.7548 bB
	变异系数/%	—	0.2628	0.3134

续表

种植方式	项目	大（$d \geqslant 1.50$ cm）	中（1.50 cm $> d \geqslant 1.00$ cm）	小（$d < 1.00$ cm）
轮作	称样量/g	5.0237	5.0251	5.0294
	总有机酸含量/mg	14.5410 bB	22.0395 aA	23.5537 aA
	变异系数/%	0.2894	0.4386	0.4683
间作	称样量/g	5.0305	5.0296	5.0230
	总有机酸含量/mg	20.2386 aA	13.4067 cB	17.2919 bB
	变异系数/%	0.4023	0.2666	0.3443

二、太子参耕作方式优化研究

（一）基本情况

太子参又名孩儿参，为石竹科宿根性一年生草本药用植物。以块根入药，具有补肺气、健脾气、生津液之功效。野生太子参主要分布于福建、江苏、安徽、浙江、山东等地；朝鲜、日本亦有分布。太子参商品的主要产地为福建、江苏、安徽、山东 4 省，栽培历史已过百年。20 世纪 70 年代以前，太子参商品主要以野生为主；70 年代后主要为人工栽培。贵州太子参栽培区主要集中在黔东南施秉、黄平等地。本研究所选项目基地位于施秉牛大场，海拔 967 m、东经 107.94°、北纬 27.14°，为贵阳中医学院三源药业有限责任公司、贵州威门药业股份有限公司的中药材种植示范基地。

（二）不同种植方式太子参土壤物理性状差异

土壤机械组成特征具体见表 5-3-6，太子参根区和非根区砂粒含量（0.05～1 mm）均随着种植年限增加而递增，大小基本为：轮作＜间作＜套作＜连作 1 年＜连作 3 年＜连作 6 年＜连作 10 年。立地土壤中黏粒含量（＜0.001 mm）都很少，根区土壤平均黏粒含量为 12.47%～19.03%，非根区土壤平均黏粒含量为 15.33%～23.84%。说明土壤矿质胶体缺乏，影响土壤团粒结构的形成。

不同种植方式太子参的根区土壤容重差异不大，其大小顺序：连作 10 年（1.30 g/cm³）＞连作 6 年（1.29 g/cm³）＞连作 3 年（1.27 g/cm³）＞套作（1.25 g/cm³）＞轮作（1.23 g/cm³）＞连作 1 年（1.20 g/cm³）＞间作（1.17 g/cm³），其中连作 10 年的种植方式下土壤容重最高。容重降低的原因是，0～20 cm 层土壤中根系占总吸收根长的 90% 以上，同时土壤表层的枯枝落叶分解转化为腐殖质，腐殖质的不断积累改善了土壤的通气性和透水性，降低了土壤容重。

表5-3-6 不同种植方式太子参土壤机械组成特性

种植方式	根区				非根区			
	0.05~1 mm	0.001~0.05 mm	<0.001 mm	质地（卡钦斯基制）	0.05~1 mm	0.001~0.05 mm	<0.001 mm	质地（卡钦斯基制）
轮作	17.63	29.84	12.47	粗粉质重壤土	13.66	22.9	15.33	黏砂质轻壤土
间作	18.16	30.52	13.24	粗粉质重壤土	13.66	22.9	15.89	黏砂质轻壤土
套作	19.77	31.39	14.52	粗粉质重壤土	13.66	22.9	16.14	黏砂质轻壤土
连作1年	21.78	35.11	15.29	黏粉质重壤土	16.11	22.19	18.08	粉砂质中壤土
连作3年	25.23	33.61	17.83	粗黏粉质重壤土	16.23	23.39	22.03	粉砂质中壤土
连作6年	24.73	35.49	18.25	砂粉质重壤土	17.22	24.84	22.98	粉砂质中壤土
连作10年	26.86	34.95	19.03	砂粉质重壤土	17.78	23.54	23.84	粉砂质中壤土

根区土壤总孔隙度在 45.78%～53.46%，非常适宜太子参生长；土壤毛管孔隙度在 33.24%～40.39%；土壤非毛管孔隙度在 7.92%～12.63%。不同种植方式太子参立地土壤总孔隙度差异很大，平均总孔隙度为 49.88%，最大值出现在连作 10 年的土壤中，为 53.46%；最小值出现在轮作土壤中，为 45.78%。随着种植年限的增加，土壤孔隙度不断增加，这是由于太子参植株在生长季根系生长较快，根系对土壤的穿插较迅速，起到了改善土壤结构、增加土壤孔隙度的作用。

本研究结果表明，轮作方式下土壤含水量最高，其值为 14.94%；根区土壤的含水量总体上随着种植年限的增加而降低，连作 1 年方式下土壤含水量为 14.37%，连作 10 年达到最低值（10.95%）。而非根区土壤含水量随种植年限增加变化趋势不明显，根区土壤较非根区土壤含水量低。

（三）不同种植方式太子参土壤养分特性分析

不同种植方式下太子参根区土壤 pH 显著低于非根区土壤，平均低 0.22。不同种植方式下根区土壤 pH 降低程度不同，其中，间作和套作的根区与非根区土壤 pH 的差异最大，其根区土壤 pH 比非根区分别低 0.44 和 0.38，轮作和连作 1 年、3 年、6 年和 10 年的太子参根区土壤 pH 与非根区土壤 pH 差异分别为 0.34、0.32、0.26、0.26 和 0.23。

不同种植方式根区土壤有机质含量均高于非根区土壤。但连作 1 年的差异不显著，其余种植方式下均呈极显著差异。根区土壤有机质含量依次为轮作＞连作 3 年＞连作 6 年＞套作＞间作＞连作 1 年＞连作 10 年。结果表明，根区土壤有机质含量均高于非根区土壤，根区土壤有机质的富集表明植物残体以及根系脱落物等是土壤有机质的重要来源。

太子参不同种植方式下根区土壤与非根区土壤 pH、土壤有机质（SOM）、全磷（TP）含量差异极显著（$P < 0.01$），全氮（TN）、全钾（TK）、碱解氮（AN）、有效磷（AP）和速效钾（AK）含量差异不显著。总体来说，太子参根系对土壤养分表现出明显的增加效应。

（四）不同种植方式太子参土壤中微量元素含量特征

Mo 元素在连作 10 年的种植方式下土壤中的含量明显低于其他几种种植方式下的土壤中，说明连年种植太子参会导致土壤中的 Mo 元素亏缺，在种植过程中应适当补充微肥。

（五）不同种植方式太子参产量与品质分析

如图 5-3-3 所示，不同种植方式下太子参产量为轮作＞间作＞套作＞连作 3 年＞连作 6 年＞连作 10 年。轮作的产量达到 180.32 斤/亩（1 斤=500 g），比产量最低的连作 10 年高 23.9%，连作的产量随时间的延长而下降。

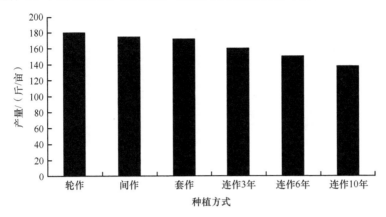

图 5-3-3　不同种植方式下太子参的产量

多糖和皂苷是评价太子参品质的重要指标，本研究检测了 6 种不同种植方式下太子参中多糖和皂苷的含量。由图 5-3-4、图 5-3-5 可知，多糖和皂苷含量均为轮作＞间作＞套作＞连作 3 年＞连作 6 年＞连作 10 年。轮作、间作和套作 3 种种植方式下多糖和皂苷含量差距不大，并且均明显比连作方式下的含量高。轮作所产太子参的多糖和皂苷含量分别达到 19.29%与 0.29%，比连作 10 年所产太子参的多糖含量高出 25.45%，皂苷含量高出 41.38%。在连作种植方式中，随着连作时间的延长，太子参中多糖和皂苷的含量逐渐降低。这说明，轮作种植方式下太子参的品质最优，连作障碍效应对太子参的品质具有较大的影响。

不同种植方式对太子参产量的影响和对其品质的影响一致。这说明，轮作条件下获得的太子参品质和产量都属最优，而连作对其品质和产量都有较大的影响。

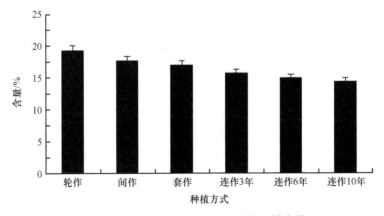

图 5-3-4　不同种植方式下太子参的多糖含量

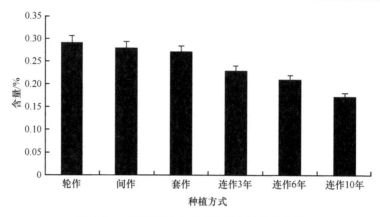

图 5-3-5　不同种植方式下太子参的皂苷含量

三、山银花耕作方式优化研究

（一）基本情况

山银花是忍冬科植物灰毡毛忍冬、红腺忍冬、华南忍冬或黄褐毛忍冬的干燥花蕾或带初开的花。忍冬科植物多生长于海拔 500~1800 m 的地区，一般生长在山坡、山顶混交林内、山谷溪旁或灌丛中，现已大量人工引种栽培。山银花富含绿原酸、灰毡毛忍冬皂苷和川续断皂苷，广泛用于治疗温病发热、风热感冒、咽喉肿痛等症，具有较高的医药价值和经济价值。其野生种分布十分广泛，在丘陵、山谷、林边、路旁、山坡灌丛中都可见到。人工栽培的灰毡毛忍冬以山东、河南、重庆、湖南地区较多、较好。贵州主要产区分布于黔西南、黔北、黔东等地，以遵义市和黔西南布依族苗族自治州等地的产量较大。后文的山银花种植均指灰毡毛忍冬。

（二）不同种植年限山银花土壤物理性状差异

通过研究发现，随着种植年限的增加，根区土壤砂粒含量呈缓慢增加的趋势，21~25 年砂粒含量平均值比 0~5 年多 10.11 个百分点；而随着种植年限的增加，黏粒含量在 6~10 年达到最高值，说明此时土壤的保水性能和保肥性能优越。这可能是由于山银花叶片能减弱雨水的侵蚀作用，使土壤中有机质在土表积累，黏粒数量得以保持，土壤性能变得优越。山银花根区砂粒（0.05~1 mm）含量均随着种植年限增加缓慢递增，山银花立地土壤中黏粒（<0.001 mm）含量都很少，根区土壤平均黏粒含量为 22.14%~26.08%。说明土壤矿质胶体缺乏，影响土壤团粒结构的形成。从总体来看，黏粒含量高于砂粒含量，低于粉砂粒含量，说明土壤颗粒粗大紧实。

不同种植年限山银花的根区土壤容重差异不大，其大小顺序为：0～5 年（1.25 g/cm³）＞16～20 年（1.23 g/cm³）＞21～25 年（1.21 g/cm³）＞6～10 年（1.18 g/cm³）＞11～15 年（1.12 g/cm³），其中 11～15 年种植年限的土壤容重最小。由此可知，根区 0～20 cm 土层的最佳种植年限为 11～15 年。而种植年限大于 15 年时，土层开始板结，容重增大。

不同种植年限的山银花根区与非根区土壤孔隙度状况如表 5-3-7 所示，根区土壤总孔隙度在 45.68%～52.45%，孔隙度非常适宜；土壤毛管孔隙度在 33.13%～42.12%；土壤非毛管孔隙度在 8.85%～12.55%。不同种植年限山银花立地土壤总孔隙度差异很大，平均总孔隙度为 49.76%，最大值出现在 11～15 年，为 52.45%；最小值出现在 0～5 年，为 45.68%。土壤总孔度的大小为 11～15 年＞21～25 年＞16～20 年＞6～10 年＞0～5 年。随着种植年限的增加，在 0～15 年，土壤孔隙度不断增加，这可能是山银花植株根系分泌物，起到了改善土壤结构、增加土壤孔隙度的作用；而 16～25 年的山银花植株老化，根系生长减缓，土壤毛管孔隙度和非毛管孔隙度变化规律不明显。由此推断，山银花改善土壤孔隙度的最佳种植年限是 11～15 年。

表 5-3-7　不同种植年限的山银花根区与非根区土壤孔隙度状况

种植年限 /年	样本数	根区土壤			非根区土壤		
		总孔隙度/%	非毛管孔隙度/%	毛管孔隙度/%	总孔隙度/%	非毛管孔隙度/%	毛管孔隙度/%
0～5	7	45.68 b	12.55 a	33.13 b	43.25 a	3.54 c	39.71 a
6～10	10	48.36 ab	11.80 a	36.56 b	42.68 ab	4.36 c	38.32 a
11～15	10	52.45 a	12.06 a	40.39 a	44.13 a	6.15 b	37.98 a
16～20	8	50.97 a	8.85 b	42.12 a	43.07 a	8.85 a	34.22 b
21～25	6	51.32 a	10.93 ab	40.39 a	45.71 a	9.47 a	36.24a b

不同种植年限的根区土壤湿筛团聚体各组成比例相差不大，以小于 0.25 mm 粒径的土壤团聚体为主。粒径大于 1.00 mm 的土壤水稳性团聚体的总量都是根区大于非根区；湿筛处理下大于 0.25 mm 的土壤团聚体数量明显减少，尤其以大于 1.00 mm 的土壤团聚体含量减少最多。可见根区与非根区之间水稳性土壤团聚体差别较大。不同土地利用方式、地表植被类型及其凋落物的性质存在的差异，影响了水稳性土壤团聚体粒径分布。

（三）不同种植年限山银花土壤养分特征分析

不同种植年限的山银花根区土壤 pH 明显低于非根区的土壤，平均低 0.65。21～25 年的根区与非根区土壤 pH 的差异最大。如图 5-3-6 所示。

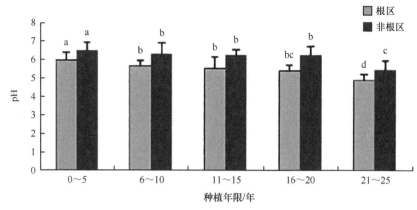

图 5-3-6　不同种植年限的山银花根区与非根区土壤 pH

不同小写字母表示不同种植年限间在 0.05 水平上差异显著

　　不同种植年限山银花根区土壤有机质含量均高于非根区土壤，其中 11～15 年的根区与非根区土壤间的有机质含量差异最大，相差 7.66 g/kg。根区土壤有机质含量为 16～20 年＞11～15 年＞0～5 年＞6～10 年＞21～25 年。本研究对于植物根区与非根区土壤中有机质含量差异的研究结果表明：根区土壤中的有机质含量均高于非根区土壤，根区土壤中有机质的富集表明，植物的残体及根系脱落物等是土壤中有机质的重要来源。

　　不同种植年限的山银花根区土壤与非根区土壤 pH、土壤有机质（SOM）含量有极显著差异（$P<0.01$），全氮（TN）、碱解氮（AN）、有效磷（AP）和速效钾（AK）含量差异不显著。与非根区土壤相比，根区土壤 pH 平均低 0.42，土壤有机质含量平均高 8.89%，土壤全氮含量平均高 13.18%。总体来说，植物根系对土壤养分表现出明显的增加效应。

　　土壤有机质与全氮含量呈极显著正相关，与有效磷含量呈显著正相关，说明土壤有机质是土壤中氮、磷等营养元素的重要来源。全氮与碱解氮含量呈极显著正相关。研究表明，土壤 pH 影响土壤养分的有效性，本研究中 pH 与土壤有机质、全氮、有效磷含量呈显著正相关，说明在山银花种植后期，可以科学合理配施氮肥和有机肥，以增加土壤有机质含量，提升土壤的供肥和保肥能力。非根区土壤全氮与有机质和碱解氮含量呈显著正相关，pH 和有土壤机质含量呈显著正相关，但其余养分指标与有机质含量相关性不显著。对比可知，与非根区土壤相比，根区土壤中的植物根系对土壤养分有一定增加效应。

　　在不同种植年限下，山银花根区的土壤养分含量均大于非根区的土壤养分含量。pH 是影响土壤养分有效性的重要因素之一，根区土壤 pH 小于非根区土壤，随着种植年限的增长，根区与非根区土壤的 pH 并无明显差异性，种植年限 21～25 年的土壤 pH 最小；16～20 年的土壤有机质含量最高，根区与非根区的土壤有机质含量无显著差异，种植年限 11～15 年与 21～25 年的山银花非根区土壤有机质含量差异显著；种植年限在 6～10 年的山银花根区土壤碱解氮含量最高，种植年限在 1～5 年的山银花非根区土壤碱解氮含量最高，随着种植年限的增长，碱解氮含量降低；种植年限在 11～15 年的山银花根区土壤有效磷含量最高，种植年限在 11～15 年的山银花非根区土壤有效磷含量最高；种植年限在 16～20 年的山银花根区土壤速效钾含量最高，种植年限在 1～5 年的山银花非根区土壤速效钾含量最高；种植年限在 16～20 年的山银花根区土壤全氮含量最高，种植年限在 1～5 年的山银花非根区土壤全氮含量最高，说明 16～20 年的山银花土壤养分含量较高，这时理论上应是山银花达到高产的最佳种植年限，如增施有机肥，能够提高山银花土壤养分含量，进而提高山银花产量与质量（张珍明等，2016）。

（四）不同种植年限山银花土壤微生物特性

不同种植年限的山银花土壤微生物总量在数值上表现为先增加后减少的趋势。其中，种植年限 11～15 年的土壤微生物总数最多，为 15.53×10^6 个/g 土，分别比种植年限 0～5 年和 21～25 年的土壤微生物总数多 186.53% 与 57.19%。土壤细菌数量占微生物总量的绝对优势，说明细菌是山银花根区土壤微生物生命活动的主体。细菌数随着种植年限增加呈先增加后减少的趋势，11～15 年达到最大值（15.35×10^6 个/g 土），比 21～25 年高 61.07%。这是因为在生长年限增加的初期，土壤中有机质积累、熟化过程加速，土壤理化性质状况得到改善，细菌的生长活动有更好的空间和环境。但随着种植年限的持续增加，土壤酸化和盐渍化抑制了细菌增殖。而随着种植年限的增加，土壤中放线菌和真菌的数量都呈上升趋势。

不同种植年限下的山银花根区土壤微生物生物量碳和生物量氮都先不断增加，在 6～10 年达到最大值，随后持续减少；6～10 年微生物生物量碳与生物量氮分别为 340.90 mg/kg 和 76.39 mg/kg。说明在 6～10 年土壤供氮能力最强，并能促进生物活性高的腐殖质形成；但随着土壤酸化、营养失衡等问题的加重，微生物活性降低，微生物数量也不断减少。微生物生物量磷则在 11～15 年达到最大值（27.80 mg/kg），分别是 0～5 年和 21～25 年的 4.63 倍与 2.68 倍。相关分析表明，土壤中速效磷和微生物量磷呈显著正相关，土壤有效磷的含量在 11～15 年达到最大值，与土壤微生物量磷的变化趋势一致。

不同种植年限土壤酶活性的变化如图 5-3-7 所示。

随着种植年限的增加，土壤过氧化氢酶、磷酸酶、脲酶的活性均呈先增加后降低的趋势。土壤过氧化氢酶和脲酶活性均在 11～15 年达到最大值，土壤磷酸酶活性则变化不大，在种植年限 6～10 年达到最大值。酶活性的变化说明，在种植年限 6～15 年土壤有机养分转化速率上升、可溶性养分含量增加、土壤中氧化作用增强，因此土壤质量较高。种植年限超过 15 年后，随着种植年限的继续增加，土壤酶活性有所降低，侧面说明了土壤生产能力已经有所下降。

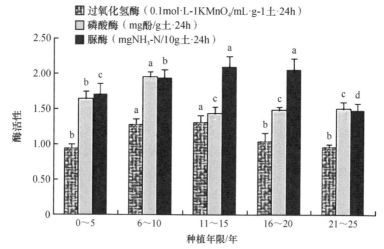

图 5-3-7　不同种植年限土壤酶活性的变化

不同小写字母表示不同种植年限间在 0.05 水平差异显著

（五）不同种植年限山银花土壤中微量元素含量特征

本研究对不同种植年限山银花土壤中的微量元素含量进行了分析，结果表明，土壤中微量元素含量变化趋势各不相同。Mo 元素在种植年限较长的土壤中的含量明显低于种植年限较短的土壤，说明到连续种植后期，山银花土壤中的 Mo 元素有亏缺的现象，在种植过程中应适当补充微肥。Mn 元素在土壤中的含量随着种植年限的增加呈减-增-减的趋势，造成此结果可能是连年种植山银花的中期增施了微量元素。

本研究对土壤中元素分布的均匀性进行的分析结果表明：不同种植年限下 Mo 和 Mn 元素变异系数较大，说明其在土壤中随种植年限增加分布均匀性较差。种植年限 5 年的土壤中 Mo 元素的变异系数均较大，整体高于其他元素。Mn 元素在 0～5 年、21～25 年的土壤中的变异系数较大。除 Mo 和 Mn 外其他元素在不同种植年限的土壤中变异系数较小，表示分布相对均一。

（六）不同种植年限山银花质量和品质分析

（1）山银花的生长状况

山银花平均花枝节数在 0～5 年最少，平均为 7.2 个，花蕾稀少；随后呈缓慢增长趋势，最大值为 16～20 年的 13.17 个，花蕾生长茂盛饱满；但 21～25 年的山银花平均花枝节数有所下降。可能是土壤在长期耕作后产生盐渍化、酸化等一系列问题，导致土壤质量降低，影响山银花生长。

（2）不同种植年限山银花绿原酸含量

山银花花蕾中主要成分之一的绿原酸具有显著的药理活性，它是一些成药和制剂的质量控制指标。对40个山银花花蕾样品中的绿原酸含量进行测定，结果如图5-3-8所示。随种植年限延长，山银花花蕾中绿原酸含量逐年增加，种植年限为0～5年的植株绿原酸平均含量为2.988%，种植年限为6～10年的植株绿原酸含量显著增长，平均含量为7.328%；种植年限为11～15年的植株绿原酸平均含量达到最高，为7.840%，之后呈平缓递减趋势，种植年限为21～25年的植株绿原酸平均含量保持在7.253%。种植年限为0～5年的植株绿原酸平均含量和其他年限间存在显著差异。

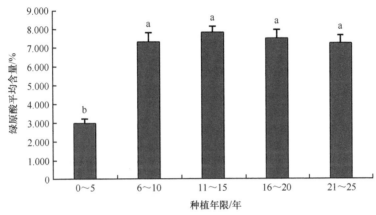

图5-3-8　不同种植年限的山银花绿原酸含量变化

不同小写字母表示不同种植年限间在0.05水平差异显著

15年生的山银花，绿原酸含量已开始下降。在生产上，为保证药材优质、高产、高效益，对种植16～20年以上的山银花，要采取严格的耕作管理模式，控制肥料施用或更新植株。

四、何首乌耕作方式优化研究

（一）基本情况

何首乌（*Pleuropterus multiflorus*）为蓼科何首乌属多年生缠绕藤本植物，其块根及茎叶均为名贵的中药材。何首乌块根即何首乌，藤茎为中药中的夜交藤。何首乌为常用中药，性温，味苦、甘、涩；具解毒、消痈、润肠通便之功能；用于瘰疬疮痈、风疹瘙痒、肠燥便秘、高血脂。何首乌为多年生缠绕藤本，当年生茎中空，多年生茎木质化；叶互生，叶片狭卵形至心形；圆锥花序顶生，花小而多，绿白色；种子三角形，熟后黑色。地下结块根，多呈纺锤形，表皮赤红色，故又称赤首乌。何首乌喜温暖湿润环境，耐寒，能在田间越冬。对土壤要求不严，一般土壤都能生长，但以肥沃土壤生长良好，田间内涝积水，易引起何首乌块根及根系腐烂。生长于海拔 200～800 m 的丘陵、草坡和灌丛，宜在土层深厚、肥沃疏松、排水良好的砂质壤土上栽培。本项目基地位于都匀市王司镇新坪村，基地海拔 802 m，东经 107°37.745′，北纬 26°07.358′，土壤为黄壤。

（二）不同种植方式何首乌土壤物理性状差异

由图 5-3-9 可知，不同种植方式下何首乌根区土壤的容重均小于非根区土壤容重，根区土壤在间作方式下容重最小，间作方式下土壤容重比净作、套作、混作分别小 3.25%、4.90%、6.14%，间作方式更加有利于何首乌根系的生长。非根区土壤在混作方式下容重最小，混作方式下土壤容重比净作、间作、套作分别小 4.33%、5.04%、11.11%。

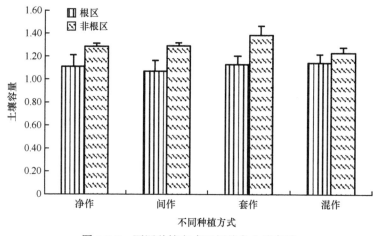

图 5-3-9　不同种植方式下何首乌土壤容重

4 种种植方式下根区的土壤孔隙状况均优于非根区，这是由于根系对根区土壤产生的影响，起到了改善土壤结构、增加土壤孔隙度的作用。人为改变何首乌的种植方式，可以改变土壤的孔隙度状况。

从图 5-3-10 中可以看出，不同种植方式下根区土壤比重小于非根区。其中，根区：混作显著高于其他三种种植方式；非根区：混作分别比套作、净作、间作高 5.11%、6.64%、7.46%。混作方式下的土壤比重均高于其他 3 种种植方式，净作、间作、套作 3 种种植方式下土壤比重无显著差异。

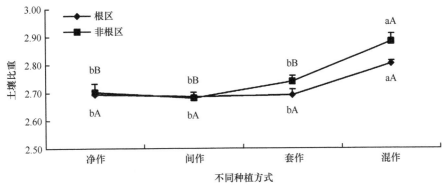

图 5-3-10 不同种植方式下何首乌土壤比重

不同小写字母代表在 0.05 水平差异显著，不同大写字母代表在 0.01 水平差异极显著

（三）不同种植方式下何首乌根区和非根区砂粒含量

不同种植方式下何首乌的土壤机械组成特征（表 5-3-8）可知，细砂、粗砂和中砂（0.05~1 mm）均有递增的趋势。4 种种植方式下土壤物理性黏粒（<0.01 mm）的含量比例均较高，套作和混作下的土壤质地要比净作、间作下的土壤疏松，壤土比黏土通气、保水保肥的能力强。不同种植方式下何首乌土壤中粗砂及中砂（0.25~1 mm）含量都很少。净作和间作种植下的土壤中黏粒（<0.001 mm）含量较高。净作和间作下的根区土壤分形维数均大于非根区土壤的分形维数，土壤质地越粗，分形维数越小，土壤结构越疏松，通气性越好；土壤分形维数越大，土壤结构越紧实，通透能力越弱。对各粒级含量与分形维数进行直线相关分析，土壤机械组成的分形维数与 0.25~1 mm、0.05~0.25 mm、0.01~0.05 mm 组分含量存在极显著的正相关性（$P<0.01$），其相关系数分别为 0.77、0.80、0.60，土壤机械组成的分形维数与 0.005~0.01 mm 组分含量存在显著正相关性（$P<0.05$），其相关系数为 0.37；土壤机械组成的分形维数与 0.001~0.005 mm、<0.001 mm 组分含量存在极显著的负相关性。显然，土壤机械组成的分形维数与土壤机械组成的各粒径组分含量之间存在极其显著的相关性。

（四）不同种植方式何首乌土壤养分特征分析

不同种植方式下何首乌根区土壤 pH 显著低于非根区土壤，平均低 0.22。净作方式下根区土壤的 pH 比间作、套作、混作分别低 0.31、0.79、1.32；净作方式下非根区土壤的 pH 比间作、套作、混作分别低 0.58、0.89、1.24。根区土壤的 pH 低于非根区土壤的 pH，主要是因为何首乌根系的分泌物和何首乌植株凋谢物的分解，在分解过程中产生的酸类物质促使了土壤矿物中矿质养分的释放，此外，植物根系吸收土壤中的养分，使根系周围的根区土壤养分高于非根区土壤的养分。

表 5-3-8　不同种植方式何首乌土壤机械组成特性

种植方式	根区/非根区	土壤机械组成/%							土壤质地名称（据卡钦斯基）	分形维数（D）
		粗砂及中砂（0.25~1 mm）	细砂（0.05~0.25 mm）	粗粉砂（0.01~0.05 mm）	中粉砂（0.005~0.01 mm）	细粉砂（0.001~0.005 mm）	黏粒（<0.001 mm）	物理性黏粒（<0.01 mm）		
净作	R	1.84±1.02 bA	6.56±1.76 bB	17.58±3.36 bA	10.55±1.76 bA	18.46±1.45 abA	45.02±5.42 aA	74.03±4.80 aA	轻黏土	2.45±0.02 bB
	S	1.68±0.21 bA	6.86±1.49 bB	16.41±2.04 bB	10.94±1.69 bA	18.97±2.51 aA	45.15±6.80 aA	75.06±5.84 aA	重黏土	2.44±0.02 bB
间作	R	2.16±0.48 bB	8.60±1.52 bAB	15.24±2.40 bA	12.16±3.28 abA	20.89±2.88 aA	40.95±2.46 aA	74.00±3.05 aA	轻黏土	2.45±0.01 bB
	S	2.06±0.13 bA	5.72±2.16 bB	15.40±2.42 bB	12.32±2.36 abA	20.87±1.45 aA	43.64±4.75 aA	76.83±2.67 aA	中黏土	2.44±0.01 bB
套作	R	7.44±5.07 aA	13.91±7.60 aA	19.92±12.45 abA	19.10±10.29 aA	18.07±2.09 bA	21.56±12.37 bB	58.72±14.16 bB	重壤土	2.51±0.03 aA
	S	9.09±7.57 aA	12.34±6.88 aAB	22.96±9.38 aAB	14.56±2.53 abA	18.26±3.49 aA	22.78±13.79 bB	55.61±15.59 bB	重壤土	2.51±0.05 aA
混作	R	7.78±4.77 aA	14.09±1.49 aA	26.31±2.19 aA	14.89±3.69 abA	19.79±0.97 abA	17.14±8.04 bB	51.81±5.79 bB	重壤土	2.51±0.03 aA
	S	7.02±4.75 abA	16.57±2.73 aA	26.35±1.11 aA	15.53±4.21 aA	20.22±1.96 aA	14.29±3.88 bB	50.05±2.87 bB	重壤土	2.52±0.02 aA

注：R 为根区，S 为非根区；不同小写字母代表在 0.05 水平差异显著，不同大写字母代表在 0.01 水平差异极显著

不同种植方式根区土壤有机质含量均高于非根区土壤。有机质含量：净作方式下何首乌根区土壤有机质含量比混作、套作、间作分别高 2.29 g/kg、2.66 g/kg、6.16 g/kg；净作方式下何首乌非根区土壤有机质含量比混作、套作、间作分别高 2.91 g/kg、3.37 g/kg、8.09 g/kg。

不同种植方式下何首乌根区与非根区土壤养分含量之间存在差异。从 4 种何首乌种植方式下土壤养分含量看，净作种植方式下何首乌根区和非根区土壤有机质、全氮含量均高于其他 3 种种植方式下的土壤养分含量。

从表 5-3-9 中可以看出，不同种植方式下何首乌根区土壤养分含量均大于非根区土壤，土壤养分含量之间存在差异。从有机质含量来看，净作与间作根区土壤中含量存在显著差异，非根区土壤之间存在极显著差异。从全氮含量来看，净作与间作根区土壤存在差异，非根区土壤之间存在极显著差异。根区土壤有机质、全氮含量与非根区土壤之间在间作条件下均达到极显著差异。从碱解氮、速效钾、缓效钾含量来看，4 种种植方式下何首乌土壤根区与非根区含量差异不显著。

（五）不同种植方式何首乌产量和品质分析

（1）不同种植方式何首乌的生物产量

实验测得净作方式下何首乌最大块根长度达到了 21.14 cm，比套作、间作、混作种植方式下的何首乌最大块根分别长 3.82 cm、4.75 cm、12.81 cm；在间作方式下何首乌最大块根直径达到了 29.13 mm，比套作、净作、混作种植方式下的何首乌块根分别大 3.7 mm、9.98 mm、15.74 mm。

套作种植方式下何首乌的单株茎鲜重、叶鲜重均最大，而净作种植方式下的块根鲜重最大，这表明，不同种植方式下生长的何首乌地上部分影响了地下部分块根的形成，净作种植方式下何首乌产值最高。结果如表 5-3-10 所示。

（2）不同种植方式下何首乌水分、灰分含量研究

如表 5-3-11 所示，混作种植下的何首乌总灰分含量与其他 3 种种植方式下的总灰分含量差异显著（$P<0.05$），混作比套作、净作、间作分别高 26.69%、31.77%、33.11%；酸不溶性灰分含量在 4 种种植方式下差异不显著，套作比净作、混作、间作分别高 10.00%、15.79%、18.92%。

（3）不同种植方式下何首乌二苯乙烯苷及蒽醌类化合物含量研究

从表 5-3-12 中可以看出，不同种植方式下的二苯乙烯苷含量差异不显著，蒽醌类化合物（总蒽醌、结合蒽醌、游离蒽醌）的含量套作与混作差异显著。其中，二苯乙烯苷含量在间作种植方式下含量最高，分别比混作、净作、套作方式下种

表5-3-9 不同种植方式下何首乌土壤养分含量之间的差异性

种植方式	部位	有机质/(g/kg)	全氮/(g/kg)	碱解氮/(mg/kg)	全磷/(g/kg)	有效磷/(mg/kg)	速效钾/(mg/kg)	缓效钾/(mg/kg)
净作	R	37.86±6.8094 aA	1.86±0.2988 aA	115.14±13.4419 aA	0.54±0.1460 aAB	26.68±10.3259 aA	141.53±42.1180 aA	163.86±48.9754 aA
	S	31.40±4.6805 aA	1.55±0.2202 aA	102.27±20.1795 aA	0.42±0.4136 aA	18.61±10.1162 abA	108.53±16.5800 aA	134.50±50.9638 aA
间作	R	31.69±4.8494 bA	1.59±0.2350 aA	119.71±24.9148 aA	0.78±0.1461 aA	29.97±7.9786 aA	142.03±29.3667 aA	148.76±18.7082 aA
	S	23.31±2.7761 bB	1.17±0.1607 bB	105.23±39.7090 aA	0.52±0.0663 aA	14.4910.3615 aB	112.84±23.5800 aA	118.91±27.6766 aA
套作	R	35.20±3.1911 abA	1.74±0.1469 aA	114.53±23.3364 aA	0.50±0.1471 bB	32.77±7.1876 aA	140.54±30.7474 aA	165.65±19.6465 aA
	S	28.02±6.2299 abAB	1.44±0.2434 abAB	102.37±15.4443 aA	0.36±0.1650 aA	19.21±8.0286 abA	113.67±27.5355 aA	124.84±29.3329 aA
混作	R	35.57±3.2442 abA	1.82±0.1551 aA	129.24±22.4599 aA	0.57±0.1285 bAB	33.87±5.2609 aA	122.82±40.2506 aA	162.66±30.2800 aA
	S	28.48±2.4361 abAB	1.51±0.1904 aA	111.71±24.9161 aA	0.45±0.1936 aA	26.96±8.6524 aA	115.86±42.4250 aA	118.67±23.0153 aA

注：R 为根区，S 为非根区；不同小写字母代表在 0.05 水平差异显著，不同大写字母代表在 0.01 水平差异极显著。

表 5-3-10　不同种植方式下单个何首乌块根根重、单株茎鲜重及单株叶鲜重比较

不同种植方式		块根个数/个	块根总鲜重/g	单个块根鲜重/g	单个块根干重/g	块根折干率/%	单株茎鲜重/g	单株叶鲜重/g
净作	平均值	4.38	391.08	118.38	54.91	46.38	89.25	61.55
	标准偏差	1.69	305.97	67.24	31.43	2.32	38.16	29.45
	变异系数/%	0.01	78.24	56.81	57.24	4.99	42.76	47.85
间作	平均值	4.00	320.96	129.71	57.57	44.58	53.63	67.73
	标准偏差	1.22	146.33	58.47	25.60	1.68	41.66	23.04
	变异系数/%	30.62	45.59	45.08	44.48	3.78	77.68	34.02
套作	平均值	4.00	359.16	132.89	57.98	43.61	139.15	146.86
	标准偏差	1.22	179.76	50.73	22.23	1.71	25.47	21.49
	变异系数/%	30.62	50.05	38.18	38.34	3.93	18.30	14.63
混作	平均值	2.80	167.41	57.59	24.98	43.33	64.28	82.39
	标准偏差	0.84	184.97	49.21	21.35	1.41	44.01	43.75
	变异系数/%	29.88	110.49	85.45	85.46	3.25	68.46	53.09

表 5-3-11　不同种植方式下何首乌水分及灰分含量（%）

种植方式	水分	总灰分	酸不溶性灰分
净作	7.18±0.73 aA	2.99±0.35 bA	0.40±0.04 aA
间作	5.89±0.73 bB	2.96±0.48 bA	0.37±0.05 aA
套作	6.56±0.71 abAB	3.11±0.68 bA	0.44±0.05 aA
混作	6.68±0.32 abAB	3.94±0.78 aA	0.38±0.07 aA

注：不同小写字母代表在 0.05 水平差异显著，不同大写字母代表在 0.01 水平差异极显著，下同

植的何首乌中所含的二苯乙烯苷高 7.76%、8.76%、11.32%；混作种植下的何首乌块根中所含的游离蒽醌含量比间作、净作分别高 12.50%、38.46%；混作种植下的何首乌块根中所含的结合蒽醌含量比净作、间作分别高 18.18%、52.94%。套作种植方式下的二苯乙烯苷、蒽醌类化合物（总蒽醌、结合蒽醌、游离蒽醌）含量在这 4 种种植方式中是最低的，但都达到了《药典》中的最低含量标准。

表 5-3-12　不同种植方式下何首乌二苯乙烯苷及蒽醌类化合物的含量（%）

种植方式	二苯乙烯苷	总蒽醌	游离蒽醌	结合蒽醌
净作	2.17±0.77 aA	0.35±0.16 abA	0.13±0.08 abA	0.22±0.22 abA
间作	2.36±0.46 aA	0.33±0.13 abA	0.16±0.06 abA	0.17±0.17 abA
套作	2.12±0.62 aA	0.22±0.10 bA	0.09±0.04 bA	0.13±0.13 bA
混作	2.19±0.83 aA	0.43±0.08 aA	0.18±0.05 aA	0.26±0.08 aA

五、钩藤耕作方式优化研究

（一）基本情况

钩藤，茜草科，常绿攀缘状灌木，长可达 10 m，小枝四方形或圆柱形，光滑无毛。钩藤适应性强，喜温暖、湿润、光照充足的环境，在土层深厚、肥沃疏松、排水良好的土壤上生长良好。常生长于海拔 1000 m 以下的山坡、丘陵地带的疏林间或林缘向阳处。贵州省黔东南苗族侗族自治州剑河县属中亚热带季风湿润气候区，是钩藤生长的极佳环境。钩藤基地位于剑河县久仰乡摆尾村，基地海拔 807 m，土壤为黄壤。

（二）不同种植年限钩藤土壤物理性状差异

不同种植年限根区土壤机械组成特性如表 5-3-13 所示，随着种植年限的增加，钩藤根区土壤 0.05～1 mm 砂粒含量呈先增后减的趋势，总体变化不大；0.005～0.05 mm 粉粒含量总体呈下降趋势，种植年限为 6 年的钩藤根区土壤中粉粒含量最低，同比降低了 4.43%，降幅最大。0.001～0.005 mm 泥粒含量总体呈先减后增

表 5-3-13　不同种植年限根区土壤机械组成特性

种植年限/a	样品数	项目	根区土壤颗粒组成/%						<0.01 mm	质地
			0.25~1 mm 砂粒	0.05~0.25 mm 砂粒	0.01~0.05 mm 粉粒	0.005~0.01 mm 粉粒	0.001~0.005 mm 泥粒	<0.001 mm 胶粒	黏粒	（卡钦斯基制）
3	5	变化范围	0.26~0.43	3.86~8.22	22.33~26.36	12.18~12.37	32.46~32.48	23.52~26.41		
		均值	0.37	6.13	23.68	12.25	32.81	24.76	34.20	中壤土
		标准差	0.09	2.18	2.32	0.11	0.56	1.48		
6	10	变化范围	0.12~3.41	2.11~21.68	13.20~21.38	12.39~17.51	19.34~32.63	23.62~37.14		
		均值	1.12	9.06	17.33	14.17	26.71	31.61	34.70	中壤土
		标准差	1.21	7.14	3.03	1.86	3.54	4.18		
10	5	变化范围	0.12~0.30	2.37~12.00	14.21~22.47	12.53~15.52	30.45~33.65	28.62~33.86		
		均值	0.20	5.22	18.39	13.89	32.07	30.23	36.60	中壤土
		标准差	0.07	4.05	3.27	1.13	1.44	2.12		

趋势，种植年限为 6 年的比 3 年的降低了 18.59%；<0.001 mm 胶粒含量总体呈增加趋势，变化范围为 24.76%~31.61%，6 年和 10 年土壤<0.001 mm 胶粒含量超过 30%，说明土壤胶体丰富，胶粒膨胀增大了与养分和水的接触面积，利于保水保肥，但透性较差。

随种植年限增加，根区土壤总孔隙度呈先减后增趋势（表 5-3-14），其总孔隙度大小：10 年>3 年>6 年，其变化范围为 49.29%~58.69%；土壤毛管孔隙度大小：6 年>10 年>3 年，呈先增后减趋势，其变化范围在 27.72%~32.87%；土壤非毛管孔隙度变化趋势与总孔隙度相同，呈先减后增趋势，其变化范围为 16.32%~30.84%。除 10 年土壤外，根区土壤总孔隙度、毛管孔隙度大于非根区，土壤非毛管孔隙度亦然。随种植年限的增加，土壤总孔隙度与非毛管孔隙度呈先减后增趋势，土壤毛管孔隙度相反。总体上土壤孔隙度适宜，适合钩藤根系生长。

表 5-3-14　不同种植年限根区与非根区土壤孔隙度状况

种植年限/年	样本数/个	根区/非根区	总孔隙度/%	毛管孔隙度/%	非毛管孔隙度/%
3	5	根区	54.60	27.72	26.88
	5	非根区	51.66	28.11	23.55
6	10	根区	49.29	32.87	16.32
	10	非根区	46.76	31.93	14.83
10	5	根区	58.69	27.85	30.84
	5	非根区	63.14	30.79	32.35

（三）不同种植年限钩藤土壤养分特性分析

不同种植年限的根区土壤 pH 均在酸性范围内，且随着种植年限的增加，土壤 pH 不断减小，具体情况为：种植年限为 3 年的钩藤土壤 pH 均值为 5.17，6 年的 pH 均值为 4.87，10 年的 pH 均值为 4.82，即 3 年>6 年>10 年，且各年限间根区土壤 pH 差异不显著。

不同种植年限的钩藤根区土壤有机质含量随着种植年限的增加，呈现先减少后增加的趋势，具体情况为：种植年限为 3 年的钩藤根区土壤有机质含量均值为 31.37 g/kg，6 年的有机质含量均值为 26.32 g/kg，10 年的有机质含量均值为 43.39 g/kg，即 10 年>3 年>6 年，且各年限间根区土壤有机质含量差异显著。同一种植年限下钩藤土壤有机质含量均呈现根区高于非根区的现象，且 3 个种植年限中根区与非根区土壤有机质含量差异最大的为种植 6 年的钩藤土壤，其差值为 6.77 g/kg。对于出现根区土壤有机质含量高于非根区土壤的这一现象，分析认为：钩藤的残体及根系脱落物等是土壤中有机质的重要来源。所测区域土壤有机质含量处于极丰富范围的只有种植 10 年钩藤的根区土壤；处于丰富水平的有种植 3 年钩藤的根区和非根区土壤，以及种植 10 年钩藤的非根区土壤；种植 6 年钩藤的根区和非根区土壤有机质含量都处在适宜水平，其中根区土壤达到了最适宜水平。

  3 种种植年限下钩藤的根区土壤全氮、碱解氮及缓效钾含量随着种植年限的增加，呈先减少后增加的趋势，非根区土壤全氮、碱解氮、有效磷以及速效钾含量均随着种植年限的增加，呈先减小后增大的趋势，总体来说，3 个种植年限的钩藤根区与非根区土壤的养分含量存在差异性。具体情况如表 5-3-15 所示。

表 5-3-15　不同种植年限下钩藤根区与非根区土壤的各项养分含量测定结果

种植年限/年	根区/非根区	样品数/个	项目	全氮/(g/kg)	碱解氮/(mg/kg)	有效磷/(mg/kg)	速效钾/(mg/kg)	缓效钾/(mg/kg)	有效硫/(mg/kg)
3	根区	5	平均值	2.03	253.81	22.43	118.33	119.00	39.94
			标准差	0.27	174.76	2.85	40.10	32.91	5.97
			变异系数/%	13.33	68.85	12.69	33.89	27.65	14.95
			级别水平	极丰富	极丰富	丰富	最适宜	缺乏	极丰富
	非根区	5	平均值	1.89	154.60	24.97	78.33	121.67	30.27
			标准差	0.02	5.89	4.43	40.72	29.30	4.51
			变异系数/%	1.29	3.81	17.74	51.99	24.08	14.91
			级别水平	丰富	极丰富	丰富	适宜	缺乏	极丰富
6	根区	10	平均值	1.55	107.32	21.11	121.10	107.30	46.97
			标准差	0.36	42.01	8.06	90.44	46.03	9.61
			变异系数/%	23.14	39.15	38.20	74.69	42.90	20.46
			级别水平	丰富	最适宜	丰富	最适宜	缺乏	极丰富
	非根区	10	平均值	1.25	82.29	19.32	75.05	119.15	44.80
			标准差	0.29	26.62	4.85	32.53	34.33	4.21
			变异系数/%	23.32	32.35	25.12	43.35	28.81	9.40
			级别水平	最适宜	适宜	最适宜	适宜	缺乏	极丰富
10	根区	5	平均值	1.99	184.95	18.73	123.00	119.40	49.62
			标准差	0.52	95.70	1.97	25.88	18.89	10.71
			变异系数/%	26.40	51.74	10.53	21.04	15.82	21.59
			级别水平	丰富	极丰富	最适宜	最适宜	缺乏	极丰富
	非根区	5	平均值	1.87	139.84	30.10	108.20	105.40	44.71
			标准差	0.28	9.83	12.44	33.37	22.30	4.73
			变异系数/%	14.78	7.03	41.34	30.84	21.16	10.57
			级别水平	丰富	丰富	丰富	最适宜	缺乏	极丰富

（四）不同种植年限钩藤土壤微量元素含量特征

对钩藤根区土壤微量元素进行分析，由表 5-3-16 可知，不同种植年限钩藤根区土壤中微量元素含量变化趋势各不相同。Mn、Zn 和 Mo 元素在钩藤根区土壤中的平均含量均随种植年限的增加呈现先增后减的变化趋势，而 Fe 元素平均含量随着种植年限的增加呈现持续增长的趋势。

表 5-3-16　不同种植年限钩藤根区土壤微量元素含量（mg/kg）

种植年限/年	样品数/个	项目	Mn	Fe	Zn	Mo
3	5	变幅	33.14~81.87	4 548.65~13 181.82	7.26~17.06	0~0.15
		平均	66.01	10 244.14	12.67	0.08
		标准差	28.47	4 933.25	4.98	0.08
		变异系数/%	43.13	48.16	39.29	96.75
6	10	变幅	73.86~737.07	8 975.61~2 6521.14	7.77~35.60	0.21~3.97
		平均	167.69	20 735.80	23.85	1.18
		标准差	201.36	4 673.71	9.27	1.33
		变异系数/%	120.07	22.54	38.87	111.86
10	5	变幅	87.87~100.62	20 290.32~23 288.46	14.57~20.91	0.14~0.92
		平均	87.69	21 866.50	17.81	0.58
		标准差	10.80	1 133.41	2.29	0.31
		变异系数/%	12.31	5.18	12.86	53.56

（五）不同种植年限钩藤产量及品质

（1）不同种植年限钩藤产量

通过对剑河钩藤基地的调查，获得如下关于调查区钩藤产量的相关数据。由图 5-3-11 可知，不同种植年限钩藤产量呈现先减少后增加的趋势。产量具体情况为：3 年＞10 年＞6 年。其中产量最高的为种植 3 年的样区，其产量变幅为 246.00~268.00 kg/亩，均值为 256.00 kg/亩，最低的为种植 6 年的样区，产量均值为 196.00 kg/亩，变幅为 186.00~210.00 kg/亩。各种植年限间产量存在差异性，其中种植 3 年与种植 6 年和 10 年差异显著。

（2）不同种植年限钩藤各部位生物碱含量

对 60 个钩藤植株样品进行生物碱含量测定，结果如表 5-3-17 所示。由表可知，就钩部含量比较，随着种植年限的增加，钩藤碱和异钩藤碱含量均出现了先减少后增加的趋势，大小为 3 年>10 年>6 年，因此，种植年限为 3 年的钩藤品质是最好的，种植 10 年次之，最后是种植 6 年的。此外，如表 5-3-17 所示，钩藤的叶部和茎部都含有钩藤碱与异钩藤碱，而且个别含量甚至等于或高于钩部中的含量，因此在利用钩藤提取钩藤碱或异钩藤碱时，可以考虑将茎、叶也作为原料加工。这对于充分利用钩藤植物资源，拓展其药用部位，使其物尽其用具有重要意义。

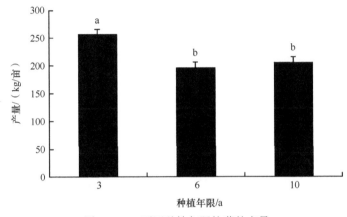

图 5-3-11　不同种植年限钩藤的产量

表 5-3-17　不同种植年限钩藤各部位生物碱含量

种植年限/年	生物碱	叶部含量/（mg/g）	茎部含量/（mg/g）	钩部含量/（mg/g）	各部总量/（mg/g）	生物碱总量/（mg/g）
3	钩藤碱	0.12	0.48	0.34	0.94	
	异钩藤碱	0.05	0.02	0.03	0.1	1.04
	合计	0.17	0.50	0.37	1.04	
6	钩藤碱	0.04	0.21	0.19	0.44	
	异钩藤碱	0.06	0.01	0.01	0.08	0.52
	合计	0.10	0.22	0.20	0.52	
10	钩藤碱	0.06	0.23	0.29	0.58	
	异钩藤碱	0.04	0.01	0.02	0.07	0.65
	合计	0.10	0.24	0.31	0.65	

六、玄参耕作方式优化研究

（一）基本情况

玄参又名元参、浙玄参、黑参、乌元参等，为玄参科植物，玄参的干燥块根是我国传统的中草药，始载于《神农本草经》，含有人体必需的微量元素，如 Ca、Fe、Zn、Mn、Se、Mo、Si、Co，具有凉血滋阴、泻火解毒之功效。主产浙江磐安等地，故有浙玄参之称。山东、四川、陕西、贵州、河北、辽宁等省均有栽培。本研究基地位于贵州北部道真仡佬族苗族自治县，属遵义市所辖自治县，东经 107°21′～107°51′，北纬 28°36′～29°13′。

（二）不同种植方式玄参土壤物理性状差异

从表 5-3-18 中可以看出，不同种植方式下玄参土壤机械组成存在差异性，土壤质地大多为重壤土和轻黏土。0.01～0.05 mm 粒级所占百分比较大，土壤的机械组成主要集中在粗粉砂粒级，不同种植方式下较适合玄参生长的土壤质地为壤土。非根区土壤黏粒含量为 17.71%～25.37%，说明土壤矿质胶体缺乏，影响土壤团粒结构的形成。

不同种植方式玄参根区土壤容重差异不大，其大小为：连作 6 年（1.37 g/cm³）＞套作（番薯）（1.28 g/cm³）＞净作和轮作（白萝卜）（1.27 g/cm³）＞套作（马铃薯、大白菜）（1.26 g/cm³）＞套作（玉米）（1.25 g/cm³）＞套作（马铃薯、小白菜）和轮作（玉米）（1.23 g/cm³），其中轮作（玉米）和套作（马铃薯、小白菜）的种植方式下根区土壤容重较低。容重降低的原因是 0～20 cm 层土壤中根系占总吸收根长的 90%以上，同时土壤表层枯枝落叶形成的腐殖质不断积累，从而改善了土壤的通气性和透水性，降低了土壤容重。而连续种植时，土层开始板结，容重增加。

根区土壤总孔隙度在 46.53%～53.14%，孔隙度非常适宜；非根区土壤总孔隙度在 47.96%～50.75%，孔隙性非常适宜。不同种植方式下玄参立地土壤总孔隙度差异很大，平均总孔隙度为 51.23%，最大值出现在套作种植方式下，为 53.14%；最小值出现在连作种植方式下，为 46.53%。土壤总孔隙度大小为套作＞轮作＞净作＞连作。

土壤含水量反映了土壤水分条件的优劣。研究结果表明，根区土壤的自然含水量总体上在套作方式下比较高，套作（马铃薯、小白菜）方式下土壤自然含水量最高，为 44.61%，而在轮作方式下土壤自然含水量最低，为 38.12%。非根区土壤自然含水量随种植方式的改变，变化趋势不明显。根区土壤含水量较非根区土壤含水量低，说明根系分布对土壤含水量有一定的影响，即根系吸收土壤中的水分用于蒸腾和植物体的组成，从而降低了根区土壤含水量。随着种植年限的延长，非根区土壤的孔隙减少，土壤结构变差，土壤水分的吸持性能降低。

表 5-3-18 不同种植方式下玄参土壤机械组成及土壤质地分析

种植方式	根区/非根区	粗砂及中砂 (0.25~1 mm) /%	细砂 (0.05~0.25 mm) /%	粗粉砂 (0.01~0.05 mm) /%	中粉砂 (0.005~0.01 mm) /%	细粉砂 (0.001~0.005 mm) /%	黏粒 (<0.001 mm) /%	物理性黏粒 (<0.01 mm) /%	土壤质地名称 (据卡钦斯基制)
净作	R	2.26	7.66	33.33	16.26	24.47	16.02	56.75	重壤土
	S	3.88	4.73	30.55	16.44	26.70	17.71	60.85	轻黏土
连作6年	R	0.91	0.54	41.32	17.56	26.86	12.81	57.23	重壤土
	S	1.71	1.49	34.12	15.99	25.59	21.11	62.69	轻黏土
轮作（白萝卜）	R	2.05	3.43	35.16	17.06	26.89	15.41	59.36	重壤土
	S	1.33	2.78	33.85	16.08	25.24	20.72	62.04	轻黏土
轮作（玉米）	R	0.83	2.26	42.32	15.88	25.84	12.88	54.59	重壤土
	S	1.52	0.76	34.48	38.07	3.17	22.00	63.25	轻黏土
套作（番薯）	R	1.14	5.17	32.95	14.46	29.17	17.11	60.74	轻黏土
	S	1.47	2.41	28.90	16.06	27.83	23.33	67.22	轻黏土
套作（马铃薯、大白菜）	R	2.42	9.44	37.22	15.46	25.26	10.21	50.93	重壤土
	S	1.36	4.93	39.07	17.66	17.66	19.32	54.65	重壤土
套作（马铃薯、小白菜）	R	1.58	2.75	32.37	19.59	27.84	15.88	63.30	轻黏土
	S	2.84	3.93	31.86	18.05	23.36	19.96	61.38	轻黏土
套作（玉米）	R	2.77	2.54	36.16	15.56	27.96	15.01	58.53	重壤土
	S	2.68	1.58	28.79	18.12	23.45	25.37	66.95	轻黏土

注：R 为根区，S 为非根区

（三）不同种植方式玄参土壤养分含量特性分析

不同种植方式下玄参根区与非根区土壤的 pH、有机质、全氮、碱解氮、全磷、有效磷、缓效钾、速效钾含量存在差异。

根区土壤的 pH 均低于非根区土壤的 pH。其中，套作（马铃薯、小白菜）的非根区土壤 pH 最高。主要是玄参根区周围常常有植株的凋谢物及根系的分泌物产生酸性物质，导致根区土壤的 pH 低于非根区土壤的 pH。

根区土壤的有机质含量高于非根区。其中，轮作（玉米）的根区土壤有机质含量最高，本研究结果表明，根区土壤有机质含量均高于非根区土壤，根区土壤有机质的富集表明植物残体及根系脱落物等是土壤有机质的重要来源。

根区土壤的全氮含量高于非根区。其中，套作（番薯）根区土壤的全氮含量最高，本研究结果表明，根区土壤全氮含量均高于非根区土壤，土壤氮素绝大部分来自有机质，故有机质的含量与全氮含量呈正相关。

根区土壤的碱解氮含量高于非根区。其中，套作（番薯）根区土壤的碱解氮含量最高，根区比非根区土壤的碱解氮含量高主要是因为，碱解氮含量的高低取决于有机质含量的高低和质量的好坏，以及施入氮素化肥量的多少，故有机质及氮素含量与碱解氮含量呈正相关。

根区土壤的全磷含量高于非根区。其中，连作 6 年根区土壤的有效磷含量最高，根区比非根区土壤的全磷含量高主要是因为，植物在生长过程中根区会从土壤中吸收磷元素，造成根区比非根区的全磷含量高。

根区土壤的有效磷含量高于非根区。其中，连作 6 年根区土壤的有效磷含量最高，根区比非根区有效磷含量高主要是因为，土壤中有效磷含量与全磷含量之间虽不是直线相关，但当土壤全磷含量低于 0.03%时，土壤往往表现为缺少有效磷。

根区土壤的速效钾含量高于非根区。其中，净作根区土壤的速效钾含量最高。

根区土壤的缓效钾含量高于非根区。其中，轮作（白萝卜）根区土壤的缓效钾含量最高。

（四）不同种植方式玄参土壤微量元素含量特征

不同种植方式下玄参根区与非根区土壤微量元素含量存在差异。其中 Mg、Ca、Mn、Fe、Co、Mo 在净作、连作 6 年和套作（马铃薯、大白菜）种植方式下根区土壤中含量大于非根区土壤，在轮作（白萝卜）、套作（马铃薯、小白菜）和套作（玉米）种植方式下非根区土壤中的微量元素含量略高于根区土壤。其中根区土壤中的 Fe 在不同种植方式下差异较大，含量由大到小依次为：净作＞轮作（玉米）＞轮作（白萝卜）＞套作（马铃薯、大白菜）＞套作（玉米）＞套作（番薯）＞套作（马铃薯、小白菜）＞连作（6 年）。综上所述，土壤微量元素在不同的种植方式下含量变化较大，相同种植方式下根区与非根区土壤微量元素含量比较接近。

（五）不同种植方式玄参产量和品质分析

（1）不同种植方式玄参产量的比较

不同种植方式下玄参的块根产量是不相同的，连作（6 年）产量最高，平均每公顷的产量达到了 8804.98 kg，比套作（马铃薯、大白菜）、净作、套作（马铃薯、小白菜）、轮作（白萝卜）、套作（玉米）、套作（番薯）、轮作（玉米）种植方式下产量分别高 19.67%、30.33%、31.19%、34.16%、98.40%、100.76%、152.57%。如图 5-3-12 所示。

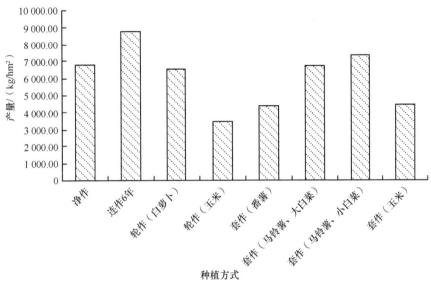

图 5-3-12　不同种植方式玄参产量的比较

（2）不同种植方式玄参物理形态的比较

在基地采集有代表性的植株-土壤样品，每个样区中采集到的块根样品均按大、中、小进行分类，并计算出其占各自样区中块根总数的比例。轮作（白萝卜）种植方式下大、中、小块根比为 6∶3∶1，即该样区中主要产出的块根形态较大。通过测量得到其短轴、长轴、长度、单个块根鲜重、总鲜重和干重，并计算得到其平均值。结果表明，玄参块根的长轴长度在 5.60～45.37 mm，玄参块根的短轴长度在 5.30～41.17 mm，玄参块根的长度在 2.80～74.20 mm，玄参单个块根的鲜重在 6.90～241.66 g。

（3）不同种植方式玄参品质的比较

不同种植方式下玄参中哈巴苷的含量是有差异的。其中，轮作（玉米）种植方式下的玄参中的哈巴苷含量最高，其含量达到了 1.032%，比净作、连作（6 年）、轮作（白萝卜）、套作（番薯）、套作（玉米）分别高 6.04%、5.79%、18.96%、105.58%、6.06%，如图 5-3-13 所示。

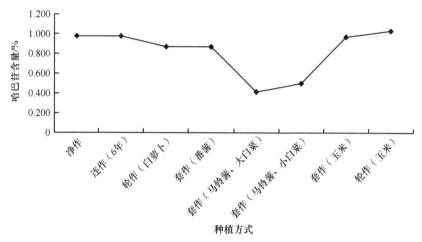

图 5-3-13　不同种植方式下玄参植株中哈巴苷含量

不同种植方式下玄参中哈巴俄苷的含量是有差异的。其中套作（玉米）种植方式下的玄参中哈巴俄苷含量最高，其含量达到了 0.288%，比净作、连作（6 年）、轮作（白萝卜）、套作（番薯）、套作（马铃薯、小白菜）、玉米（轮作）分别高 20.00%、61.80%、78.88%、64.57%、35.21%、24.68%，如图 5-3-14 所示。

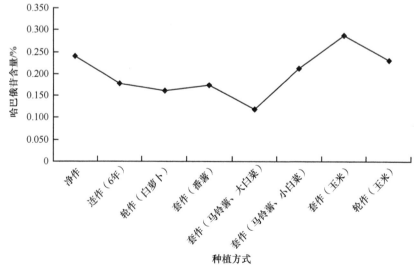

图 5-3-14　不同种植方式下玄参植株中哈巴俄苷含量

结果表明，不同种植方式玄参块根产量和品质差异较大，套作（玉米）的玄参品质最优，而连作（6 年）的玄参品质稍次，产量较低。套作（玉米）的玄参中哈巴苷、哈巴俄苷含量和玄参产量分别达到 1.032%、0.288%和 4438.02 kg/hm^2，其品质最优，产量最高。

第四节　结　　论

一、半夏

本研究表明，半夏在套作、间作、净作和轮作 4 种种植方式中，最适宜的种植方式为轮作（如半夏与大豆轮作）。

适宜半夏生长的土壤 pH 为 5.73～5.97；质地为中壤土；氮素的供应对于半夏的生长尤为重要，轮作可以通过改善土壤微环境，提高土壤中磷的利用率，促进半夏的生长。套作与间作半夏的生长峰期和谷期出现的时间晚于净作、轮作方式。中等（1.50 cm$>d\geqslant$1.00 cm）大小的半夏块茎中鸟苷、腺苷、总有机酸含量轮作处理极显著高于其他处理；大（$d\geqslant$1.50cm）块茎、小（$d<$1.00 cm）块茎半夏中腺苷、总有机酸含量在部分处理中轮作并非为最优，但是总有机酸的含量仍然高于《药典》规定的 0.25%。总体而言，轮作方式在品质上与其他处理相比表现出较大的优势。

在 4 种种植方式中，轮作半夏中块茎产量最高，单位面积产量也最高；收获指数 4.42，商品化指数 23.09，平均纯收益为 387 308.3 元/hm^2，耕地复合值 2.65。优化种植方式后缓坡耕地平均亩产 610.9 kg，坡耕地平均亩产 747.4 kg，坡地对照平均亩产 557.4 kg，可见缓坡耕地平均亩产增产 9.60%，坡耕地增产 34.09%，为当地半夏种植提供了参考。

二、太子参

本研究选用的太子参的种植方式有套作、间作、轮作和连作 4 种，连作分别采用 1 年、3 年、6 年和 10 年，其中，太子参-头花蓼轮作方式为产量提升的最佳种植方式。

太子参种植适宜的土壤为黄壤，偏酸性（pH 5.4～6.3），山高风大的小气候环境易形成较为干爽的土壤内外环境，不利于病虫害的滋生和传播，有利于植株健康生长，产量相对较高。

通过本实验研究比较表明，太子参-头花蓼轮作方式为贵州太子参产量提升的最佳种植方式。间作和套作所产太子参品质与产量与轮作差距不大，连作 10 年比轮作所产太子参的多糖和皂苷含量都低，连作不利于太子参的种植，连作周期越长太子参的品质和产量越差。

经专家田间测产，坝地平均折合产量为 255.13 kg/亩，坡地平均折合产量为 315.67 kg/亩，套作平均折合产量为 440.80 kg/亩，与对照田平均产量（185.48 kg/亩）相比分别增产 37.56%、70.19%、137.65%。由此可见，套作有利于提高太子参的产量。

三、山银花

山银花（灰毡毛忍冬）为多年生藤本植物，调查显示其种植方式为净作，本研究采用不同种植年限作为研究对象，分别为 0～5 年、6～10 年、11～15 年、16～20 年、21～25 年 5 个种植年限，其中种植年限为 6～10 年和 16～20 年的山银花叶片比其他年限生长要好。

适合山银花生长的土壤类型为中性或稍偏碱性的砂质壤土，土壤中微量元素含量与药材中微量元素含量均明显相关，山银花对磷和钾的富集能力较强，其次为镁、铜、锌；根区土壤 pH 均小于非根区土壤。整体来说，山银花根区土壤肥力优良，大部分处于丰富水平。

山银花平均花枝节数最大值为 16～20 年的 13.17 个，花蕾生长茂盛饱满；茎粗在不同种植年限下差别不大；随着种植年限的增加，山银花的花蕾平均长度有逐渐增加的趋势。种植年限为 6～10 年和 16～20 年的山银花叶片比其他年限生长要好，这与种植过程中不定时增施促进生理生长的氮肥有关。种植年限在 15 年以上的山银花品质和质量开始下降。生产上，为保证药材优质、高产、高效益，对种植 16～20 年以上的山银花，要采取严格的耕作管理、肥料施用和植株更新等措施。

农民习惯种植的平均单株产量为 1.75 kg，技术集成试验田平均单株产量为 2.58 kg，技术集成试验田平均单株产量较农民习惯种植增产 47.43%，为当地山银花种植起到了良好的示范作用。

四、何首乌

本研究表明，何首乌的种植方式有净作、间作、套作和混作 4 种，其中净作方式为产量提升的最佳种植方式。

通过研究，何首乌生长喜温好光、喜热，适宜生长在排水良好、肥沃的微酸性土壤中。

研究分析表明，净作（轮作）方式更适宜何首乌生长，有利于何首乌品质和产量提高，提升何首乌药用价值，增加农民的经济收入。

黔南布依族苗族自治州都匀市王司镇何首乌基地测产验收结果表明，农民传统种植平均单产 270.14 kg/亩，规范种植核心区平均单产 1529.43 kg/亩，规范种植示范区平均单产 486.91 kg/亩，核心区和示范区较农民传统种植分别增产 466.16% 和 80.24%。

五、钩藤

钩藤为多年生灌木药材，调查显示其种植方式为净作，因此本研究采用不同种植年限作为研究对象，分别采用 3 年、6 年、10 年 3 种种植年限，其中种植年限 10 年的钩藤土壤物理环境最佳。

适宜钩藤生长的土壤环境中物理性黏粒含量在 27.88%～59.92%，最适宜的土壤类型为壤土，最适宜的 pH 为 4.37～7.16。

3 种种植年限下钩藤土壤物理性质变化趋势各异，种植年限 10 年的钩藤土壤物理环境最佳。随着种植年限的增长，钩藤土壤养分含量呈先减后增的变化趋势，种植年限 3 年的钩藤土壤养分含量最高；对于土壤酶活性变化趋势，种植年限 10 年的钩藤土壤酶活性最高，种植年限 3 年的钩藤产量及生物碱含量均最高。不同种植年限钩藤土壤环境质量的好坏在一定程度上决定了钩藤产量的高低及品质的好坏。

2012～2016 年在剑河久仰摆伟实施钩藤种植技术优化与应用示范，示范种植面积 110 亩，其中核心示范区面积 10 亩。经专家田间测产，农户常规种植管理地块平均单产 100.24 kg/亩，2013 年核心示范区平均单产 198.60 kg/亩，比农户常规种植管理地块增产 98.12%；2014 年平均单产 399.26 kg /亩，是 2013 年平均单产的 2.01 倍，较农户常规种植管理地块高 2.98 倍。培训钩藤种植药农 80 人（次），分别在剑河的太拥、久仰、革东等地辐射带动种植钩藤 5000 亩，促进了剑河中药材种植的发展，取得了良好的社会效益和经济效益。

六、玄参

本研究表明，玄参的种植方式有净作、轮作、间作、套作、连作 5 种，其中以净作、套作（番薯）种植方式产量较高。

玄参适宜生长在砂粉质重壤土中，适宜微酸性至酸性土壤。其适宜生长的土壤中有机质含量不低于 20 g/kg，全氮含量不低于 2 g/kg，全磷含量不低于 0.7 g/kg，全钾含量不低于 10 g/kg。

玄参的 5 种种植方式中以净作、套作（番薯）方式居多且产量较高。不同种植方式玄参块根产量和品质差异较大，套作（玉米）的玄参品质和产量都属最优，而连作的玄参品质稍次且产量较低。

2013～2014 年本研究团队在贵州道真玄参中药材基地（道真阳溪）实施了道真玄参的优化种植和试验示范，规范化种植玄参 12.5 亩，前三年优化种植区平均亩产为 980 kg/亩，田间测产示范区平均亩产 1169.35 kg/亩，增产 19.32%，示范区的增产效果产生了良好的示范作用，提高了药农的种植积极性。

第六章 贵州道地半夏、太子参等 6 种中药材测土配方施肥技术集成应用示范

第一节 半夏主要养分地力评价与测土配方施肥

一、示范基地基本情况

示范基地位于赫章河镇舍虎，河镇位于赫章西北部，距县城 81 km，毗邻云南彝良、镇雄两县；平均海拔 2200 m，年平均气温 11℃，年降水量 923 mm，无霜期约 210 d；境内山高坡陡、峰峦重叠、沟壑纵横。基地海拔 2120 m，东经 104.3531°，北纬 27.2942°。土壤主要为砂质黄棕壤。

二、适宜区土壤主要养分含量分析结果

项目组按照土壤标准取样方法，采集赫章河镇半夏适宜区土壤样品 14 份，送贵州省农业科学院农业资源与环境检测中心检测，检测结果见表 6-1-1。

表 6-1-1 半夏种植适宜区土壤 pH 及主要养分丰缺评价

序号	全氮/(mg/kg)	碱解氮/(mg/kg)	全磷/(mg/kg)	速效磷/(mg/kg)	全钾/(mg/kg)	速效钾/(mg/kg)	pH	有机质/(g/kg)
1	2.77	217.38	1.32	14.67	10.74	184.09	6.25	52.39
2	2.91	217.38	1.24	20.46	9.92	173.76	6.16	48.03
3	2.72	228.25	1.41	19.22	10.54	203.72	5.93	49.03
4	2.99	239.11	1.17	13.53	10.33	185.12	5.90	50.38
5	3.04	249.98	1.40	30.68	10.54	245.04	5.95	51.05
6	2.99	239.11	1.48	26.91	9.71	215.08	5.90	51.72
7	2.99	233.68	1.73	30.06	10.54	194.42	5.87	52.06
8	3.10	239.11	1.50	23.24	10.54	193.39	5.92	52.39
9	2.83	211.94	1.24	22.00	9.09	147.93	5.82	49.71
10	3.15	239.11	1.43	27.79	11.16	254.34	5.95	57.09
11	2.94	235.85	1.40	26.55	9.09	152.07	5.99	53.06
12	3.07	220.09	1.65	23.86	9.50	235.74	6.40	57.09
13	2.94	201.07	1.49	18.80	10.74	140.70	6.06	51.72

续表

序号	全氮/ （mg/kg）	碱解氮/ （mg/kg）	全磷/ （mg/kg）	速效磷/ （mg/kg）	全钾/ （mg/kg）	速效钾/ （mg/kg）	pH	有机质/ （g/kg）
14	3.15	219.55	1.57	23.86	9.92	247.11	6.10	55.75
最小值	2.72	201.07	1.17	13.53	9.09	140.70	5.82	48.03
最大值	3.15	249.98	1.73	30.68	11.16	254.34	6.40	57.09
均值	2.97	227.97	1.43	22.97	10.17	198.04	6.01	52.25
丰缺评价	丰富	丰富	丰富	丰富	中等	丰富	—	丰富

注：—表示此栏无数值，下同

三、主要养分丰缺评价

分析检测结果表明，半夏产地土壤主要养分中有机质、全氮与碱解氮变幅分别为 48.03～57.09 g/kg、2.72～3.15 mg/kg 和 201.07～249.98 mg/kg，平均含量分别为 52.25 g/kg、2.97 mg/kg 和 227.97 mg/kg，都属于丰富水平。

全磷含量变幅为 1.17～1.73 mg/kg，平均含量 1.43 mg/kg，速效磷含量变幅为 13.53～30.68 mg/kg，平均含量为 22.97 mg/kg，都属于丰富水平。

全钾含量变幅为 9.09～11.16 mg/kg，平均含量 10.17 mg/kg，处于中等水平；速效钾含量变幅为 140.70～254.34 mg/kg，平均含量为 198.04 mg/kg，处于丰富水平；土壤 pH 变幅为 5.82～6.40，属于弱酸性土壤。

通过取样及分析，结果表明半夏适宜区土壤多为中上等肥力土壤，土壤以砂质黄壤、黄棕壤为主，土壤通透性好，适宜半夏的栽培种植。

四、半夏测土配方实验

赫章半夏从 20 世纪 90 年代开始种植，目前已种植 7 万多亩。生产实践中存在药农盲目施肥的现象，为探讨科学合理施肥，本项目组从 2012 年开始进行半夏施肥的相关研究。

（一）实验材料

供试品种采用川半夏南充种，肥料采用尿素、普钙、硫酸钾（K_2SO_4）。尿素为贵州赤天化股份有限公司生产（N-46%），普钙（P_2O_5-12%）、硫酸钾为青上化工（广州）有限公司生产（K_2O-45%）。

（二）供试土壤

赫章河镇舍虎基地海拔 2120 m，东经 104.3531°，北纬 27.2942°。基地土壤主要为砂质黄棕壤；砂质黄棕壤有机质含量约 1.1%，pH 约为 6.3，碱解氮含量约

69.3 mg/kg，速效磷含量约 9.2 mg/kg，速效钾含量约 125.6 mg/kg。土壤属中等肥力水平。

（三）实验设计及方法

实验地应选择平坦、整齐、肥力均匀，具有代表性的不同肥力水平的地块；坡地应选择坡度平缓、肥力差异较小的田块；实验地应避开道路、堆肥场所等特殊地块。

开展半夏中药材肥料效应田间实验，采用"3414"方案设计，如表 6-1-2 所示。为保证实验精度，减少人为因素、土壤肥力和气候因素的影响，每个处理设 3～4 个重复（或区组）。采用随机区组排列，区组内土壤、地形等条件应相对一致，区组间允许有差异。小区面积：1 m×5 m=5 m²（密植药材）。实验设氮、磷、钾 3 个因素、4 个水平、14 个处理。4 个水平的含义：0 水平指不施肥，2 水平指当地推荐施肥量，1 水平=2 水平×0.5，3 水平=2 水平×1.5（该水平为过量施肥水平）。

表 6-1-2　半夏中药材肥料效应田间实验——"3414"方案设计（kg/亩）

实验编号	处理	N	P₂O₅	K₂O
1	$N_0P_0K_0$	0	0	0
2	$N_0P_2K_2$	0	18	4.5
3	$N_1P_2K_2$	2.3	18	4.5
4	$N_2P_0K_2$	4.6	0	4.5
5	$N_2P_1K_2$	4.6	9	4.5
6	$N_2P_2K_2$	4.6	18	4.5
7	$N_2P_3K_2$	4.6	27	4.5
8	$N_2P_2K_0$	4.6	18	0
9	$N_2P_2K_1$	4.6	18	2.25
10	$N_2P_2K_3$	4.6	18	6.75
11	$N_3P_2K_2$	6.9	18	4.5
12	$N_1P_1K_2$	2.3	9	4.5
13	$N_1P_1K_1$	2.3	18	2.25
14	$N_2P_1K_1$	4.6	9	2.25

（四）种植方法

低箱栽植，箱宽 1 m，箱深 8～10 cm，种子撒播，每亩播种量 168.5 kg，农家肥撒盖于种子上，2～3 cm 厚，然后覆土。

（五）施肥方法

普钙、硫酸钾作基肥一次施用；尿素作两次追肥施用。农家肥按 1500 kg/亩施用。2013 年 4 月 5 日种植，8 月 20 日收获。具体施肥量见表 6-1-3。

表 6-1-3 肥料及实验小区施肥量（g/5m^2）

实验编号	处理	尿素	普钙	硫酸钾
1	$N_0P_0K_0$	0	0	0
2	$N_0P_2K_2$	0	1124.4	75.0
3	$N_1P_2K_2$	37.5	1124.4	75.0
4	$N_2P_0K_2$	75.0	0	75.0
5	$N_2P_1K_2$	75.0	562.2	75.0
6	$N_2P_2K_2$	75.0	1124.4	75.0
7	$N_2P_3K_2$	75.0	1686.7	75.0
8	$N_2P_2K_0$	75.0	1124.4	0.0
9	$N_2P_2K_1$	75.0	1124.4	37.5
10	$N_2P_2K_3$	75.0	1124.4	112.4
11	$N_3P_2K_2$	112.4	1124.4	75.0
12	$N_1P_1K_2$	37.5	562.2	75.0
13	$N_1P_2K_1$	37.5	1124.4	37.5
14	$N_2P_1K_1$	75.0	562.2	37.5

（六）结果分析

（1）不同施肥处理对半夏生长发育的影响

半夏 4 月 5 日种植后，随着气温的升高，株高、茎粗、叶柄长、叶长与叶宽增加，叶绿素含量也逐渐增多。到 7 月中旬达最高（峰值）。随后，进入 8 月干旱期（无降雨，持续近 30 天），生长受影响，与往年相比提前近 1 个月进入成熟期。不同施肥处理中以处理 6（$N_2P_2K_2$）最有利于半夏生长发育。

（2）不同施肥处理对半夏品质和产量的影响

如表 6-1-4 所示，半夏不同施肥处理以处理 9（$N_2P_2K_1$）（氮肥施肥水平为中等，磷肥施肥水平为中等，钾肥施肥水平为低量）小区的产量最高，达 4.85 kg/5m^2，折合亩产 646.67 kg/亩；有机酸含量以处理 14（$N_2P_1K_1$）（氮肥施肥水平为中等，磷肥施肥水平为低量，钾肥施肥水平为低量）最高，达 0.61%。

表 6-1-4　不同施肥处理对半夏品质和产量的影响

实验编号	处理	小区产量/（kg/5m²）	折亩产/（kg/亩）	有机酸含量/%
1	$N_0P_0K_0$	3.77	502.67	0.34
2	$N_0P_2K_2$	4.30	573.34	0.36
3	$N_1P_2K_2$	3.93	524.00	0.31
4	$N_2P_0K_2$	4.02	536.00	0.37
5	$N_2P_1K_2$	3.98	530.67	0.29
6	$N_2P_2K_2$	3.69	492.00	0.44
7	$N_2P_3K_2$	3.93	524.00	0.44
8	$N_2P_2K_0$	3.41	454.67	0.43
9	$N_2P_2K_1$	4.85	646.67	0.53
10	$N_2P_2K_3$	4.34	578.67	0.38
11	$N_3P_2K_2$	4.22	562.67	0.37
12	$N_1P_1K_2$	3.81	508.00	0.39
13	$N_1P_1K_1$	3.90	520.00	0.50
14	$N_2P_1K_1$	4.09	545.34	0.61

（七）结论

1）在与对照不施肥、不施氮肥、不施磷肥、不施钾肥的对比中，以处理 6（$N_2P_2K_2$）的叶绿素含量最高。

2）半夏不同施肥处理以处理 9（$N_2P_2K_1$）小区产量最高，达 4.85 kg/5m²，折合亩产 646.67 kg/亩；有机酸含量以处理 14（$N_2P_1K_1$）最高，达 0.61%。

3）半夏氮、磷、钾最佳施用量，以每亩施用纯 N 4.6 kg，纯 P_2O_5 18 kg，纯 K_2O_2 2.25 kg 为宜。

五、施肥建议

半夏耕作土壤主要养分总体状态是有机质、碱解氮和速效磷为丰富水平，速效钾为丰富水平。根据土壤主要养分含量状况和当地施肥习惯，提出以下施肥建议。

（一）控施氮肥

施用氮肥能提高半夏的产量。但是，如果半夏氮营养过量，会造成半夏地上部分生长过于繁茂，妨碍生殖器官的正常发育，易遭病、虫为害，容易倒伏，影响半夏珠芽繁殖与块茎繁殖，使产量降低。应加强氮肥施用管理，控制氮肥的过量施用。

（二）控施磷肥

磷肥可增加半夏产量，改善半夏品质，加速半夏珠芽繁殖与块茎繁殖，提高产量。但过量施用磷肥后，会造成土壤中的硅被固定，不能被吸收，引起半夏缺硅并造成其他微量元素吸收障碍。取样调查中亦发现药农施用化肥时，有过量施用普钙的习惯，生产中应控施磷肥。

（三）增施钾肥

钾素可以促进纤维素的合成，使半夏生长健壮，增强其抗病虫害和抗倒伏的能力，是影响半夏药性和品质的元素。取样分析测试结果显示，速效钾含量水平为丰富，生产中应重视钾肥的施用，改变农民"重氮、磷轻钾"的施肥习惯，采取施用化学钾肥，秸秆还田等措施，增加钾肥的投入量，以提高半夏基地土壤中钾素含量水平，提高半夏产量，改善半夏品质。

第二节　太子参主要养分地力评价与测土配方施肥

一、示范基地基本情况

示范基地位于施秉牛大场，当地海拔在 600～1000 m，年均降水量 1060 mm，年均气温 15℃，无霜期在 255～294 d，高原季风气候特点明显。该地区适合多种药材生长，尤其是太子参，其产品饱满度高、色泽鲜黄、品质好。基地海拔 967 m，东经 107.94°，北纬 27.14°，是三元威门中药材有限责任公司的中药材种植示范基地。土壤主要为黄壤、黄砂壤。

二、适宜区土壤主要养分分析结果

本项目组按照土壤标准取样方法，采集了施秉牛大场太子参适宜区土壤样品 16 份，送贵州省农业科学院农业资源与环境检测中心检测，检测结果见表 6-2-1。

表 6-2-1　太子参适宜区土壤主要养分丰缺评价

序号	全氮/ （mg/kg）	碱解氮/ （mg/kg）	全磷/ （mg/kg）	速效磷/ （mg/kg）	全钾/ （mg/kg）	速效钾/ （mg/kg）	pH	有机质/ （g/kg）
1	1.65	102.33	0.43	2.04	22.01	87.62	4.42	27.66
2	1.65	112.04	0.57	6.85	13.13	91.03	6.02	27.80
3	0.89	57.51	1.58	16.32	11.78	34.09	6.41	33.96
4	2.14	62.74	1.60	3.31	11.57	45.45	5.89	90.86

续表

序号	全氮/ （mg/kg）	碱解氮/ （mg/kg）	全磷/ （mg/kg）	速效磷/ （mg/kg）	全钾/ （mg/kg）	速效钾/ （mg/kg）	pH	有机质/ （g/kg）
5	2.20	109.79	1.45	6.25	6.82	86.78	6.07	46.15
6	0.73	49.67	2.08	9.71	5.37	21.69	6.12	7.93
7	2.41	41.83	1.90	8.16	11.16	51.65	6.58	66.34
8	4.91	261.42	2.73	8.47	3.72	45.45	6.46	86.54
9	1.36	31.37	0.55	7.75	18.60	28.93	6.74	9.37
10	5.91	78.42	0.82	6.82	8.88	44.94	4.88	32.56
11	1.39	67.97	0.27	4.03	7.85	58.88	5.16	25.60
12	1.46	115.02	0.32	3.51	7.02	64.05	4.88	30.29
13	1.62	104.57	0.34	4.55	8.26	97.11	5.04	28.12
14	2.27	89.12	1.24	7.17	9.18	52.64	5.84	41.61
15	5.91	261.42	2.73	16.32	18.60	97.11	6.74	90.86
16	0.73	31.37	0.27	3.31	3.72	21.69	4.88	7.93
最小值	0.73	31.37	0.27	2.04	3.72	21.69	4.42	7.93
最大值	5.91	261.42	2.73	16.32	22.01	97.11	6.74	90.86
均值	2.33	98.54	1.18	7.16	10.48	58.07	5.76	40.85
丰缺评价	中等	中等	中等	缺乏	中等	缺乏	—	中等

三、主要养分丰缺评价

分析检测结果表明，太子参产地土壤主要养分中有机质、全氮与碱解氮变幅分别为 7.93～90.86 g/kg、0.73～5.91 mg/kg 和 31.37～261.42 mg/kg，平均含量分别为 40.85 g/kg、2.33 mg/kg 和 98.54 mg/kg，都属于中等水平。

全磷含量变幅为 0.27～2.73 mg/kg，平均含量 1.18 mg/kg，速效磷含量变幅为 2.04～16.32 mg/kg，平均含量为 7.16 mg/kg，属于中等到缺乏水平。

全钾含量变幅为 3.72～22.01 mg/kg，平均含量 10.48 mg/kg，处于中等水平；速效钾含量变幅为 21.69～97.11 mg/kg，平均含量为 58.07 mg/kg，处于缺乏水平；土壤 pH 变幅为 4.42～6.74，均值为 5.76，属于酸性土壤。

通过取样及分析，结果表明太子参适宜区土壤多为中等肥力土壤，土壤以黄壤、黄砂壤为主，适宜太子参人工栽培种植。

四、施肥建议

太子参耕作土壤主要养分总体状态是有机质、碱解氮为中等水平，速效磷和速效钾较为缺乏。根据土壤主要养分含量状况和当地施肥习惯，提出以下施肥建议。

（一）适量补充氮肥

适量补充氮肥有利于太子参地上部分正常生长，促进地上部分物质向地下部分转化和吸收，以促进块根形成，提高太子参的产量。

（二）增施磷肥

磷肥可改善太子参品质，加速太子参块根营养生长，提高产量。

（三）增施钾肥

钾素可以促进纤维素的合成，使太子参生长健壮，增强其抗病虫害和抗倒伏的能力，是影响太子参药性和品质的元素。取样分析测试结果显示速效钾含量缺乏，生产中应重视钾肥的施用，改变农民"轻钾"的施肥习惯，采取配施化学钾肥、秸秆还田等措施，增加钾肥的投入量，以提高太子参基地土壤中钾素含量水平，提高太子参产量，改善太子参品质。

第三节　山银花主要养分地力评价与测土配方施肥

一、示范基地基本情况

山银花示范基地位于丹寨南皋乌皋，该地区总面积 10 080 hm^2，平均海拔1000 m，气候温和，适宜多种农作物生长。基地海拔 1028 m，经度 107°55.000′E，纬度 26°24.382′N，土壤为黄壤。

二、适宜区土壤主要养分分析结果

本项目组按照土壤标准取样方法，采集了丹寨南皋乌皋山银花适宜区土壤样品 10 份，送贵州省农业科学院农业资源与环境检测中心检测,检测结果见表6-3-1。

表 6-3-1　山银花适宜区土壤主要养分丰缺评价

序号	全氮/ (mg/kg)	碱解氮/ (mg/kg)	全磷/ (mg/kg)	速效磷/ (mg/kg)	全钾/ (mg/kg)	速效钾/ (mg/kg)	pH	有机质/ (g/kg)
1	1.56	39.43	1.52	8.11	9.43	49.15	6.28	61.14
2	3.67	147.32	2.57	7.98	5.12	42.95	6.16	81.34
3	1.32	85.16	0.53	2.01	19.47	85.12	5.53	22.46
4	5.21	72.55	0.98	6.83	9.21	26.43	5.25	55.66

续表

序号	全氮/ (mg/kg)	碱解氮/ (mg/kg)	全磷/ (mg/kg)	速效磷/ (mg/kg)	全钾/ (mg/kg)	速效钾/ (mg/kg)	pH	有机质/ (g/kg)
5	1.52	32.43	0.67	7.56	10.67	42.44	6.44	23.15
6	1.84	98.76	1.59	5.98	12.54	84.28	5.77	40.95
7	0.98	63.24	1.43	3.47	11.57	42.95	5.59	27.36
8	1.21	51.58	1.71	15.32	12.32	31.59	6.11	28.76
9	0.81	46.79	2.05	8.99	6.79	19.19	5.82	12.73
10	1.55	85.12	0.67	6.85	12.46	72.47	5.72	22.60
最小值	0.81	32.43	0.53	2.01	5.12	19.19	5.25	12.73
最大值	5.21	147.32	2.57	15.32	19.47	85.12	6.44	81.34
均值	1.97	72.24	1.37	7.31	10.96	49.66	5.87	37.62
丰缺评价	中等	缺乏	中等	缺乏	中等	缺乏	—	中等

三、主要养分丰缺评价

分析检测结果表明，山银花产地土壤主要养分中有机质、全氮含量变幅分别为 12.73～81.34 g/kg、0.81～5.21 mg/kg，平均含量分别为 37.62 g/kg、1.97 mg/kg，都属于中等水平；碱解氮含量变幅为 32.43～147.32 mg/kg，平均含量 72.24 mg/kg，属于缺乏水平。

全磷含量变幅为 0.53～2.57 mg/kg，平均含量 1.37 mg/kg，属于中等水平；速效磷含量变幅为 2.01～15.32 mg/kg，平均含量为 7.31 mg/kg，属于缺乏水平。

全钾含量变幅为 5.12～19.47 mg/kg，平均含量 10.96 mg/kg，处于中等水平；速效钾含量变幅为 19.19～85.12 mg/kg，平均含量为 49.66 mg/kg，处于缺乏水平；土壤 pH 变幅为 5.25～6.44，均值为 5.87，属于酸性土壤。

通过取样及分析，山银花适宜区土壤多为中等偏下肥力土壤，土壤以黄壤为主，土壤主要养分含量较低，这主要和药农施肥水平及大多为坡地种植有关。

四、施肥建议

山银花种植适宜区土壤主要养分总体状态是有机质含量为中等水平，碱解氮、速效磷和速效钾含量较为缺乏。根据土壤主要养分含量状况和当地药农施肥习惯，提出以下施肥建议。

（一）适量补充氮肥

山银花是一种喜肥作物，适量补充氮肥有利于"苗架"形成，特别是种植在山坡上的山银花，适量补充氮肥能促进分枝生长，提高山银花的产量。

（二）增施磷肥

磷肥可促进山银花根系发育，增强抗旱、抗寒能力，提高山银花产量，改善山银花品质。

（三）增施钾肥

钾素可以促进纤维素的合成，使山银花生长健壮，增强其抗病虫害和抗倒伏的能力，是影响山银花药性和品质的元素。取样分析测试结果显示速效钾含量缺乏，生产中应重视钾肥的施用，改变农民"轻钾"的施肥习惯，采取配施化学钾肥等措施，增加钾肥的投入量，以提高山银花基地土壤钾素含量水平，提高山银花产量，改善山银花品质。

第四节 何首乌主要养分地力评价与测土配方施肥

一、示范基地基本情况

何首乌示范基地位于都匀王司新坪，王司冬无严寒、夏无酷暑、雨量充沛，年平均降水量1431.1 mm。雨热同季，年平均气温16.1℃，无霜期300 d左右，气候湿润、土层深厚，对植物生长和农业生产十分有利。基地海拔802 m，经度107°37.745′E，纬度26°07.358′N。土壤为黄壤。

二、适宜区土壤主要养分分析结果

本项目组按照土壤标准取样方法，采集了都匀王司新坪何首乌适宜区土壤样品10份,送贵州省农业科学院农业资源与环境检测中心检测,检测结果见表6-4-1。

表6-4-1 何首乌适宜区土壤主要养分丰缺评价

序号	全氮/(mg/kg)	碱解氮/(mg/kg)	全磷/(mg/kg)	速效磷/(mg/kg)	全钾/(mg/kg)	速效钾/(mg/kg)	pH	有机质/(g/kg)
1	1.72	102.36	1.33	53.97	20.44	116.26	5.73	27.08
2	1.81	324.44	0.62	51.34	7.23	41.32	6.63	27.24
3	2.98	316.97	1.49	191.22	8.88	88.93	5.81	43.72
4	3.56	341.45	1.33	100.62	10.54	99.17	5.44	54.47
5	4.42	341.41	1.41	71.59	10.12	86.24	6.87	77.41
6	3.03	353.15	1.19	96.38	8.06	80.17	6.10	45.87
7	2.61	282.95	1.21	102.38	8.47	62.60	6.15	47.31

续表

序号	全氮/（mg/kg）	碱解氮/（mg/kg）	全磷/（mg/kg）	速效磷/（mg/kg）	全钾/（mg/kg）	速效钾/（mg/kg）	pH	有机质/（g/kg）
8	2.71	354.75	0.90	103.10	9.50	65.00	5.08	37.27
9	3.14	310.60	1.74	127.69	11.16	103.31	6.02	21.81
10	3.78	332.93	1.38	104.34	9.92	66.69	6.89	23.28
最小值	1.72	102.36	0.62	51.34	7.23	41.32	5.08	21.81
最大值	4.42	354.75	1.74	191.22	20.44	116.26	6.89	77.41
均值	2.98	306.10	1.26	100.26	10.42	80.97	6.07	40.55
丰缺评价	丰富	丰富	丰富	丰富	缺乏	缺乏	—	丰富

三、主要养分丰缺评价

分析检测结果表明，何首乌产地土壤主要养分含量中有机质、全氮与碱解氮变幅分别为 21.81～77.41 g/kg、1.72～4.42 mg/kg 和 102.36～354.75 mg/kg，平均含量分别为 40.55 g/kg、2.98 mg/kg 和 306.10 mg/kg，都属于丰富水平。

全磷含量变幅为 0.62～1.74 mg/kg，平均含量 1.26 mg/kg，速效磷含量变幅为 51.34～191.22 mg/kg，平均含量为 100.26 mg/kg，都属于丰富水平。

全钾含量变幅为 7.23～20.44 mg/kg，平均含量 10.42 mg/kg，处于缺乏水平；速效钾含量变幅为 41.32～116.26 mg/kg，平均含量为 80.97 mg/kg，处于缺乏水平；土壤 pH 变幅为 5.08～6.89，均值为 6.07，属于弱酸性土壤。

通过取样及分析，结果表明何首乌适宜区土壤多为中上等肥力土壤，土壤以黄壤为主。

四、施肥建议

何首乌耕作土壤主要养分总体状态是有机质、碱解氮和速效磷含量为丰富水平，速效钾缺乏。根据土壤主要养分含量状况和当地药农施肥习惯，提出以下施肥建议。

（一）控施氮肥

施用氮肥能提高何首乌的产量。但是，如果何首乌氮营养过量，会造成地上部分生长过于繁茂，妨碍生殖器官的正常发育，易遭病、虫为害，容易倒伏，影响何首乌块茎繁殖，使产量降低。应加强氮肥施用管理，控制氮肥的过量施用。

（二）控施磷肥

磷肥可增加何首乌产量，改善何首乌品质。但过量施用磷肥后，会造成土壤中的硅被固定，不能被吸收，引起何首乌缺硅并造成其他微量元素吸收障碍。取样调查中亦发现药农施用化肥时，有过量施用磷肥的习惯，生产中应控施磷肥。

（三）增施钾肥

钾素可以促进纤维素的合成，使何首乌生长健壮，增强其抗病虫害和抗倒伏的能力，是影响何首乌药性和品质的元素。取样分析测试结果显示速效钾含量缺乏，生产中应重视钾肥的施用，改变农民"轻钾"的施肥习惯，采取配施化学钾肥等措施，增加钾肥的投入量，以提高何首乌基地土壤钾素含量水平，增加何首乌产量，改善何首乌品质。

第五节　钩藤主要养分地力评价与测土配方施肥

一、示范基地基本情况

钩藤示范基地位于剑河久仰摆尾，久仰属中亚热带季风湿润气候区，是钩藤生长的极佳之地。基地海拔 807 m。土壤为黄壤。

二、适宜区土壤主要养分分析结果

本项目组按照土壤标准取样方法，采集了剑河久仰摆尾钩藤适宜区土壤样品10 份，送贵州省农业科学院农业资源与环境检测中心检测，检测结果见表 6-5-1。

表 6-5-1　钩藤适宜区土壤主要养分丰缺评价

序号	全氮/(mg/kg)	碱解氮/(mg/kg)	全磷/(mg/kg)	速效磷/(mg/kg)	全钾/(mg/kg)	速效钾/(mg/kg)	pH	有机质/(g/kg)
1	1.38	92.52	0.28	23.53	12.19	166.00	5.39	30.24
2	2.64	155.00	1.26	20.36	12.27	215.63	5.88	58.77
3	1.89	155.48	1.60	63.86	19.97	217.25	5.76	33.78
4	2.54	145.93	1.72	26.06	15.81	81.16	5.83	45.75
5	2.95	125.84	1.85	30.70	15.78	128.65	5.81	56.44
6	2.43	169.16	2.58	85.02	8.88	115.70	5.49	32.88
7	2.22	148.01	1.64	33.68	7.44	97.11	5.85	30.79
8	1.48	105.72	0.91	11.67	9.50	82.64	5.91	19.59
9	1.16	79.29	0.83	10.64	10.33	78.51	5.80	17.49
10	1.53	111.01	0.89	13.53	9.50	161.16	5.86	25.19
最小值	1.16	79.29	0.28	10.64	7.44	78.51	5.39	17.49
最大值	2.95	169.16	2.58	85.02	19.97	217.25	5.91	58.77

序号	全氮/ (mg/kg)	碱解氮/ (mg/kg)	全磷/ (mg/kg)	速效磷/ (mg/kg)	全钾/ (mg/kg)	速效钾/ (mg/kg)	pH	有机质/ (g/kg)
均值	2.02	128.80	1.36	31.91	12.17	134.38	5.76	35.09
丰缺评价	中等	中等	丰富	缺乏	中等	中等	—	中等

三、主要养分丰缺评价

分析检测结果表明，钩藤产地土壤主要养分中有机质、全氮与碱解氮含量变幅分别为 17.49～58.77 g/kg、1.16～2.95 mg/kg 和 79.29～169.16 mg/kg，平均含量分别为 35.09 g/kg、2.02 mg/kg 和 128.80 mg/kg，都属于中等水平。

全磷含量变幅为 0.28～2.58 mg/kg，平均含量 1.36 mg/kg，属于丰富水平；速效磷含量变幅为 10.64～85.02 mg/kg，平均含量为 31.91 mg/kg，属缺乏水平。

全钾含量变幅为 7.44～19.97 mg/kg，平均含量 12.17 mg/kg，处于中等水平；速效钾含量变幅为 78.51～217.25 mg/kg，平均含量为 134.38 mg/kg，处于中等水平；土壤 pH 变幅为 5.39～5.91，均值为 5.76，属于酸性土壤。

通过取样及分析，结果发现钩藤适宜区土壤多为中等及偏下肥力土壤，土壤以黄壤为主，土壤主要养分含量较低，这主要和药农施肥习惯及大多为坡地种植有关。

四、施肥建议

钩藤种植适宜区土壤主要养分含量总体状态是有机质、碱解氮为中等水平，速效磷为缺乏水平。根据土壤主要养分含量状况和当地药农施肥习惯，提出以下施肥建议。

（一）适量补充氮肥

钩藤是一种喜肥作物，适量补充氮肥有利于"苗架"形成，特别是种植在山坡上的钩藤，适量补充氮肥能促进分枝生长，提高钩藤的产量。

（二）增施磷肥

磷肥可促进钩藤根系发育，增强抗旱、抗寒能力，增加钩藤产量，改善钩藤品质。

（三）增施钾肥

钾素可以促进纤维素的合成，使钩藤生长健壮，增强其抗病虫害和抗倒伏的能力，是影响钩藤药性和品质的元素。取样分析测试结果显示速效钾含量中等，生产中应重视钾肥的施用，改变农民"轻钾"的施肥习惯，采取配施化学钾肥等措施，增加钾肥的投入量，以提高钩藤基地土壤钾素含量水平，增加钩藤产量，改善钩藤品质。

第六节 玄参主要养分地力评价与测土配方施肥

一、示范基地基本情况

玄参基地位于道真阳溪四坪，道真素有"黔北药库"的美称，而阳溪境内为中山峡谷地貌，平均海拔 1300 m，最高海拔 1900 m，气候为北亚热带、温带气候，年均降水量 1100 mm，年均积温 4400℃，无霜期约 220 d，山高林密、常年多雾，中药材资源十分丰富。该地气候较为适宜玄参生长，栽培面积超 700 hm²。基地海拔 1402 m，经度 107°34′10.2″E，纬度 29°07′17.4″N，土壤主要为砂质黄壤。

二、示范基地土壤主要养分分析结果

本项目组按照土壤标准取样方法，采集了道真阳溪四坪玄参种植适宜区土壤样品 9 份，送贵州省农业科学院农业资源与环境检测中心检测，检测结果见表 6-6-1。

表 6-6-1 玄参适宜区土壤主要养分丰缺评价

序号	全氮/ (mg/kg)	碱解氮/ (mg/kg)	全磷/ (mg/kg)	速效磷/ (mg/kg)	全钾/ (mg/kg)	速效钾/ (mg/kg)	pH	有机质/ (g/kg)
1	2.41	171.56	1.18	24.79	14.20	132.42	5.47	39.00
2	1.32	94.16	0.84	15.33	12.65	127.55	6.65	25.20
3	2.51	155.84	0.71	18.08	9.92	73.35	6.62	49.42
4	2.67	166.19	0.71	16.06	12.60	147.73	6.58	58.44
5	1.87	104.28	0.56	11.98	5.58	58.88	5.40	25.04
6	1.92	105.63	0.59	13.95	5.17	57.85	5.27	27.82
7	2.69	153.68	1.12	15.39	8.68	61.98	6.49	47.99
8	2.14	115.26	1.01	16.53	7.02	123.97	6.58	35.47
9	1.48	153.68	0.81	35.68	3.31	97.11	5.15	23.65
最小值	1.32	94.16	0.56	11.98	3.31	57.85	5.15	23.65
最大值	2.69	171.56	1.18	35.68	14.20	147.73	6.65	58.44
均值	2.11	135.59	0.84	18.64	8.79	97.87	6.02	36.89
丰缺评价	中等	中等	中等	中等	中等	缺乏	—	中等

三、主要养分丰缺评价

分析检测结果表明，玄参产地土壤主要养分含量差异较大，有机质、全氮与

碱解氮变幅分别为 23.65～58.44 g/kg、1.32～2.69 mg/kg 和 94.16～171.56 mg/kg，平均含量分别为 36.89 g/kg、2.11 mg/kg 和 135.59 mg/kg，都属于中等水平。

全磷含量变幅为 0.56～1.18 mg/kg，平均含量 0.84 mg/kg，属于中等水平；速效磷含量变幅为 11.98～35.68 mg/kg，平均含量为 18.64 mg/kg，属于中等水平。

全钾含量变幅为 3.31～14.20 mg/kg，平均含量 8.79 mg/kg，处于中等水平；速效钾含量变幅为 57.85～147.73 mg/kg，平均含量为 97.87 mg/kg，土壤速效钾含量缺乏；土壤 pH 变幅为 5.15～6.65，均值为 6.02，属于弱酸性土壤。

通过取样及分析，结果表明玄参种植适宜区土壤多为中等或偏下肥力土壤，土壤以黄壤为主，土壤主要养分含量较低，这主要和药农施肥习惯及大多为坡地种植有关。

四、玄参测土配方实验

玄参一般用其子芽繁殖，移栽期长，可头年移栽，第二年收获，地下块根入药，有润燥生津、消肿解毒的作用。具有治疗肿毒、咽喉肿痛、伤寒、烦渴的功效。近年市场行情看好，道真常年栽培面积 700 hm²，为指导玄参规范化栽培，减少施肥对土壤生态环境造成的污染，提高肥料利用率，提高玄参单产和品质，本研究团队在该地区开展了玄参测土配方实验研究，从而为玄参科学施肥提供了依据。

（一）材料与方法

（1）实验地基本情况

实验于 2013～2014 年度在道真阳溪四坪大水井村民小组罗仁权的责任地内进行，土壤为油大黄泥土，土壤 pH 为 6.65，有机质含量 25.2 g/kg，全氮含量 1.32 mg/kg，碱解氮含量 94 mg/kg，有效磷含量 15.3 mg/kg，速效钾含量 132 mg/kg。

（2）供试肥料和作物品种

供试肥料：尿素（含 N 46%）、普通过磷酸钙（含 P_2O_5 14%）、硫酸钾（含 K_2O 50%）；供试玄参品种为道真地方种玄参。

（3）实验设计与方法

实验采用"3414"最优回归设计，共设氮、磷、钾 3 个因素 4 个水平，14 个处理，每个处理小区面积 30.0 m²、长 10 m、宽 3 m、行距 50 cm、株距 31.25 cm，每小区栽 192 株，密度 4267 株/亩，实验过程中处理间除肥料施用量不同外其他管理措施均一致。于 2013 年 12 月 15 日移栽，磷肥施用量的全部、钾肥施用量的50%、氮肥施用量的 20%作基肥；2014 年 4 月 6 日施用氮肥总量的 20%作提苗肥；2014 年 6 月 10 日施用氮肥总量的 60%，钾肥施用总量的 50%进行抽薹期追肥；

2014 年 11 月 2 日收获，同时进行田间测产验收和考种。

（二）结果与分析

（1）氮、磷、钾肥不同施用量对玄参产量的影响

由表 6-6-2 可知，氮、磷、钾肥不同施用量对玄参产量的影响较为明显。其中，实验处理增施 2 水平的磷、钾肥配施（处理 2），氮、钾肥配施（处理 4），氮、磷肥配施（处理 8）分别比无肥小区平均产量增产 7.32%、9.82% 和 16.25%，说明氮、磷肥配施增产效果优于氮、钾肥配施和磷、钾肥配施；当磷、钾肥都固定施用 2 水平时，氮肥施用量从 0 水平到 3 水平，随施氮量增加而增产，平均单产分别为 668.2 kg/亩、745.6 kg/亩、789.2 kg/亩与 736.2 kg/亩，其中 $N_2P_2K_2$ 处理产量最高，分别比氮肥施用量 0 水平增产 11.58%、18.10% 与 10.18%；当氮、钾肥都固定施用 2 水平时，磷肥施用量从 0 水平到 3 水平，随施磷量增加而增产，而 $N_2P_3K_2$ 处理产量最高，平均单产分别为 683.5kg/亩、755.8 kg/亩、789.2 kg/亩与 791.1 kg/亩，分别比磷肥施用量 0 水平增产 10.58%、15.46% 与 14.74%；当氮、磷肥都固定施用 2 水平时，钾肥施用量从 0 水平到 3 水平，随施氮量增加而增产，而 $N_2P_2K_2$ 处理产量最高，平均单产分别为 723.3 kg/亩、760.5 kg/亩、789.2 kg/亩与 697.7 kg/亩，分别比 0 水平增产 5.14%、9.11% 与 4.3%。

表 6-6-2　各处理的肥料用量及小区产量（kg/亩）

| 处理 | 肥料种类 | | | 小区产量 | | 小区平均产量 | $\bar{X}_i$ 亩产量 | 位次 |
	N	P_2O_5	K_2O	I	II	（T_i）	/kg	
1	0	0	0	29.6	26.4	56	622.1	14
2	0	5	12	29.1	31.0	60.1	668.2	13
3	5	5	12	31.9	35.2	67.1	745.6	5
4	10	0	12	28.8	32.7	61.5	683.5	12
5	10	2.5	12	34.3	33.7	68	755.8	4
6	10	5	12	36.2	34.8	71	789.2	2
7	10	7.5	12	33.7	37.5	71.2	791.1	1
8	10	5	0	33.5	31.6	65.1	723.3	10
9	10	5	6	34.5	33.9	68.4	760.5	3
10	10	5	18	31.6	31.2	62.8	697.7	11
11	15	5	12	33.5	32.8	66.3	736.2	7
12	5	2.5	12	31.4	34.2	65.6	729.6	9
13	5	5	6	31.6	34.9	66.5	738.4	6
14	10	2.5	6	33.8	32.1	65.9	731.9	8

由表 6-6-3 可知，对各处理区产量进行方差分析，区组间产量差异不显著，说明土壤肥力均匀，处理间产量差异达显著水平（$F=2.886 > F_{0.05}=2.577$），说明施肥增产效果明显。

表 6-6-3　玄参各处理小区产量方差分析结果

变异来源	自由度	平方和	均方	F 值	$F_{0.05}$	$F_{0.01}$
处理间	13	112.235	8.633	2.886	2.577	3.905
区组间	1	2.580	2.580	0.862	4.667	9.074
误　差	13	38.895	2.992	—	—	—
总变异	27	153.710	—	—	—	—

（2）回归分析

通过实验结果拟合得三元二次效应方程：Y（kg/亩）$=621.05+15.583\ N+9.0441\ P_2O_5+6.782\ K_2O+1.3236\ N\ P_2O_5+0.1209\ N\ K_2O+0.4048\ P_2O_5\ K_2O-1.2369\ N^2-1.779\ P_2O_5^2-0.438\ K_2O^2$，对回归方程进行检验，相关系数（$R$）$=0.99$，方程标准差（MS）$=2995$，$F=24.34 > F_{0.01}=14.66$，达到极显著水平，由回归方程计算得出亩最大施肥量为纯 N 11.37 kg、P_2O_5 8.27 kg、K_2O 13.13 kg，亩最高产量 791.57 kg，与 $N_2P_3K_2$ 处理（791.1 kg/亩）接近，每亩最佳施肥量为纯 N 9.65 kg、P_2O_5 6.72 kg、K_2O 9.95 kg；最佳产量 785.39 kg，与 $N_2P_2K_2$ 处理（789.2 kg/亩）接近，因此，该模型可用。

氮、磷、钾各实验因子的产量效应分析，可采用降维法获得单因子与产量关系的一元回归模型，分别对三元回归方程进行降维处理并作为主效应分析，设定施用氮、磷、钾三因子中两个因子为零水平，就能得到另一个因子与产量关系的数学模型。

氮肥施用数学模型 $Y_N=621.05+15.583N-1.2369N^2$

磷肥施用数学模型 $Y_P=621.05+9.0441P-1.779P^2$

钾肥施用数学模型 $Y_K=621.05+6.782K-0.438K^2$

各单因子最大施肥量分别为纯 N 10.25 kg/亩，P_2O_5 8.13 kg/亩，K_2O 14.32 kg/亩；最佳施肥量分别为纯 N 9.76 kg/亩，P_2O_5 7.56 kg/亩，K_2O 11.35 kg/亩。

（三）结论

1）实验表明，玄参栽培中增施氮、磷、钾肥增产效果显著，其增产总趋势是氮肥＞磷肥＞钾肥，处理 7（$N_2P_3K_2$）产量最高，处理 6（$N_2P_2K_2$）产量居第二位。但从产量效益综合考虑来看，处理 6（$N_2P_2K_2$）施肥量和配方较为合理。

2）玄参的施肥模型为 Y（kg/亩）$=621.05+15.583\ N+9.0441\ P_2O_5+6.782\ K_2O+1.3236\ N\ P_2O_5+0.1209\ N\ K_2O+0.4048\ P_2O_5\ K_2O-1.2369\ N^2-1.779\ P_2O_5^2-0.438$

K_2O^2，最大施肥量为纯 N 11.37 kg、P_2O_5 8.27 kg、K_2O 13.13 kg，最高产量（791.57 kg/亩）与 $N_2P_3K_2$ 处理接近，每亩最佳施肥量为纯 N 9.65kg，P_2O_5 6.72kg，K_2O 9.95 kg；每亩最佳产量 785.39 kg。

五、施肥建议

玄参耕作土壤主要养分总体状态是有机质、碱解氮和速效磷含量为中等水平，速效钾含量缺乏。根据土壤主要养分含量状况和当地药农施肥习惯，提出以下施肥建议。

（一）增施氮肥

由于土壤中碱解氮含量较低，增施氮肥有利于玄参地上部分正常生长，促进地上部分物质向地下部分转化和吸收，促进块根的物质积累，提高玄参的产量。

（二）增施磷肥

磷肥可促进玄参根系生长，增强其抗旱、抗寒能力，增加玄参产量，改善玄参品质。

（三）增施钾肥

钾素可以促进纤维素的合成，使玄参生长健壮，增强其抗病虫害和抗倒伏的能力，是影响玄参药性和品质的元素。取样分析测试结果显示速效钾含量缺乏，生产中应重视钾肥的施用，改变农民"轻钾"的施肥习惯，采取配施化学钾肥等措施，增加钾肥的投入量，以提高玄参基地土壤钾素含量水平，增加玄参产量，改善玄参品质。

第七章 贵州道地中药材污染控制与快速检测体系构建

第一节 中药材中重金属的快速检测方法研究
——以太子参为例

中药材中的矿物元素除了多种常量元素（K、Ca、Na、Mg 等）以外，还有多种微量元素（Mg、Fe、Zn、I、Se、Cu、Al、Mn、Cr、V 等）。微量元素与人体健康密切相关，微量元素是指人体每日需要量不足 100 mg，占人体质量 1/10 000 以下的元素。现已发现 Mg、Fe、Zn、I、Se、Cu、Al、Mn、V 等多种微量元素，具有多种多样的生理效应，是生命体内许多重要酶的组分，参与体内许多重要的生理过程，与许多疾病的发生密切相关。近年来，对中药材中的微量元素的研究成为热点。目前，国家标准中虽然规定了重金属的检测方法，但检测方法多为原子吸收法和原子荧光法，没有高压密闭消解-电感耦合等离子体质谱（ICP-MS）检测方法。对于多元素的测定，常用的国家标准面临样品消解条件多、检测仪器多、不能一次测定的问题。

本研究采用 HNO_3 高压密闭消解，以 Li、Sc、Ge、Lu、Bi、Rn、In、Tb 为内标校正体系，建立了用于太子参样品中 Na、Mg、K、Ca、Fe、Cr、Co、Cu、Zn、As、Mo、Mn、Cd、Sb、Pb、Hg 16 种元素同时分析的 ICP-MS，该方法的检出限、样品分析的精密度、准确度以及加标回收率均能满足实验需求，且操作简单，实现了多种元素同时快速、准确分析。

一、材料与方法

（一）药品与试剂

硝酸：优级纯（GR），德国默克集团（Merck KGaA）。

灌木枝叶标准物质，编号为 GBW07603（GSV-2），中华人民共和国自然资源部国土资源部物化探研究所。

重金属和微量元素混合标准溶液，Agilent part #5183-4688。元素为 K、Ca、Na、Mg、Fe，元素标准溶液浓度 1000 mg/L；Mn、Ni、Mo、Zn、Cu、Co、Pb、Ti、Sb、Ag、Al、Ba、As、Be、Cd、Cr、Se、V、Th，元素标准溶液浓度 10 mg/L。

Hg 为单标溶液，配置浓度分别为 0 ng/ml、2.0 ng/ml、4.0 ng/ml、6.0 ng/ml、

8.0 ng/ml、10.0 ng/ml。

内标液：Agilent part #5188-6525，元素为 Li、Sc、Ge、Lu、Bi、Rn、In、Tb，100 mg/L（10%硝酸介质）。

调谐液：Agilent part #5184-3566，元素为 Li、Ge、Y、Co、Ti，100 mg/L（2%硝酸介质）。

超纯水：电阻率＞18.25 MΩ·cm。

（二）仪器设备

恒温鼓风干燥箱：101-2A，天津市泰斯特仪器有限公司。
电子天平：AL204-IC，瑞士梅特勒-托利多集团（METTLER TOLEDO）。
ICP-MS：Agilent 7500 a，美国安捷伦科技公司（NYSE: A）。
超纯水系统：Milli-Q Synthesis，美国密理博公司(Millipore)。

（三）样品处理及消解

2013 年 3 月 25 日在黔东南施秉太子参基地采集样品。室内实验在贵州省分析测试研究院进行。用蒸馏水冲洗药材样品后，清洗后的药材放入药品柜中，自然风干 2 h，置于 80℃电热恒温鼓风干燥箱烘干、杀青，粉碎后过 100 目筛。用电子天平准确称取 0.2000 g（精确至 0.0001 g）于聚四氟乙烯消解罐中，分析过程中每批样品设两个空白，分别加入 5 ml 硝酸、2 ml 过氧化氢溶液（双氧水），放在 170℃恒温干燥箱中加热 3 h，冷却、定容、备测。

（四）仪器条件的优化

采用电感耦合等离子体质谱仪（ICP-MS，Agilent 7500 a）进行测定，分析样品重复数 10%～15%，条件参数见表 7-1-1。

表 7-1-1　电感耦合等离子体质谱仪的操作和数据采集参数

项目	工作条件	项目	工作条件
射频功率/W	1300	雾化室温度/℃	2.0
载气流速/（L/min）	0.80	蠕动泵采样转速/（r/s）	0.1
辅助气流速/（L/min）	0.35	积分时间/s	2
采样深度/cm	8.0	重复次数/次	3

二、结果与分析

（一）内标元素的选择

质量数为 9～59 的元素，选择钪（Sc 45）为内标；质量数为 60～78 的元素，选择锗（Ge 74）为内标；质量数为 95～107 的元素，选择铑（Rh 105）为内标；质量数为 108～139 的元素，选择铟（In 110）为内标；质量数为 140～165 的元素，选择铽（Tb 155）为内标；质量数为 166～172 的元素，选择镥（Lu 170）为内标；质量数为 202～238 的元素，选择铋（Bi 207）为内标，通过 Li、Sc、Ge、Rh、In、Tb、Lu、Bi 内标校正体系，能够较好地校正枯枝落叶样品的基体干扰。

（二）调谐参数选择

将样品管放入 10 μg/L 调谐液中，将内标管放入水中。输入采集的质量数为 7、89、205，找到最适灵敏度、156/140（CeO/Ce 氧化物），70/140（Ce^{2+}/Ce 双电荷）的最佳参数，条件参数见表 7-1-2。

表 7-1-2　灵敏度、氧化物、双电荷的最佳参数

项目	参数
质量数[Li（7）、Y（89）、Ti（205）]	±0.1 Da
质量分辨率（10%）	0.65～0.8 amu
灵敏度	Li≥6400
信噪比（S/N）（0.1s，10 μg/L）	Y≥16 000、Ti≥9600
氧化物（CeO/Ce）	≤1.0%
双电荷（Ce^{2+}/Ce）	≤3.0%

（三）标准曲线试剂的制备及方法建立

把 Agilent part #5183-4688 标准溶液稀释成浓度梯度均为 100.00 ng/ml、200.00 ng/ml、500.00 ng/ml、1000.00 ng/ml、2000 ng/ml 的 Na、Mg、K、Ca、Fe 标准溶液，Cr、Co、Cu、Zn、As、Mo、Mn、Cd、Sb、Pb 标准溶液浓度梯度均为 1.00 ng/ml、2.00 ng/ml、5.00 ng/ml、10.00 ng/ml、20.00 ng/ml，标记为 STD1、STD2、STD5、STD10、STD20，空白为 1% HNO_3，标记为 STD0。

在"ICP-MS Top"界面，点击"方法"菜单，选中"编辑完整方法"选中方法信息、选择样品种类、干扰方程、获取；在"方法注解"中输入"中药材标准曲线方法"，然后选中"获取数据"和"数据分析"；在"获取模式"中，选中"光谱"；点击"清除所有"按钮，再选中要分析的元素：Na、Mg、Ca、K、Cr、Mn、Fe、Co、Cu、Zn、As、Mo、Cd 、Sb、Hg、Pb 及内标元素 Sc、Ge、Rh、In、Tb、Lu、Bi 选中"设置每一模块"，设置进样时间为 3 min。

（四）标准曲线和检出限

按照表 7-1-2 仪器数据采集参数，将内标管放入 1 μg/ml 内标溶液中，进样管依次放入 STD0、STD1、STD2、STD5、STD10、STD20 标准溶液中进行数据采

集，计算出相应的回归方程、相关系数和检出限，见表 7-1-3。

表 7-1-3　各元素标准曲线回归方程、相关系数和检出限

元素	质量数	内标元素	回归方程	相关系数	背景等效浓度/（ng/ml）	检出限/（ng/ml）	RSD/%
Na	23	Se 45	$Y=1.600E+000X+2.063E+002$	0.9978	129.0	4.8840	2.80
Mg	24	Se 45	$Y=1.082E+000X+2.102E+001$	0.9998	19.42	0.4810	1.85
Ca	40	Se 45	$Y=1.964E-003X+5.817E-001$	0.9995	296.1	1.7160	2.03
K	39	Se 45	$Y=8.993E-001X+6.015E+002$	0.9994	668.9	4.3800	1.76
Cr	52	Se 45	$Y=1.858E-001X+2.769E-001$	0.9995	1.490	0.3004	1.59
Mn	55	Se 45	$Y=1.891E+000X+1.853E+000$	0.9997	0.016	0.9798	1.45
Fe	56	Se 45	$Y=9.981E-001X+2.238E+002$	0.9987	224.3	9.4600	2.30
Co	59	Se 45	$Y=1.784E+000X+1.869E-001$	0.9999	0.105	0.0306	1.90
Cu	63	Ge 74	$Y=2.284E+001X+7.152E+001$	0.9971	3.132	0.0305	2.03
Zn	64	Ge 74	$Y=9.377E+000X+3.160E+001$	0.9974	3.370	0.1359	2.09
As	75	Ge 74	$Y=9.387E-001X-1.558E+002$	0.9967	−1.660	0.0539	2.26
Mo	98	Rh 105	$Y=2.105E-001X+4.346E-002$	0.9993	0.207	0.0086	1.29
Cd	114	In 110	$Y=1.400E-001X+5.789E-002$	0.9998	0.413	0.1476	1.78
Sb	121	In 110	$Y=3.863E-001X+1.580E-001$	0.9999	0.409	0.0933	2.62
Hg	202	Bi 207	$Y=1.144E-001X+5.471E-002$	0.9989	0.478	0.0469	2.11
Pb	208	Bi 207	$Y=1.493E+000X+1.375E+000$	0.9976	0.921	0.0021	1.39

从表 7-1-3 可以看出，对 16 种元素测定的标准曲线呈现良好的线性关系，相关系数在 0.9967～0.9999，表明离子强度与标准溶液的浓度存在着较好的相关性。在检出限方面，K、Na、Fe 的检出限相对较高，这是水中 K、Fe 的干扰能力较强导致的。其他元素的检出限甚至达到 pg/ml。16 种元素的变异系数（RSD）均小于 3%，完全可以满足实验测定的需要。

（五）精密度、准确度实验

采用灌木枝叶标准物质 GBW07603 按 1.1.3 条件高压密闭消解后，进行数据采集，计算标准样品中微量元素含量的平均值，将测定值与标准值进行比较分析，验证方法的准确性，结果见表 7-1-4。

表 7-1-4　精密度、准确度结果

元素	质量数	内标元素	质量分数	标准值/（mg/kg）	测量值/（mg/kg）	RSD/%
Na	23	Se 45	10-2	1.96±0.18	1.96	2.48

续表

元素	质量数	内标元素	质量分数	标准值/（mg/kg）	测量值/（mg/kg）	RSD/%
Mg	24	Se 45	10-2	0.48±0.04	0.47	2.88
Ca	40	Se 45	10-2	1.68±0.11	1.67	0.83
K	39	Se 45	10-2	0.92±0.10	0.919	2.01
Cr	52	Se 45	10-6	2.6±0.2	2.61	2.25
Mn	55	Se 45	10-6	61±5	62.3	2.28
Fe	56	Se 45	10-6	1070±57	1113	2.84
Co	59	Se 45	10-6	0.41±0.05	0.44	1.05
Cu	63	Ge 74	10-6	6.6±0.8	6.8	2.53
Zn	64	Ge 74	10-6	55±4	57.1	0.71
As	75	Ge 74	10-6	1.25±0.15	1.33	1.33
Mo	98	Rh 105	10-6	0.28±0.05	0.28	1.83
Cd	114	In 110	10-9	0.38	0.39	2.01
Sb	121	In 110	—	0.095±0.014	0.096	2.98
Hg	202	Bi 207	10-9	—	0.16	—
Pb	208	Bi 207	10-6	47±3	49.0	1.02

由表 7-1-4 可知：采用硝酸高压密闭消解法对灌木枝叶标准物质进行消解，ICP-MS 测定，能够达到样品处理的要求，16 种元素的 RSD 均小于 3%，本实验的精密度水平在实验允许范围内，本实验测得的微量元素的含量值是准确、可靠的。由于标准物质 GBW07603 中没有 Hg 的标准值，故不做 Hg 准确度评价。

（六）回收率实验

为了进一步对高压密闭消解方法进行考察，对灌木枝叶标准物质进行空白加标回收实验，考察除 Hg 外 15 种元素的回收率，结果见表 7-1-5。由表 7-1-5 可知：15 种元素的平均回收率均在 98.3%～107.3%，可见高压密闭消解，ICP-MS 法测定微量元素具有较高的准确度，完全满足样品检测的需求。

表 7-1-5　加标回收率实验

元素	GSV-2 标准值/（mg/kg）	测量值1/（mg/kg）	测量值2/（mg/kg）	测量值3/（mg/kg）	测量值4/（mg/kg）	测量值5/（mg/kg）	测量值6/（mg/kg）	平均回收率/%
Na	1.96±0.18	2.11	1.99	1.79	2.22	1.89	1.76	100.0
Mg	0.48±0.04	0.43	0.53	0.41	0.55	0.47	0.44	98.3
Ca	1.68±0.11	1.77	1.69	1.55	1.73	1.65	1.64	99.5
K	0.92±0.10	0.894	0.921	0.942	0.897	0.931	0.927	99.9
Cr	2.6±0.2	2.55	2.73	2.69	2.48	2.46	2.77	100.5

续表

元素	GSV-2 标准值/（mg/kg）	测量值 1/（mg/kg）	测量值 2/（mg/kg）	测量值 3/（mg/kg）	测量值 4/（mg/kg）	测量值 5/（mg/kg）	测量值 6/（mg/kg）	平均回收率/%
Mn	61±5	58.5	59.1	63.7	67.4	63.2	61.9	102.1
Fe	1070±57	1187	1083	1124	1097	1123	1064	104.0
Co	0.41±0.05	0.42	0.44	0.48	0.38	0.47	0.45	107.3
Cu	6.6±0.8	6.5	7.4	7.2	6.9	6.5	6.3	103.0
Zn	55±4	54.8	57.9	59.4	57.8	56.6	56.1	103.8
As	1.25±0.15	1.29	1.34	1.28	1.37	1.27	1.41	106.1
Mo	0.28±0.05	0.27	0.33	0.28	0.24	0.26	0.28	98.8
Cd	0.38	0.39	0.41	0.35	0.37	0.39	0.40	101.3
Sb	0.095±0.014	0.091	0.089	0.096	0.099	0.094	0.104	100.5
Pb	47±3	47.9	48.6	46.9	51.5	48.6	50.7	104.3

（七）太子参块根中元素含量的测定

为了验证该方法是否可用于中药材中元素含量的快速测定，选取太子参块根样品进行测定，测定结果见表 7-1-6。

表 7-1-6　太子参块根中元素含量（干重）及准确度

元素	含量/（mg/kg）	RSD/%	元素	含量/（mg/kg）	RSD/%
Na	183	2.20	Cu	3.69	2.72
Mg	1 228	0.90	Zn	29.41	1.04
Ca	749	2.89	As	0.54	1.35
K	11 658	2.74	Mo	2.41	1.45
Cr	1.65	2.69	Cd	0.159	1.51
Mn	314	0.80	Sb	1.03	1.04
Fe	612	1.83	Hg	—	0.58
Co	0.58	1.43	Pb	2.28	0.27

由表 7-1-6 可知，太子参块根中 16 种元素的 RSD 均小于 3%，该方法可用于太子参块根中元素含量的测定。块根中元素 Mg、K 含量相对较高，Hg 在太子参块根中的含量较低，未检测到 Hg 元素。

（八）ICP-MS 快速检测与国标测定方法比较

通过高压密闭消解法可一次消解多种元素同时测定，达到了将复杂基质样品消解完全的要求。传统中药材中重金属检测常参照食品中重金属检测方法：《食品中铜的测定》（GB/T 5009.13—2003），经过硝酸消解，火焰原子吸收光谱测定；《食品中铬的测定》（GB/T 5009.123—2003），经过硝酸-高氯酸-过氧化氢消解，石墨炉原子吸收测定；《食品中总砷及无机砷的测定》（GB/T 5009.11—2003），经过硝酸-硫酸-高氯酸消解，原子荧光光谱测定；《食品中总汞及有机汞的测定》（GB/T 5009.17—2003），经过硝酸、30%过氧化氢、硫酸消解，原子荧光光谱测定；《食品中镉的测定》（GB/T 5009.15—2003）、《食品中铅的测定》（GB/T 5009.12—2003），均经过硝酸与高氯酸 1∶4 混合消解，石墨炉原子吸收测定。对于重金属等元素的测定，以上国家标准面临消解条件多、检测仪器多，进行复杂基质样品的处理过程需要耗费大量人力、物力，不能满足现代检测技术要求的高效、快速、节能、安全的要求。而本研究所优化的方法是一种高效的样品处理方法，消除了混酸消解带来的干扰，分析线性范围宽，具有快速、准确、灵敏度高等优点，且线性范围、检出限、精密度和回收率都能满足实验需求，测定结果准确可靠。

第二节　贵州石斛重金属含量研究

一、实验材料

本实验的研究地点位于贵州省平坝县贵州省省级林木种苗示范基地，属北亚热带季风湿润气候，温暖多雨，东经 105°59′24″～106°34′06″，北纬 26°15′18″～26°37′45″，年均温 16.8℃，1 月均温 4℃，7 月均温 22.4℃，极端最高气温 34.1℃，极端最低气温–10.7℃，无霜期 273 d 左右，年均降水量 1298 mm，相对湿度 83% 左右。该种苗示范基地适合铁皮石斛生长，但人工种植生产药材时应尽量避开不利的气温条件，以获得良好的产量和质量。本实验依托贵州正茂生物农业开发公司相关基础设施，由该企业提供温室及种植基地，该示范基地占地面积约 1500 亩，拥有全自动阳光板温室 2400 m² 及其配套设施，半自动阳光温室两栋（4800 m²）及其配套设施，完成了从云南引进的铁皮石斛组培苗 100 万株异地育苗驯化种植并获得成功。

本实验中所用的野生铁皮石斛采自贵州茂兰国家级自然保护区。保护区位于贵州省南部荔波县境内，属中亚热带季风气候，森林覆盖率为 91%，气候温暖湿润，冬无严寒、夏无酷暑，具有雨量充沛等特点。该区年均温 18.3℃，全年平均降水量 1752.5 mm，年均相对湿度 83%，全年日照时数约 1272.8 h，适合一些稀有和特有植物生长，为贵州省野生铁皮石斛的适宜生长区。

二、实验方法

实验采用硝酸-双氧水消化法，ICP-MS 进行测定。

三、实验结果

实验所用石斛主要为铁皮石斛组织培养再生植株，涉及基质而未涉及土壤，因此对不同基质条件下培养的铁皮石斛进行采样测试，结果如表 7-2-1 所示。

表 7-2-1　铁皮石斛样品重金属含量

	Cd	Hg	As	Pb	Cr	Cu
平均值/（mg/kg）	0.034	0.002	0.125	0.061	1.82	1.29
超标个数	0	0	0	0	0	0
超标率/%	0.00	0.00	0.00	0.00	0.00	0.00

四、结论

经测试发现，石斛样品中重金属含量较低，未发现超标现象，故其涉及的限量标准仍建议执行国家的相关标准。

根据测定结果，本研究团队拟订了石斛中重金属的限量值（参照进出口标准）：$Cr \leqslant 10$ mg/kg、$Cu \leqslant 10$ mg/kg、$As \leqslant 2.0$ mg/kg、$Cd \leqslant 0.3$ mg/kg、$Hg \leqslant 0.2$ mg/kg、$Pb \leqslant 5.0$ mg/kg。

第三节　贵州太子参污染研究与元素指纹图谱

一、实验材料

2013 年 4 月 23 日在贵州黔东南施秉太子参种植基地采集太子参表层土壤（0～20 cm）混合样品，每个采样点均用"S"法采集、GPS 定位，为避免污染，采样过程中使用木铲等工具，每个样品均由 10 个采样点混合而成，共采集 51 个土壤样品，采样点分布如图 7-3-1 所示，2013 年 7 月已完成对应样品采集 10 组，采集太子参植株 110 个，用于重金属含量分析测定。

将采集的样品分别放入洁净的聚乙烯塑料袋中，封装运回实验室。土壤样品放在室内自然风干，挑出石块和残枝落叶，采用四分法取样，并用玛瑙研钵研磨，分别过 20 目和 100 目筛备用。

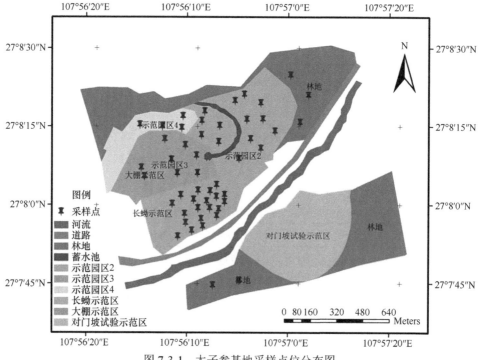

图 7-3-1　太子参基地采样点位分布图

二、实验方法

（一）重金属含量测定方法

土壤样品和植株样品参照国家标准方法消解，采用 ICP-MS 进行测定。

（二）数据处理

半方差函数最优模型采用 ArcGIS9.0 里的 Geostatistical Analyst 模块，拟合参数采用地统计分析软件 GS，空间分布采用 ArcGIS9.0 里的 Spatial Analyst 模块，土壤重金属含量相关性分析采用 DPS 分析软件进行数据处理。

三、施秉太子参基地土壤污染特征

（一）不同生态环境土壤重金属含量特征

对太子参基地不同生态环境下土壤重金属含量进行检测，结果见表 7-3-1。

表 7-3-1　太子参基地不同生态环境土壤重金属含量

地类	项目	pH	Cr/ （mg/kg）	Cu/ （mg/kg）	As/ （mg/kg）	Cd/ （mg/kg）	Hg/ （mg/kg）	Pb/ （mg/kg）
林地	范围	4.30～ 4.78	65.67～ 79.61	9.13～ 50.81	27.42～ 58.45	0.28～ 0.44	0.27～ 0.74	41.84～ 83.79
	平均值	4.53	75.06	25.59	36.56	0.33	0.43	62.63
	标准差	0.19	6.12	15.35	12.49	0.07	0.20	15.99
	变异系数/%	0.04	0.08	0.60	0.34	0.21	0.46	0.26
大棚	范围	6.31～ 7.49	75.00～ 79.30	15.19～ 33.23	62.22～ 68.19	0.34～ 0.39	0.39～ 0.51	73.14～ 78.96
	平均值	6.90	77.15	24.21	65.20	0.36	0.45	76.05
	标准差	0.83	3.04	12.76	4.22	0.04	0.09	4.11
	变异系数/%	0.12	0.04	0.53	0.07	0.10	0.19	0.05
示范区	范围	4.23～ 5.98	48.20～ 97.57	6.60～ 71.38	17.83～ 62.86	0.21～ 0.62	0.13～ 1.25	31.77～ 138.98
	平均值	4.69	76.61	28.31	31.41	0.33	0.45	66.48
	标准差	0.35	10.30	16.30	11.52	0.09	0.22	25.79
	变异系数/%	0.07	0.13	0.58	0.37	0.27	0.49	0.39

由表 7-3-1 可知，林地、大棚和示范区土壤中 Cr、Cu、Pb 平均含量均低于《土壤环境质量标准》（GB 15618—1995）中土壤环境质量标准二级标准限量要求。Cr 含量为 48.20～97.57 mg/kg，均值为 76.27 mg/kg，最高值、最低值均出现在示范区，不同生态环境土壤中重金属 Cr 的平均含量表现为大棚＞示范区＞林地。Cu 含量为 6.60～71.38 mg/kg，均值为 26.04mg/kg，其中，最高含量为最低含量的10.82 倍，最高值、最低值均出现在示范区；不同生态环境土壤中重金属 Cu 的平均含量表现为示范区＞林地＞大棚。Pb 含量为 31.77～138.98 mg/kg，均值为 68.39 mg/kg，最高值、最低值均出现在示范区，不同生态环境土壤中重金属 Pb 的平均含量表现为大棚＞示范区＞林地。

林地、大棚和示范区土壤中 Cd、Hg 平均含量均高于《土壤环境质量标准》（GB 15618—1995）中土壤环境质量标准二级标准限量要求。Cd 含量为 0.21～0.62 mg/kg，均值为 0.34 mg/kg，最高值、最低值均出现在示范区；不同生态环境土壤中重金属 Cd 的平均含量表现为大棚＞示范区＝林地。Hg 含量为 0.13～1.25 mg/kg，均值为 0.44 mg/kg，其中，最高含量为最低含量的 9.62 倍，最高值、最低值均出现在示范区，不同生态环境土壤中重金属 Hg 的平均含量表现为大棚＝示范区＞林地。

林地、示范区土壤中 As 平均含量均低于《土壤环境质量标准》（GB 15618—1995）中土壤环境质量标准二级标准限量要求；大棚土壤中 As 平均含量高于《土壤环境质量标准》（GB 15618—1995）中土壤环境质量标准二级标准限量要求。As 含量为 17.83～68.19 mg/kg，均值为 44.39 mg/kg，最高值出现在大棚，最低值出现在示范区；不同生态环境土壤中重金属 As 的平均含量表现为大棚＞林地＞示范区。

为了定量描述调查区域内重金属元素含量的波动程度，选用变异系数（CV）来表示变化程度的大小，按照变异程度的划分等级：CV＞100%，强变异；CV=10%～100%，中等变异；CV＜10%，弱变异。林地土壤中 Cr 变异系数为 8.2%，属于弱变异，其余重金属元素属于中等变异；大棚土壤中 Cr、As、Pb 属于弱变异；示范区土壤中各重金属元素属中等变异。不同生态环境下均以 Cr 的变异系数最小，分布最为均匀，以 Cu 的变异系数最大，说明 Cu 的富集程度在不同地点存在显著差异，分布最不均匀。

总体来看，林地、大棚、示范区土壤重金属除 As 以外，其余重金属含量的最高值和最低值均出现在示范区。重金属含量分布具有不均衡性，其中，Cu 含量差异性较大，最高含量是最低含量的 10.82 倍，其次是 Hg，最高含量是最低含量的 9.62 倍。整个基地土壤中 Cd、Hg、As 平均含量均高于《土壤环境质量标准》（GB 15618—1995）中土壤环境质量标准二级标准限量要求，土壤呈现一定程度的 Cd、Hg、As 污染。

（二）太子参基地土壤重金属含量特征

本研究对黔东南施秉太子参基地土壤重金属元素含量进行了统计分析，结果见表 7-3-2。

表 7-3-2　黔东南施秉太子参基地土壤 pH 及重金属含量特征

元素	最大值/ （mg/kg）	最小值/ （mg/kg）	均值/ （mg/kg）	标准差（SD）/ （mg/kg）	变异系数 （CV）/%	偏度系数	峰度系数	限量值/ （mg/kg）
pH	7.49	4.23	4.76	0.82	17.2	0.94	0.69	
Cr	97.57	48.20	76.48	9.73	12.7	−0.40	0.64	≤250.00
Cu	71.38	6.60	26.04	15.86	56.9	0.93	−0.22	≤50.00
As	68.19	17.83	44.39	13.11	29.5	0.65	−0.12	≤30.00
Cd	0.52	0.24	0.34	0.09	27.3	1.38	1.80	≤0.30
Hg	1.25	0.13	0.45	0.21	46.7	0.42	−0.54	≤0.30
Pb	138.98	31.77	66.48	24.45	36.8	0.51	−0.15	≤250.00

对样品中 pH 及 Cr、Cu、As、Cd、Hg、Pb 元素采用均值加减三倍标准差的方法进行含量异常值剔除，对剔除后的数据进行地统计分析。参照《土壤环境质量标准》（GB 15618—1995），对太子参基地土壤环境质量进行评价。由表 7-3-2 可知，样品中 Cu、As、Cd、Hg 部分超标，从平均值来看，Cd、Hg、As 含量高于限量值，土壤表现一定程度的 Cd、Hg、As 污染。变异系数处在 12.7%～56.9%，属于中等

变异程度，变异程度反映了样本离散程度的大小，变异系数越大，说明离散程度越高，变异系数大小顺序表现为 Cu＞Hg＞Pb＞As＞Cd＞pH＞Cr。Cr 含量的偏度系数为−0.40（小于零），说明 Cr 含量在正态分布中呈现左偏态，Hg、As、Pb、Cd、Cu 偏度系数均＞0，说明这些元素含量在正态分布中呈现右偏离。从峰度系数来看，各元素峰度系数均小于 3，由此可知，各元素含量正态分布曲线较平缓。

（三）太子参基地土壤重金属空间分布

首先采用 ArcGIS9.0 对样品数据设置点图层，然后用 ArcGIS 里的 Geostatistical Analysis 进行最优模型的优选，选出最优模型后，用 GS 软件进行半方差函数模拟分析，首选，查看数据是否符合正态分布，对原始数据采用非参数检验法（Kolmogorov-Smimov）对数据的正态性进行检验，其次，为了获得更为稳健的半方差函数参数，对分析数据进行转换，将转换后的数据进行地统计分析。

（1）用半方差函数对空间结构一般特征进行分析

根据黔东南施秉太子参基地土壤中 Cr、Cu、As、Cd、Hg 和 Pb 6 种重金属元素含量建立了半方差函数模型，并对半方差函数模型进行拟合，拟合参数见表 7-3-3。由表 7-3-3 可知，6 种重金属元素含量的半方差函数拟合较好，决定系数均达到 0.818 以上，具有很好的可迁性，说明太子参基地土壤中这些重金属元素在基地具有很好的空间结构。对于块金系数来说，Cu、Pb 块金系数偏离坐标原点较大，有可能是采样过程中人为因素和分析误差导致的，还有可能是存在着未被观测到的微观空间结构。偏基台值能够反映空间相关性的强弱，偏基台值越大，空间相关性就越强，偏基台值等于基台值与块金系数的差值，由表 7-3-3 可知，Cu 和 Pb 具有很强的空间相关性。

表 7-3-3 半方差函数模型的拟合参数（刘红等，2015）

元素	模型类型	块金系数（C_0）	基台值（$C_0 + C_1$）	$C_1/(C_0 + C_1)$	变程/km	决定系数
Cr	指数型	0.60	98.9	0.994	1.191	0.996
Cu	球型	23.10	268.90	0.914	2.391	0.996
As	指数型	0.100	44.73	0.998	1.239	0.913
Cd	高斯型	0.000 01	0.006 8	0.999	1.384	0.998
Hg	球型	0.001 6	0.0343	0.953	1.539	0.818
Pb	高斯型	13.20	185.8	0.929	1.542	0.995

多数元素的半方差函数模型显示，随着距离的增大变化趋势逐渐上升，拟合出的变程接近，都大于 1 km，范围在 1.191～2.391 km，处于调查研究区域范围内，说明各元素在空间分布中未表现出漂移现象。

（2）太子参基地土壤重金属含量分布规律

采用 ArcGIS9.0 里的 Spatial Analyst 进行 Kriging 空间插值分析，得到土壤中 6 种重金属含量的空间分布图（图 7-3-2）。由图 7-3-2 可知，Cr 分布较广，含量范围集中在 74.27～77.08 mg/kg，以示范园区 2 为中心，以圆形发散，由内向外含量逐渐增大，含量最高范围集中在示范园区 4 周围。Cu 分布较广，含量范围集中在 19.66～33.54 mg/kg，无明显分布规律，最高含量主要分布在示范园区 4 以及示

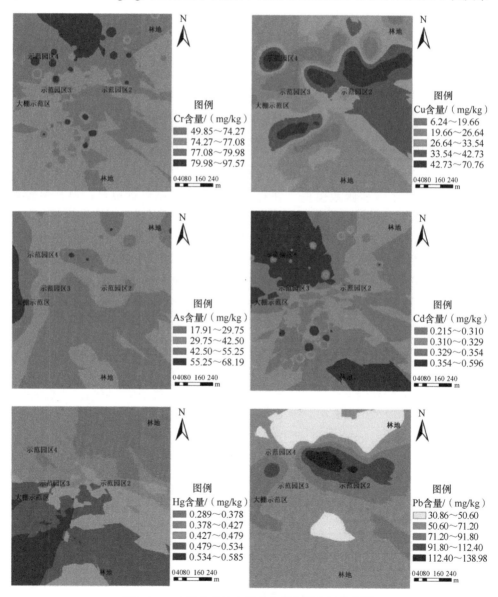

图 7-3-2　太子参基地土壤重金属含量空间分布图

范园区 2，并以圆形发散，由内向外递减。Cd 分布较广范围集中在 0.329～0.596 mg/kg，Cd 以西北、东南向中心含量递减，在示范园区 2 的分布具有不均衡性，各级范围均有分布，含量最高范围主要分布在示范园区 4、大棚示范区。As 分布较广范围集中在 29.75～42.50 mg/kg，以大棚示范区为中心向外逐渐递减。Hg 分布较广范围集中在 0.427～0.534 mg/kg，以东北方向的林地向西南方向递增，含量最高范围分布在大棚示范区周围和示范园区 2 的西南部。Pb 分布较广范围集中在 50.60～71.20 mg/kg，以示范园区 2 为中心以圆形发散向外递减，含量最低范围分布在示范园区 4 周围，含量最高范围分布在示范园区 2。

（四）太子参基地土壤重金属污染评价

（1）单因子和多因子综合污染指数法

太子参基地不同生态环境土壤重金属污染指数及污染程度见表 7-3-4。

表 7-3-4　不同生态环境土壤重金属污染指数及污染程度

| 地类 | 单因子污染指数（P_i） | | | | | | 多因子综合污染指数（$P_综$） | 污染程度 |
	Cr	Cu	As	Cd	Hg	Pb		
林地	0.500	0.512	0.914	1.097	1.42	0.251	1.15	轻污染
大棚	0.448	0.318	1.70	1.22	1.16	0.280	1.49	轻污染
示范区	0.450	0.420	0.707	1.12	1.26	0.280	1.02	轻污染

由表 7-3-4 可知，林地、大棚、示范区土壤中 P_iCr、P_iCu、P_iPb 均<1，未达到污染级别；林地、大棚、示范区土壤中 P_iCd、P_iHg 均>1，表明土壤受到了一定程度的 Cd、Hg 污染；林地、示范区 P_iAs 均<1，未达到污染级别，大棚土壤中 P_iAs>1，表明大棚土壤受到了一定程度的 As 污染。从多因子综合污染指数来看，林地、大棚、示范区 $P_综$>1.0，土壤污染程度为轻污染，不同生态环境下土壤 $P_综$ 大小为大棚>林地>示范区。

（2）潜在生态风险评价

在重金属背景值的选取上，采用贵州省土壤环境背景值做参比，见表 7-3-5。

表 7-3-5　重金属背景参比值和毒性系数

项目	Cr	Cu	As	Cd	Hg	Pb
参比值/（mg·kg）	95.9	32	20	0.659	0.110	35.2
毒性系数（T_r^i）	2	5	10	30	40	5

51 个采样点中重金属元素的平均含量（表 7-3-1），按照重金属潜在生态风

险的计算公式及生态风险评价的各项指标计算出太子参基地各个采样点重金属的潜在生态风险（表 7-3-6）。

表 7-3-6 不同采样点重金属的生物毒性响应因子、风险指数及风险等级

生态区	样点	Cr	Cu	As	Cd	Hg	Pb	风险指数（RI）	风险等级
	D-1	2	5	10	12	102	7	138	中
	D-3	1	7	9	10	90	8	124	低
	D-5	2	7	11	11	75	9	115	低
	D-7	2	7	11	10	238	10	277	高
	D-9	2	7	13	14	455	10	501	高
	D-11	2	8	13	18	227	10	277	高
	E-1	1	2	11	16	239	6	276	高
	E-2	2	2	10	17	167	6	204	中
	E-3	1	3	9	10	320	6	349	高
	E-4	2	3	11	18	184	6	225	中
	E-5	1	3	11	28	153	7	203	中
	E-6	2	3	11	14	147	7	185	中
	E-7	2	3	13	15	152	8	192	中
	E-8	2	3	12	16	212	8	251	中
	E-9	1	3	14	16	106	8	149	中
	E-10	1	3	15	22	211	8	260	高
示范区	E-11	2	5	16	10	138	9	180	中
	E-12	2	5	15	12	287	9	330	高
	E-13	1	3	13	12	144	10	184	中
	E-14	2	3	11	12	194	9	231	中
	B-5	1	4	20	14	226	11	276	高
	B-7	2	10	22	13	53	17	116	低
	B-8	2	8	15	16	212	13	265	高
	B-9	2	8	18	13	224	15	280	高
	B-10	2	7	14	15	146	12	196	中
	B-11	2	8	19	16	137	15	198	中
	B-12	2	9	17	15	175	11	229	中
	B-16	1	2	13	11	83	5	115	低
	B-18	2	2	16	14	51	5	92	低
	B-19	2	6	29	14	82	7	140	中
	B-22	2	3	16	14	105	6	146	中
	B-24	2	2	29	23	154	19	230	中
	B-25	2	1	14	12	122	6	156	中

续表

生态区	样点	Cr	Cu	As	Cd	Hg	Pb	风险指数（RI）	风险等级
	B-28	2	2	31	24	153	20	231	中
	B-31	2	1	19	24	114	8	169	中
	B-1	1	4	10	14	87	9	126	低
	B-2	2	4	15	13	96	9	139	中
	B-3	2	4	12	15	101	8	141	中
示范区	B-4	1	3	10	14	268	8	304	高
	B-30	1	2	23	21	134	16	198	中
	B-14	2	11	18	15	216	11	272	高
	B-20	2	3	31	13	248	8	305	高
	B-21	2	3	20	16	46	6	93	低
	B-23	2	2	17	15	143	9	188	中
	E 林-1	2	4	15	20	129	10	180	中
	E 林-2	2	3	14	15	98	8	140	中
林地	B-13	2	6	17	12	179	12	229	中
	B-15	2	3	29	13	269	8	324	高
	B-17	1	1	17	15	100	6	140	中
大棚	DAPENG1	2	2	31	18	142	11	206	中
	DAPENG2	2	5	34	15	185	10	252	中

由表 7-3-6 可知，太子参基地 6 种重金属元素的潜在生物毒性响应因子（E_r^i）大小为 Hg＞As＞Cd＞Pb＞Cu＞Cr，其平均值分别为 163、17、15、9、4、2，Hg 是最主要的生态风险的贡献因子，51 个采样点中大多数采样点，其生物毒性响应因子都超过了 120，达到了较高污染级。Hg 的这种生态风险特征反映了整个太子参基地土壤存在着普遍的 Hg 污染，这同时与较高的 Hg 生物毒性有关。示范区、林地土壤中 Cr、Cu、As、Pb、Cd 的生物毒性响应因子均低于 30，为低污染级。大棚土壤中 As 生物毒性响应因子均高于 30，为中污染级。

（五）小结

1）从重金属含量分布来看，Cu、As、Cd、Hg 部分超标，从平均值来看，Cd、Hg 含量高于限量值，土壤表现出一定程度的 Cd、Hg 污染。

2）从半方差函数拟合参数来看，6 种重金属元素含量的半方差函数拟合较好，决定系数均达到 0.818 以上，具有很好的可迁性，各元素之间相互影响不大。拟合出的变程都大于 1 km，处于调查研究区域范围内，说明各元素在空间分布中未表现出漂移现象。

3）从空间分布情况来看，Cr、Cu 含量最高范围集中在示范园区 4 周围；As 含量最高范围集中在大棚示范区；Cd 含量最高范围集中在示范园区 4 周围和大棚示范区；Hg 含量最高范围集中在大棚示范区；Pb 含量最高范围集中在示范园区 2 周围。

4）从单因子污染指数来看，林地、大棚、示范区土壤中 P_iCd、P_iHg 均>1，表明土壤受到了一定程度的 Cd、Hg 污染；大棚土壤中 P_iAs>1，表明大棚土壤受到了一定程度的 As 污染。从多因子综合污染指数来看，林地、大棚、示范区 $P_综$>1.0，土壤污染程度为轻污染，不同生态环境下土壤 $P_综$ 大小表现为：大棚>林地>示范区。

5）太子参基地 6 种重金属元素潜在生态风险因子大小为 Hg>As>Cd>Pb>Cu>Cr，Hg 是最主要的生态风险的贡献因子，Hg 的这种生态风险特征反映了整个太子参基地土壤存在着普遍的 Hg 污染，这与 Hg 具有较高的生物毒性有关。

四、太子参基地示范区土壤重金属含量特征及评价

土壤是自然环境的主要组成成分，也是中药材生长的基地，是动物和人类赖以生存的物质基础，土壤质量的好坏直接影响着人类的生产与发展。重金属元素的含量与地质背景及人为活动有着密切的联系，包括栽培土壤中金属元素的含量水平，生长过程中施加的化肥、农药的情况等。

土壤重金属污染带来的农产品安全问题使相关土壤环境质量评价越来越受到各国的关注。针对典型农田、蔬菜基地等土壤重金属的调查和评价均有大量报道，但针对中草药种植土壤重金属富集机理研究的报道却很少。近年来，中草药中重金属的污染评价也逐步发展起来。叶国华和吕方军（2008）以贵州 11 个药材基地的 21 种中药材为研究对象，对其所含 Pb、Cd、Hg、As、Cu 等重金属进行了测定分析，并对药材的药用安全性进行了评价。秦樊鑫等（2008）对贵州 11 个 GAP 基地的 26 种中药材样品中的重金属含量进行了调查与评价，但主要针对的是遵义地区的土壤和中药材。杨春等（2010）首次研究了黔东南太子参种植土壤中重金属含量及污染情况，按国家相关标准方法检测土壤中 Pb、Cd、Hg、As 4 种重金属的含量，以《土壤环境质量标准》（GB/T 15618—1995）作为评价标准进行了调查和评价。

本研究选取 Pb、Cd、Cr、Cu、As、Hg 等重金属元素为评价因子，以《土壤环境质量标准》（GB 15618—1995）中土壤环境质量标准二级标准为评价依据，采用污染负荷指数法评价了太子参基地不同示范区（示范园区 2、示范园区 3、示范园区 4）不同污染物质的主要污染特征及其区域差异性。

（一）太子参示范区土壤重金属含量的区域差异

对太子参基地不同示范区土壤重金属含量进行检测，结果见表 7-3-7。

表 7-3-7　不同示范区土壤重金属含量及理化指标

地类	项目	pH	Cr/ (mg/kg)	Cu/ (mg/kg)	As/ (mg/kg)	Cd/ (mg/kg)	Hg/ (mg/kg)	Pb/ (mg/kg)
示范园区 2	范围	4.23～ 5.53	48.20～ 97.57	6.60～ 61.86	17.83～ 61.48	0.21～ 0.62	0.14～ 1.25	31.77～ 138.98
	平均值	4.67	77.09	29.08	30.51	0.33	0.46	66.65
	标准差	0.29	10.13	16.01	10.92	0.10	0.22	27.30
	变异系数/%	6.00	13.00	55.00	36.00	29.00	48.00	41.00
示范园区 3	范围	4.62～ 5.98	55.28～ 75.44	11.64～ 26.46	20.42～ 46.57	0.29～ 0.47	0.24～ 0.74	55.02～ 113.75
	平均值	5.07	67.57	20.98	28.29	0.34	0.38	70.06
	标准差	0.56	9.43	5.79	10.97	0.07	0.21	24.77
	变异系数/%	11.00	14.00	28.00	39.00	22.00	55.00	35.00
示范园区 4	范围	4.28～ 4.64	76.30～ 89.80	11.89～ 71.38	34.16～ 62.86	0.28～ 0.34	0.13～ 0.68	44.51～ 78.06
	平均值	4.41	83.72	30.72	43.18	0.32	0.45	60.52
	标准差	0.16	5.68	27.41	13.43	0.03	0.25	14.19
	变异系数/%	4.00	7.00	89.00	31.00	9.00	55.00	23.00

由表 7-3-7 可知，示范园区 2、示范园区 3、示范园区 4 土壤中 Cr、Cu、Pb 平均含量均低于《土壤环境质量标准》（GB 15618—1995）中土壤环境质量标准二级标准限量要求。Cr 含量为 48.20～97.57 mg/kg，均值为 76.13 mg/kg，最高值、最低值均出现在示范园区 2，不同示范园区土壤中重金属 Cr 的平均含量表现为示范园区 4＞示范园区 2＞示范园区 3。Cu 含量为 6.60～71.38 mg/kg，均值为 26.93 mg/kg，最高值在示范园区 4、最低值在示范园区 2；不同示范区土壤中重金属 Cu 的平均含量表现为示范园区 4＞示范园区 2＞示范园区 3。Pb 含量为 31.77～138.98 mg/kg，均值为 65.74 mg/kg，最高值、最低值均出现在示范园区 2，不同示范区土壤中重金属 Pb 的平均含量表现为示范园区 3＞示范园区 2＞示范园区 4。

示范园区 2、示范园区 3、示范园区 4 土壤中 Cd、Hg 平均含量均高于《土壤环境质量标准》（GB 15618—1995）中土壤环境质量标准二级标准限量要求。Cd 含量为 0.21～0.62 mg/kg，均值为 0.33 mg/kg，最高值、最低值均在示范园区 2；不同示范区土壤中重金属 Cd 的平均含量表现为示范园区 3＞示范园区 2＞示范园区 4。Hg 含量为 0.13～1.25 mg/kg，均值为 0.43 mg/kg，最高值在示范园区 2、最低值在示范园区 4,不同示范区土壤中重金属 Hg 的平均含量表现为示范园区 2>示范园区 4>示范园区 3。

示范园区 2、示范园区 3 土壤中 As 平均含量均低于《土壤环境质量标准》(GB 15618—1995)中土壤环境质量标准二级标准限量要求;示范园区 4 土壤中 As 含量高于限量值。As 含量为 17.83~62.86 mg/kg,均值为 33.99 mg/kg,最高值在示范园区 4,最低值在示范园区 2;不同示范区土壤中重金属 As 的平均含量表现为示范园区 4>示范园区 2>示范园区 3。

(二)太子参示范区土壤重金属污染负荷评价

由表 7-3-8 可知,示范园区 2、示范园区 3、示范园区 4 土壤中 Cr、Pb 的污染系数(CF_i)均小于 1,未达到污染级别。CF_iCd、CFHg 大于 1,说明土壤受到了一定程度的 Cd、Hg 污染;三个示范区 CFHg 相对较高,CFPb 最低。从污染负荷指数(PLI)来看,三个示范区 PLI 均小于 1,污染等级为 0,无污染,PLI 表现为示范园区 4>示范园区 2>示范园区 3,其中,示范园区 3 的 PLI 最低,仅为 0.589,说明示范园区 3 土壤最为清洁。

表 7-3-8 不同示范区土壤重金属区域污染负荷指数及污染程度

| 示范园区 | 污染系数(CF_i) | | | | | | 污染负荷指数(PLI) | 污染等级 | 污染程度 | 区域污染负荷指数(PLIzone) |
	Cr	Cu	As	Cd	Hg	Pb				
	0.321	0.300	0.566	1.174	2.192	0.172	0.538	0	无污染	
	0.624	0.282	0.517	1.210	1.533	0.162	0.549	0	无污染	
	0.428	0.339	0.462	0.733	2.933	0.176	0.542	0	无污染	
	0.532	0.381	0.557	1.333	1.689	0.183	0.599	0	无污染	
	0.471	0.374	0.547	2.067	1.398	0.184	0.610	0	无污染	
	0.531	0.378	0.569	1.053	1.349	0.197	0.564	0	无污染	
	0.498	0.394	0.675	1.066	1.395	0.212	0.589	0	无污染	
	0.483	0.395	0.597	1.147	1.939	0.212	0.615	0	无污染	
示范园区 2	0.467	0.431	0.689	1.144	0.973	0.231	0.574	0	无污染	0.650
	0.476	0.416	0.752	1.600	1.933	0.221	0.683	0	无污染	
	0.575	0.586	0.805	0.767	1.267	0.247	0.634	0	无污染	
	0.522	0.591	0.770	0.900	2.633	0.249	0.721	0	无污染	
	0.452	0.428	0.664	0.865	1.318	0.290	0.591	0	无污染	
	0.523	0.417	0.562	0.879	1.781	0.246	0.601	0	无污染	
	0.592	0.608	0.508	0.913	0.933	0.207	0.564	0	无污染	
	0.465	0.892	0.446	0.723	0.820	0.217	0.536	0	无污染	

续表

| 示范园区 | 污染系数（CF_i） | | | | | | 污染负荷指数（PLI） | 污染等级 | 污染程度 | 区域污染负荷指数（PLIzone） |
	Cr	Cu	As	Cd	Hg	Pb				
	0.586	0.860	0.552	0.800	0.688	0.266	0.587	0	无污染	
	0.519	0.937	0.546	0.696	2.180	0.268	0.690	0	无污染	
	0.537	0.934	0.645	1.023	4.171	0.279	0.853	0	无污染	
	0.544	0.963	0.638	1.288	2.081	0.294	0.800	0	无污染	
	0.347	0.476	0.991	1.007	2.076	0.320	0.692	0	无污染	
	0.486	1.237	1.100	0.944	0.488	0.483	0.727	0	无污染	
	0.556	1.038	0.770	1.147	1.939	0.365	0.844	0	无污染	
	0.492	1.082	0.906	0.955	2.050	0.420	0.857	0	无污染	
	0.546	0.886	0.714	1.111	1.335	0.349	0.750	0	无污染	
示范园区 2	0.491	1.059	0.929	1.208	1.260	0.436	0.827	0	无污染	0.650
	0.593	1.172	0.832	1.092	1.609	0.318	0.828	0	无污染	
	0.471	0.217	0.654	0.791	0.762	0.127	0.415	0	无污染	
	0.553	0.296	0.821	1.059	0.472	0.154	0.467	0	无污染	
	0.650	0.744	1.460	1.002	0.754	0.185	0.680	0	无污染	
	0.513	0.322	0.823	0.996	0.967	0.167	0.529	0	无污染	
	0.519	0.300	1.445	1.701	1.414	0.542	0.815	0	无污染	
	0.539	0.132	0.684	0.895	1.116	0.163	0.446	0	无污染	
	0.492	0.306	1.537	1.733	1.400	0.556	0.824	0	无污染	
	0.593	0.181	0.966	1.765	1.041	0.234	0.596	0	无污染	
	0.470	0.488	0.521	1.005	0.797	0.260	0.540	0	无污染	
	0.503	0.529	0.759	0.963	0.883	0.244	0.590	0	无污染	
示范园区 3	0.510	0.457	0.582	1.067	0.929	0.220	0.556	0	无污染	0.589
	0.369	0.392	0.511	0.998	2.458	0.222	0.585	0	无污染	
	0.401	0.233	1.164	1.549	1.227	0.455	0.674	0	无污染	
	0.599	1.428	0.877	1.072	1.979	0.312	0.890	0	无污染	
	0.509	0.437	1.572	0.917	2.274	0.221	0.738	0	无污染	
示范园区 4	0.553	0.356	1.016	1.140	0.421	0.178	0.507	0	无污染	0.682
	0.572	0.238	0.854	1.105	1.315	0.257	0.593	0	无污染	

（三）太子参示范区土壤重金属之间相关性分析

（1）太子参示范区土壤重金属含量之间相关性分析

利用 DPS 软件对太子参基地示范区土壤中 6 种重金属元素含量进行了相关性

分析。由表 7-3-9 可知：Pb 与 Cu、Pb 与 As 极显著正相关，相关系数分别为 0.39、0.55；Pb 与 Cd、Cd 与 As 存在显著正相关关系，相关系数分别为 0.31、0.32，说明 Pb 与 Cu、Pb 与 As、Pb 与 Cd、Cd 与 As 具有同源性，为复合污染或者来自同一污染源，其他重金属元素之间相关性不明显，且部分重金属元素之间存在负相关关系。

表 7-3-9　太子参基地示范区土壤重金属含量之间相关性分析

重金属元素	Cr	Cu	As	Cd	Hg	Pb
Cr	1.00					
Cu	0.27	1.00				
As	0.13	0.00	1.00			
Cd	−0.03	−0.27	0.32*	1.00		
Hg	−0.24	0.16	−0.13	−0.04	1.00	
Pb	−0.09	0.39**	0.55**	0.31*	0.04	1.00

**表示极显著相关（显著水平为 0.01）；*表示显著相关（显著水平为 0.05）

（2）太子参示范区土壤重金属含量与 pH、有机质含量相关性分析

利用 DPS 软件对太子参基地示范区土壤中 6 种重金属元素含量和有机质含量、pH 进行相关性分析。由表 7-3-10 可知：示范区土壤中 6 种重金属元素含量与 pH 不存在正相关关系，其中，pH 与 As 含量存在显著负相关关系，相关系数为−0.36，有机质含量与各重金属元素含量均不存在显著相关关系。

表 7-3-10　太子参基地示范区土壤重金属含量与 pH、有机质含量相关性分析

项目	Cr	Cu	As	Cd	Hg	Pb
pH	−0.10	−0.09	−0.36*	−0.10	0.0	−0.16
有机质	−0.18	0.17	−0.19	−0.19	0.1	0.06

**表示极显著相关（显著水平为 0.01）；*表示显著相关（显著水平为 0.05）

（四）小结

1）示范园区 2、示范园区 3、示范园区 4 土壤中除了 Cd、Hg 平均含量高于限量值外，其他重金属含量均处于限量值范围内。说明示范区土壤表现为一定程度的 Cd、Hg 污染。

2）从区域污染指数来看，示范园区 2、示范园区 3、示范园区 4 土壤中 CFCd、CFHg 大于 1，说明土壤受到了一定程度的 Cd、Hg 污染；3 个示范园区 PLI 均小于 1，污染等级为 0，无明显污染，PLI 表现为示范园区 4＞示范园区 2＞示范园区 3，其中，示范园区 3 的 PLI 最低，仅为 0.589，说明示范园区 3 土壤最为清洁。

3）Pb 与 Cu、Pb 与 As 极显著正相关；Cd 与 Pb、Cd 与 As 显著正相关，说明 Pb 与 Cu、Pb 与 As、Cd 与 Pb、Cd 与 As 具有同源性，为复合污染或者来自同一污染源，其他重金属元素之间相关性不明显，且部分重金属元素之间存在负相关关系，有机质含量与各重金属元素含量之间均不存在相关关系。

五、土壤重金属和无机元素主成分分析及主成分模型建立

主成分分析（principal component analysis，PCA）法是把多个变量化为少数几个主成分的多元统计分析方法，从数学角度来看，是一种降维方法。利用原变量之间的相关关系，用较少的新变量代替原来较多的变量，并使这些少数变量尽可能多地保留原来较多的变量所反映的信息，并且能够客观地反映各指标的权重，避免主观随意性，较其他方法具有一定的优越性，是环境质量综合评价中一种简单有效的方法。

重金属污染是全球环境污染中的突出问题，环境科学界、土地资源修复学者等运用主成分分析法，建立污染源综合评价模型，对重金属污染来源进行解析，为开展土地污染修复，保护、管理土地资源提供了基础理论依据。

白春阳等（2012）以某城市为例按照不同的功能将城区分为生活区、工业区、山区、主干道区及公园绿地区，运用主成分分析法，通过对其城区土壤环境进行调查，分析了重金属污染物的传播特征，建立了相应的数学模型，能够快速、精确地找出污染源的确切位置。杨忠平等（2015）运用主成分分析法对长春城区表层土壤中重金属污染来源进行了解析，找到了 Cu、Pb、Zn、Cr、As、Cd 和 Hg 的污染来源。柴世伟等（2006）为了进一步揭示广州郊区农业土壤重金属含量之间的相互关系，通过主成分分析求出因子荷载矩阵，通过元素之间的关联探讨了该地区土壤重金属含量之间的相互关系。

（一）太子参基地土壤营养元素含量特征

本研究对太子参基地不同生态环境下土壤中营养元素含量进行了检测，结果见表 7-3-11。

表 7-3-11　太子参基地土壤中营养元素含量

地类	项目	SOM	Na	Mg	K	Ca	Mn	Fe	Co	Ni	Mo
	最大值/（mg/kg）	78.66	397.30	2 926	6 495	1024.00	941.40	27 951	14.10	43.08	3.85
	最小值/（mg/kg）	46.69	168.50	1 794	3 804	108.10	106.40	15 498	3.60	10.35	0.18
示范区	平均值/（mg/kg）	61.99	248.20	2332	5 021	421.90	426.50	21 553	8.93	25.14	1.60
	标准差/（mg/kg）	6.62	53.50	321.23	498.70	208.80	208.64	2 815	2.18	7.06	0.88
	变异系数/%	11.00	22.00	14.00	10.00	50.00	49.00	13.00	24.00	28.00	55.00

续表

地类	项目	SOM	Na	Mg	K	Ca	Mn	Fe	Co	Ni	Mo
大棚	最大值/（mg/kg）	76.78	278.30	4 534	7 404	952.60	288.47	28 167	8.41	24.36	1.19
	最小值/（mg/kg）	65.54	170.80	3 086	5 207	881.00	141.28	22 556	4.28	16.43	0.79
	平均值/（mg/kg）	71.16	224.60	3 810	6 306	916.80	214.90	25 362	6.35	20.39	2.49
	标准差/（mg/kg）	7.95	76.05	1 024	1 553	50.63	104.08	3 968	2.92	5.61	2.40
	变异系数/%	11.00	34.00	27.00	25.00	6.00	48.00	16.00	46.00	28.00	97.00
林地	最大值/（mg/kg）	68.93	240.70	2 533	5 909	476.10	723.90	23 034	11.15	30.92	3.33
	最小值/（mg/kg）	53.64	203.90	1 933	4 260	179.30	200.23	17 543	5.62	15.56	0.72
	平均值/（mg/kg）	60.37	219.20	2 321	4 874	280.00	415.70	21 456	8.07	25.91	1.53
	标准差/（mg/kg）	5.97	15.27	258.30	702.20	120.70	240.00	2 215	2.40	6.02	1.23
	变异系数/%	10.00	7.00	11.00	14.00	43.00	58.00	10.00	30.00	23.00	81.00

由表 7-3-11 可知，林地、大棚和示范区土壤中 Na、K、Fe、Mg、Co、Ni、Mo 平均含量差异性变化不大。Ca 含量为 108.10～1024.00 mg/kg，均值为 539.57 mg/kg，最高值、最低值均出现在示范区，不同生态环境土壤中 Ca 元素平均含量表现为示大棚＞示范区＞林地，说明 Ca 含量受人为因素影响较大；Mn 含量为 106.40～941.40 mg/kg，均值为 352.37 mg/kg，其中，最高含量为最低含量的 8.85 倍，最高值、最低值均出现在示范区；不同生态环境土壤中 Mn 元素的平均含量表现为示范区＞林地＞大棚。Co、Ni、Mo 含量分布存在不均匀性，最大值、最小值均分布在示范区。

示范区中 K 元素变异系数为 10.00%，属于弱变异，其余无机元素均属于中等变异；大棚中 Ca 元素变异系数为 6.00%，属于弱变异，其余无机元素均属于中等变异；林地土壤中 Na 元素变异系数为 7.00%，属于弱变异，其余无机元素均属于中等变异；不同生态环境下均以 Mo 的变异系数最大，说明 Mo 含量在不同地点存在较显著差异，分布最不均匀。

（二）太子参基地土壤有机质含量分布

土壤有机质（SOM）是土壤质量的核心，土壤中的有机质含量影响土壤颗粒对重金属的吸附能力和重金属的存在形态。土壤有机质不仅对土壤的形成、土壤肥力有重要的意义，还在减轻土壤中农药和重金属毒害方面具有重要的意义。由表 7-3-11 可知，不同生态环境下土壤有机质含量变化不大，有机质平均含量表现为大棚＞示范区＞林地，不同生态环境下土壤有机质含量变异程度处在弱变异到中度变异之间，说明不同生态环境下有机质含量分布较为均衡。

（三）不同生态环境下土壤无机元素 PCA 分析

因是对太子参基地土壤中重金属含量进行分析，所以采用相关性和主成分分析方法对太子参基地土壤有机质和无机元素进行分析（表 7-3-12），其目的是通过研究其生长的土壤特征，为重金属的研究提供依据。表 7-3-12 说明，太子参基地土壤 Na 与 K、Mg、Mn，Ca 与 Fe、有机质，K 与 Mg，Ni 与 K、Mg 具有极显著正相关关系；Co 与 Na、Mn、Fe 具有显著正相关关系；Ni 与有机质、Ca 具有极显著负相关关系；Fe 与 K 具有显著负相关关系，而 Mo 与有机质和无机元素含量不存在显著相关性。

表 7-3-12　太子参基地土壤有机质及无机元素含量的相关性分析

营养元素	SOM	Na	Mg	K	Ca	Mn	Fe	Co	Ni	Mo
SOM	1.00									
Na	0.14	1.00								
Mg	0.05	0.36^{**}	1.00							
K	−0.07	0.51^{**}	0.51^{**}	1.00						
Ca	0.38^{**}	0.07	−0.07	−0.25	1.00					
Mn	0.13	0.70^{**}	0.26	0.11	0.02	1.00				
Fe	0.1	−0.05	−0.14	$−0.31^{*}$	0.74^{**}	0.02	1.00			
Co	0.01	0.30^{*}	−0.12	−0.05	0.26	0.35^{*}	0.35^{*}	1.00		
Ni	$−0.45^{**}$	0	0.45^{**}	0.39^{**}	$−0.38^{**}$	0.09	−0.06	−0.03	1.00	
Mo	0.07	0.25	0.05	0.22	0.11	0.01	0.11	0.01	−0.11	1.00

**表示极显著相关（显著水平为 0.01）；*表示显著相关（显著水平为 0.05）

由表 7-3-13 可知，当选择前 4 个主成分时，累积贡献率可达到 70% 以上，符合主成分分析要求。如 7-3-14 所示，对第 1 主成分负荷量大的有：Ca（0.770）、K（0.660）、Mo（0.637）、Mn（−0.628）、Co（−0.577）；对第 2 主成分负荷量大的有：Mg（0.764）、Fe（0.677）、Ni（0.566）、Mn（0.564）；对第 3 主成分负荷量大的有：Na（−0.606）、Mo（0.559）、Ni（0.507）；9 种无机元素和有机质对第 4 主成分负荷量不大。在本研究中，抽样适度 KMO 值为 0.500（表 7-3-15）（通常认为该值＞0.5 为好），由此可见这 9 种无机元素和有机质指标能够代表"主成分"。

表 7-3-13　太子参基地土壤有机质和无机元素含量主成分信息值

项目	特征值	贡献率/%	累积贡献率/%
第 1 主成分	2.618	26.176	26.176
第 2 主成分	2.307	23.068	49.244
第 3 主成分	1.322	13.215	62.459
第 4 主成分	1.151	11.515	73.974

表 7-3-14　土壤有机质和无机元素对主成分的负荷量

项目	SOM	Na	Mg	K	Ca	Mn	Fe	Co	Ni	Mo
第1主成分	0.062	−0.304	0.478	0.660	0.770	−0.628	0.330	−0.577	−0.154	0.637
第2主成分	0.324	0.427	0.764	0.261	0.206	0.564	0.677	0.444	0.566	−0.176
第3主成分	−0.359	−0.606	−0.119	−0.031	−0.167	0.050	0.146	0.434	0.507	0.559
第4主成分	0.469	−0.059	−0.195	0.349	0.276	0.357	−0.462	0.434	−0.272	0.297

表 7-3-15　KMO 和 Bartlett's 检验

抽样适度 KMO（Kaiser-Meyer-Olkin）检验	0.500
Bartlett's 球状检验　近似卡方	198.884
df	45
Sig.	0.000

（四）不同生态环境无机元素主成分模型建立

由表 7-3-14 可知，9 种无机元素和有机质对第 4 主成分负荷量不大，故选择主成分 1（PC1）、主成分 2（PC2）、主成分 3（PC3）得分矢量来作为主成分得分图（图 7-3-3）。每一个负荷量代表的主成分与对应变量的相关系数除以主成分相对应的特征值开平方根便得到两个主成分中每个指标所对应的系数，经计算可得无机元素主成分的模型为：

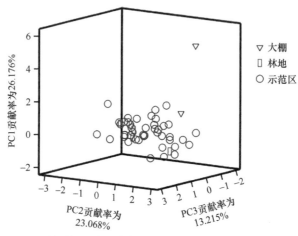

图 7-3-3　9 种无机元素和有机质测定结果的主成分（PC）得分图

$$F1=0.0383XSOM−0.1879XNa+0.2954XMg+0.4079XK+0.4759XCa−0.3881XMn$$
$$+0.2040XFe−0.3566XCo−0.0952XNi−0.0952XMo$$
$$F2=0.2133XSOM+0.2811XNa+0.5030XMg+0.1718XK+0.1356XCa+0.3713XMn$$
$$+0.4457XFe+0.2923XCo+0.3726XNi−0.1159XMo$$

F3=-0.3122XSOM-0.5271XNa-0.1035XMg-0.0270XK-0.1452XCa+0.0435XMn
   +0.1270XFe+0.3775XCo+0.4410XNi+0.4862XMo

F4=0.4372XSOM-0.0550XNa-0.1818XMg+0.3253XK+0.2573XCa+0.3328XMn
   -0.4306XFe+0.4045XCo-0.2535XNi+0.2768XMo

式中，F1、F2、F3、F4 分别表示 4 个主成分；XSOM、XNa、XMg、XK、XCa、XMn、XFe、XCo、XNi、XMo，分别表示各个元素的含量经标准化后的数据。而 4 个主成分中，F1 是特征值最大的，即"信息最多"的指标。

（五）不同生态环境重金属元素主成分模型建立

当选择前 3 个主成分时，累积贡献率可达到 70% 以上，符合主成分分析要求。故在进行主成分得分图时选择主成分 1、2、3 得分矢量来作图（图 7-3-4）。

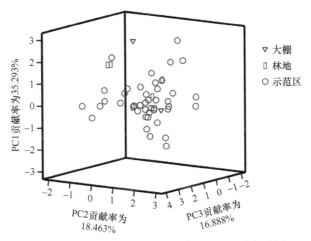

图 7-3-4　6 种重金属元素测定结果的主成分得分图

图 7-3-4 为 6 种重金属元素测定结果的主成分得分图。按照主成分个数提取的原则，提取累积贡献率大于等于 70% 的 n 个主成分，结果如下：第 1 主成分的特征值 λ_1=2.118，贡献率为 35.293%，特点表现为因子变量在 As、Pb 的浓度上有较高的正载荷，也就是第 1 主成分反映了 As、Pb 的富集程度；第 2 主成分的特征值 λ_2=1.108，方差贡献率为 18.463%，特点表现为因子变量在 Cd 的浓度上有较高的正载荷，也就是第 2 主成分反映了 Cd 的富集程度；第 3 主成分的特征值 λ_3=1.013，方差贡献率为 16.888%，特点表现为因子变量在 Hg 的浓度上有较高的正载荷，也就是第 3 主成分反映了 Hg 的富集程度；3 个主成分的累积方差贡献率为 70.644%，选取这三个得分矢量图来作图，其中，图中每个点对应一个样本。

经计算得到主成分的模型为：

F1=−0.3511XCr+0.2405XCu+0.5669XAs+0.3181XCd+0.1299XHg+0.6157XPb

F2=0.1995XCr−0.5529XCu−0.1197XAs+0.6897XCd−0.3701XHg+0.1625XPb

F3=−0.0039XCr−0.5296XCu−0.1043XAs−0.0278XCd+0.8296XHg+0.1401XPb

式中，F1、F2、F3 分别表示 3 个主成分，XCr、XCu、XAs、XCd、XHg、XPb 分别表示各个元素的含量经标准化后的数据。3 个主成分中，F1 是特征值最大的，即"信息最多"的指标，而 3 个主成分中各元素的系数差异较大，说明 Cr、Cu、As、Cd、Hg、Pb 各元素对分类的贡献存在一定差异，其中，F3 差异最为明显。

（六）不同生态环境土壤无机元素含量与重金属含量之间的相关性分析

利用 DPS 软件对太子参基地土壤中 6 种重金属元素含量及无机元素含量进行相关分析。由表 7-3-16 可知：Mn 与 Cu、Ni 与 Cu、Fe 与 As、Mo 与 As、Co 与 Pb、Ni 与 Pb 之间极显著正相关，相关系数分别为 0.42、0.51、0.53、0.39、0.63、0.39；K 与 As、Co 与 Cd、Mo 与 Cd、Na 与 Hg、Mn 与 Hg 之间存在显著正相关关系，相关系数分别为 0.32、0.30、0.30、0.32、0.34，说明 Mn 与 Cu、Ni 与 Cu、Fe 与 As、Mo 与 As、Co 与 Pb、Ni 与 Pb、K 与 As、Co 与 Cd、Mo 与 Cd、Na 与 Hg、Mn 与 Hg 具有同源性，为复合污染或者来自同一污染源；Mo 与 Cu、Ca 与 Pb 极显著负相关，相关系数分别为−0.46、−0.39；Cr 与 Co 显著负相关，相关系数为−0.31。Mg 与 6 种重金属元素含量之间不存在显著相关性。

表 7-3-16 太子参基地示范区土壤重金属与无机元素之间相关分析

元素	Cr	Cu	As	Cd	Hg	Pb
Na	0.28	0.08	−0.28	−0.09	0.32*	−0.27
Mg	−0.01	0.21	0.2	0.04	0.00	0.29
K	0.21	0.05	0.32*	−0.17	0.02	−0.23
Ca	−0.11	−0.23	−0.29	−0.08	−0.03	−0.39**
Mn	−0.12	0.42**	−0.25	−0.01	0.34*	0.23
Fe	0.26	0.07	0.53**	0.26	−0.08	0.23
Co	−0.31*	0.25	0.1	0.30*	0.23	0.63**
Ni	−0.19	0.51**	0.02	−0.03	0.25	0.39**
Mo	−0.28	−0.46**	0.39**	0.30*	0.01	−0.03

**表示极显著相关（显著水平为 0.01）；*表示显著相关（显著水平为 0.05）

（七）小结

1）林地、大棚和示范区土壤中 Na、K、Fe、Mg、Co、Ni、Mo、SOM 平均

含量差异性变化不大。不同生态环境下均以 Mo 的变异系数最大，说明 Mo 含量在不同地点存在较显著差异，分布最不均匀；不同生态环境下以 SOM 的变异系数最小，说明 SOM 含量在不同生态环境下分布最为均衡。

2）太子参基地土壤 Na 与 K、Mg、Mn，Ca 与 Fe、有机质，K 与 Mg，Ni 与 K、Mg，Co 与 Na、Mn、Fe 存在正相关关系；Ni 与有机质、Ca，Fe 与 K 存在负相关关系，而 Mo 与有机质和无机元素含量不存在相关性。

3）无机元素 4 个主成分以及重金属元素 3 个主成分中 F1 均是特征值最大的，即是"信息最多"的指标，重金属元素的 3 个主成分中各元素的系数差异较大，说明 Cr、Cu、As、Cd、Hg、Pb 各元素对分类的贡献存在一定差异，其中，F3 差异最为明显。重金属主成分分析结果表明，第 1 主成分主要反映了 As、Pb 的富集程度以及 Cr 的释放信息；第 2 主成分主要反映了 Cd 的富集程度以及 Cu 的释放信息；第 3 主成分主要反映了 Hg 的富集程度以及 Cu 的释放信息。

4）Mn 与 Cu、Ni 与 Cu、Fe 与 As、Mo 与 As、Co 与 Pb、Ni 与 Pb 极显著正相关；K 与 As、Co 与 Cd、Mo 与 Cd、Na 与 Hg、Mn 与 Hg 存在显著正相关关系；说明 Mn 与 Cu、Ni 与 Cu、Fe 与 As、Mo 与 As、Co 与 Pb、Ni 与 Pb、K 与 As、Co 与 Cd、Mo 与 Cd、Na 与 Hg、Mn 与 Hg 具有同源性；Mo 与 Cu、Ca 与 Pb 极显著负相关，Mg 与 6 种重金属元素含量之间不存在显著相关性。

六、太子参基地土壤-块根中重金属富集特征研究

随着植物对土壤中重金属元素的富集或生物转化作用研究的证实，相关学者注意到重金属富集作用不仅影响着植物本身的生物学特性，重金属在微生物的作用下还会转化为毒性更强的有机金属化合物，进一步被生物富集，通过食物链进入人体，重金属中的有害元素被人体吸收并蓄积到一定量时可能引发免疫系统障碍、神经错乱、内分泌紊乱、肝、肾等功能受损，进而引起一系列的中毒症状。据研究报道，重金属超标还可使土壤中微生物的总量成倍地降低，阻碍植物的生长和固氮作用，进一步影响作物的产量和质量。

众所周知，重金属通过农药、化肥的使用，矿山的开采，金属冶炼，以及医药、化工排放的污水进入土壤，在土壤中经过一系列的迁移、转化、吸附，然后通过食物链危害生物体的健康，所以，降低药用植物中重金属含量，抑制重金属在药用植物体内的生物富集，成为环境科学、中医学界学者研究的热点。

丛兰庆等（2012）采用盆栽实验对施加 Se 对中草药吉祥草吸收 Cr、Hg、Pb 的作用进行了研究，结果表明：在一定范围内，施加 Se 能够促进吉祥草对 Hg、Pb 的吸收，但当施 Se 水平在 4 mg/kg 时，能够显著降低吉祥草对 Cr 的吸收，有效降低吉祥草对这三种元素的富集作用。杨春等（2010）发现在同一 Ni 水平下，随着有机肥施用量的增加，土壤中有效态镍含量及吉祥草根、茎、叶中 Ni 含量逐

渐降低，说明施加有机肥能够降低土壤有效态镍含量和抑制吉祥草对 Ni 的吸收。范英等（2012）研究发现，施用有机肥对土壤中重金属 Hg、Pb 的全量没有影响；施用有机肥能有效降低中草药太子参、虎耳草中重金属 Hg、Pb 的含量，且随着有机肥施用量的增加，两种中草药中 Hg、Pb 含量明显降低，从而减少了重金属 Hg、Pb 在太子参和虎耳草中的富集。

（一）土壤重金属含量分析

研究区土壤 pH 在 4.43～5.58，根据文献中对土壤酸性的分级标准，该区属于酸性土壤（pH＜6.5）。参照《土壤环境质量二级标准》（GB 15618—1995），对太子参定点采样土壤环境质量进行评价。由表 7-3-17 可知，样品中除 Cr、Cd 外，其余重金属含量均存在超标现象，其中以 Hg 的超标最为严重，超标率达到 100%；同时选择土壤重金属元素含量的中位值和平均值作为参照，对重金属含量进行分析，6 种重金属的中位值和平均值接近，除 Cr 的中位值大于平均值以外，其余重金属含量的中位值均等于或略小于平均值；从平均值来看，Cu、Hg、As 含量高于限量值，土壤表现出一定程度的 Cu、Hg 污染。从变异系数来看，变异系数处在 0.08～0.33，属于中等变异程度，以 Cr 的变异系数最小，说明 Cr 在区域上的分布最为均衡。

表 7-3-17　土壤重金属及理化指标含量

项目	pH	Cr/(mg/kg)	Cu/(mg/kg)	As/(mg/kg)	Cd/(mg/kg)	Hg/(mg/kg)	Pb/(mg/kg)
最大值	5.58	102.43	71.17	60.12	0.29	0.65	288.39
最小值	4.43	78.26	40.20	26.63	0.15	0.32	137.81
平均值	4.98	94.64	52.44	34.44	0.20	0.45	166.00
中位值	4.95	94.74	51.91	28.42	0.20	0.44	157.41
标准差	0.38	7.46	8.11	11.48	0.04	0.09	44.30
变异系数/%	8.00	8.00	15.00	33.00	19.00	20.00	27.00
超标率/%	—	0	60	30	0	100	10
限量值/（mg/kg）	—	≤250	≤50	≤30	≤0.30	≤0.30	≤250

（二）块根重金属含量分析

太子参块根中重金属含量分布见表 7-3-18。对照《药用植物及制剂外经贸绿色行业标准》（WM/T 2—2004），块根中 6 种重金属含量均未超出限量值，各重金属元素的超标率均为 0，同时选择块根重金属元素含量的中位值和平均值作为参照，对重金属含量进行分析，6 种重金属的中位值和平均值接近，除 Pb 的中位值大于平均值以外，其余重金属含量的中位值均略小于平均值；从平均值来看，6种重金属元素含量均处于标准限量范围内。

表 7-3-18　太子参块根中重金属含量分布

项目	Cr	Cu	As	Cd	Hg	Pb
最大值/（mg/kg）	6.82	7.48	1.27	0.28	0.10	3.64
最小值/（mg/kg）	2.46	4.43	0.84	0.08	ND	1.47
平均值/（mg/kg）	4.66	5.70	1.09	0.17	0.02	2.45
中位值/（mg/kg）	4.29	5.65	1.08	0.16	0.00	2.54
标准差/（mg/kg）	1.51	1.00	0.19	0.07	0.05	0.69
变异系数/%	32.00	17.00	17.00	38.00	265.00	28.00
超标率/%	—	0	0	0	0	0

（三）太子参块根重金属生物富集量

生物富集量常用来反映植株对重金属元素的吸收累积能力，故生物富集系数也称吸收系数，用植株中重金属元素质量分数×植株生物量来表示。各采样点太子参药用部位块根中重金属 Cr、Cu、As、Cd、Hg、Pb 的生物富集量见表 7-3-19。可以看出，块根样品中 1 号样品比 4 号样品 6 种元素的总富集量降低了 48.61%、1 号样品比 2 号样品降低了 46.01%。每个样点富集量大小顺序为：4号＞2 号＞8 号＞5 号＞3 号＞10 号＞7 号＞6 号＞9 号＞1 号；太子参块根中重金属富集量为：Cu（95.60 µg）＞Cr（72.92 µg）＞Pb（40.37 µg）＞As（18.19 µg）＞Hg（4.24 µg）＞Cd（2.87 µg）。太子参入药部位块根对 Cu、Cr 的富集量较大，对 Cd 的富集量最小。

表 7-3-19　太子参块根中重金属的生物富集量（µg）

样品编号	Cr	Cu	As	Cd	Hg	Pb
1	64.95	57.38	10.92	1.08	3.23	19.08
2	67.06	136.60	26.00	4.31	6.72	49.43
3	84.77	94.90	18.06	1.92	4.88	39.62
4	91.84	130.58	24.85	3.48	6.82	47.26
5	63.14	109.40	20.82	3.81	4.52	58.09
6	74.38	61.80	11.76	3.22	2.81	29.55
7	55.73	97.03	18.46	3.46	3.20	36.65
8	75.43	125.04	23.80	3.84	4.68	52.88
9	66.46	68.20	12.98	1.64	2.52	25.52
10	85.43	75.09	14.29	1.89	3.05	45.63

（四）太子参块根对土壤重金属的富集能力

植物富集的重金属元素主要来自于土壤，富集系数的大小反映了植株对某种重金属元素的富集能力的大小。太子参块根重金属元素的富集系数=太子参块根中重金属元素的含量/土壤中重金属元素的含量。表 7-3-20 表明，太子参块根对土壤中重金属的富集能力差异较大，不同样点间同种重金属富集系数差异不大，各样点太子参块根对重金属 Cr、Cu、As、Pb 的富集能力较弱，呈现出 Cd＞Hg＞Cu＞Cr＞As＞Pb 的变化趋势。其中太子参块根对 Cd 的富集系数是 Cr 的 18.04 倍、Cu 的 8.13 倍、As 的 27.33 倍、Hg 的 1.60 倍、Pb 的 60.13 倍。

表 7-3-20 太子参块根对土壤重金属元素的富集系数

项目	Cr	Cu	As	Cd	Hg	Pb
最大值	0.083	0.164	0.046	1.839	0.774	0.023
最小值	0.026	0.082	0.021	0.461	0.381	0.009
平均值	0.050	0.111	0.033	0.902	0.562	0.015
中位值	0.043	0.103	0.033	0.807	0.564	0.015
标准差	0.019	0.025	0.007	0.447	0.107	0.005
变异系数/%	37.90	22.90	21.10	49.60	19.10	33.70

（五）土壤-块根重金属含量相关关系及影响因素分析

为了分析土壤-块根系统重金属含量之间的关系，土壤 pH、有机质与土壤重金属含量之间的关系及土壤 pH 对重金属元素植物富集系数的影响，本节进行了土壤重金属含量与太子参块根重金属含量及土壤 pH 与土壤重金属含量的相关性分析，同时对土壤 pH 对太子参块根中重金属富集能力的影响进行了探讨。

（1）土壤重金属含量与太子参块根中重金属含量之间的相关性

对于土壤-块根系统来说，从总量上看，随着土壤重金属含量的增加，植株体内的累积量也会相应地增加。为了探讨土壤中重金属污染对太子参药用安全性的影响，本节进一步对土壤中重金属含量与太子参块根中重金属含量间的相关性进行了分析。分析结果见表 7-3-21。

表 7-3-21 土壤重金属含量与太子参块根中重金属含量相关性分析

元素	土壤 Cr	土壤 Cu	土壤 As	土壤 Cd	土壤 Hg	土壤 Pb
块根 Cr	0.10	−0.87**	−0.87**	−0.66*	−0.85**	−0.59
块根 Cu	−0.46	−0.01	−0.01	0.21	−0.46	0.12

续表

元素	土壤 Cr	土壤 Cu	土壤 As	土壤 Cd	土壤 Hg	土壤 Pb
块根 As	−0.46	−0.01	−0.01	0.21	−0.46	0.12
块根 Cd	−0.42	−0.01	−0.01	0.56	−0.32	0.13
块根 Hg	0.02	−0.03	−0.03	−0.19	0.12	−0.53
块根 Pb	−0.07	−0.13	−0.13	0.12	−0.47	0.38

**表示极显著相关（显著水平为 0.01）；*表示显著相关（显著水平为 0.05）

由表 7-3-21 可知：块根 Cr 和土壤 Cu、As、Hg 呈极显著负相关，相关系数分别为−0.87、−0.87、−0.85；块根 Cr 和土壤 Cd 呈显著负相关，相关系数为−0.66；块根中 Cu、As、Cd、Hg、Pb 与土壤中重金属含量相关性不显著，其中，土壤 Cu、As 与块根中重金属含量均呈负相关，研究表明：土壤-块根重金属污染是一个复杂的系统，污染来源具有多重性，有待于进一步的研究。

（2）太子参块根富集系数与土壤 pH 的相关性分析

土壤 pH 是土壤重要的理化性质之一，因此，在做土壤重金属研究时，将土壤 pH 作为影响植株对重金属吸收的最主要的土壤因素。太子参块根中 6 种重金属元素的富集系数与土壤 pH 的相关性见表 7-3-22。

表 7-3-22　太子参块根中重金属元素的富集系数与土壤 pH 相关性分析

	Cr	Cu	As	Cd	Hg	Pb
pH	−0.06	0.07	0.37	0.71[*]	0.36	0.16

*表示显著相关（显著水平为 0.05）

由表 7-3-22 可知，6 种重金属元素的富集系数除 Cr 外均与土壤 pH 呈正相关，除 Cd 外其他重金属富集系数与土壤 pH 相关性不显著。相关研究表明，pH 的大小决定了重金属在土壤中的存在形态和土壤对重金属的吸附量。由于土壤胶体一般带负电荷，而重金属在土壤-植株系统中大部分都以阳离子的形式存在，因此，一般来说土壤 pH 越高，H^+ 越少，重金属被吸附得越多，从而减少了土壤中的重金属向生物体内迁移的数量。

其中，pH 与 Cd 富集系数呈显著正相关，相关系数为 0.71，相关性较高，表明 Cd 受 pH 的影响较大。而其余重金属元素富集系数与 pH 的相关系数很小，受 pH 的影响较小。

（六）小结

1）土壤样品中除 Cr、Cd 外，其余重金属含量均存在超标现象，其中以 Hg 的超标最为严重，超标率达到 100%；Cu、Hg 平均含量高于限量值，土壤表现出一定程度的 Cu、Hg 污染；块根样品中 6 种重金属含量均未超出限量值要求，各重金属元素的超标率均为 0。

2）太子参块根中总的重金属生物富集量为：Cu（95.60 μg）＞Cr（72.92 μg）＞Pb（40.37 μg）＞As（18.19 μg）＞Hg（4.24 μg）＞Cd（2.87 μg）。太子参入药部位块根对 Cu、Cr 的富集量较大，对 Cd 的富集量最小；各样点生物富集量大小顺序为：4 号＞2 号＞8 号＞5 号＞3 号＞10 号＞7 号＞6 号＞9 号＞1 号。

3）太子参块根对土壤中重金属的富集能力差异较大，不同样品间同种重金属富集系数差异不大，各样点对重金属 Cr、Cu、As、Pb 的富集能力较弱，呈现出 Cd＞Hg＞Cu＞Cr＞As＞Pb 的变化趋势。

4）块根 Cr 和土壤 Cu、As、Cd、Hg 呈极显著负相关，而块根中 Cu、As、Cd、Hg、Pb 与土壤中重金属相关性不显著；除 Cd 富集系数受 pH 的影响较大外，其余重金属元素富集系数受 pH 的影响较小。

七、太子参重金属限量值的拟定及元素指纹图谱研究方法的建立

中药指纹图谱是指中药经适当处理后，采用一定的分析手段，得到的能够指示该中药材特性的共有峰的图谱。中药指纹图谱能基本反映中药全貌，使其质控指标由原有的对单一成分含量的测定上升为对整个中药内在品质的检测，不但有特征的体现，可作定性鉴别使用，还体现了量的概念，实现了对中药内在质量的综合评价和整体物质的全面控制，尤其适用于在内在有效成分不完全明确或不需要完全弄明确的情况下，对中药材及中药产品进行质量控制。

我国现行的中药材质量标准存在缺陷，对中药材进行质量安全评价时，仅参照《药用植物及制剂外经贸绿色行业标准》（WM/T 2—2004），该标准未规定 Cr 含量的限量标准，我国《药典》中也未规定每类中药材中重金属的限量标准。因此，加强对进出口中药规范管理，制定如重金属、农药残留等内在的产品质量标准，或提高相关的技术要求，不断加高的技术壁垒和"绿色贸易壁垒"门槛，给我国中药产品走出国门设置了巨大的障碍，而推行中药指纹图谱技术和规范，制定合理的中药材重金属限量标准，是我国传统中药走向世界、振兴民族药业的重要举措。

（一）样品采集

2013 年 7 月在贵州黔东南施秉牛大场太子参基地布设采样点，采集有代表性的 100 份太子参块根样品。

将采集的样品分别放入洁净的聚乙烯塑料袋中，封装运回实验室。植株样品经去离子水冲洗，清洗干净后的药品放入药品柜中，自然风干 2 h，于 80℃电热恒温鼓风干燥箱烘干、杀青，备测。

（二）数据处理

本章应用 Excel 软件对太子参块根中无机元素含量数据进行整理，应用 Origin 7.5 软件对太子参中 Cu、As、Cd、Hg、Pb 5 种重金属实测值与《药用植物及制剂外经贸绿色行业标准》（WM/T 2—2004）进行比较分析，应用 Unscrambler 9.1 软件对从中挑选出来的 33 个太子参中无机元素图谱进行拟合分析，应用 SPSS 19.0 对挑选出的 33 个太子参样品进行因子分析和聚类分析。

（三）太子参中无机元素含量

100 份太子参样品中 Se、Cd、As、Pb、Cu、Co、Ni、Zn、Mn、Fe、Ca、Mg、Al、Cr、Hg 的含量见表 7-3-23。由表 7-3-23 可知：不同样品中 Se、Cd、As、Co、Hg 含量差异较大，其中以 Se 的差异最为明显，其次为 Co，Se 含量为 0.005～0.352 mg/kg，均值为 0.120 mg/kg，最高含量为最低含量的 70.4 倍；Co 含量为 0.10～3.75 mg/kg，均值为 1.30 mg/kg，最高含量为最低含量的 37.5 倍。从变异系数来看，15 种无机元素中除了 Hg 为强变异（变异系数为 545.7%）外，其余元素均处于中等程度变异。

表 7-3-23　100 份太子参无机元素含量

项目	Se	Cd	As	Pb	Cu	Co	Ni	Zn	Mn	Fe	Ca	Mg	Al	Cr	Hg
最大值/（mg/kg）	0.352	0.392	2.72	5.98	14.23	3.75	33.48	36.99	734	734	1093	1638	399	8.83	0.360
最小值/（mg/kg）	0.005	0.044	0.20	0.95	2.43	0.10	7.46	5.60	104	342	501	502	202	1.05	−0.168
平均值/（mg/kg）	0.120	0.205	1.15	2.65	7.55	1.30	15.94	16.64	256	558	728	959	310	3.59	0.021
标准差/（mg/kg）	0.093	0.079	0.71	1.41	3.00	0.85	4.82	8.73	111	75	127	178	43	2.22	0.113
变异系数/%	77.7	38.4	61.2	53.3	39.7	65.3	30.2	52.5	43.2	13.4	17.5	18.6	13.9	61.8	545.7

（四）贵州太子参中重金属含量与标准值的比较分析

通过测定施秉牛大场太子参基地采集的 100 个块根样品中 Cu、As、Cd、Hg、Pb 5 种重金属的含量，采用 Origin7.5 数据处理软件绘制重金属实测值与《药用植物及制剂外经贸绿色行业标准》（WM/T 2—2004）的比较图，由于该标准未规定 Cr 的标准值，故未绘制 Cr 与行业标准的比较图，其他重金属与该标准的比较图见图 7-3-5～图 7-3-9；由图 7-3-5 可知，Cu 实测含量均低于该标准限量值；由图 7-3-6～图 7-3-9 可知，重金属实测含量中 90%As、Pb 以及 90% 以上的 Cd、Hg 含量均低于《药用植物及制剂外经贸绿色行业标准》。

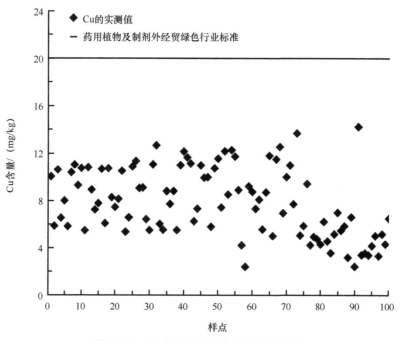

图 7-3-5　Cu 含量实测值与标准值的比较

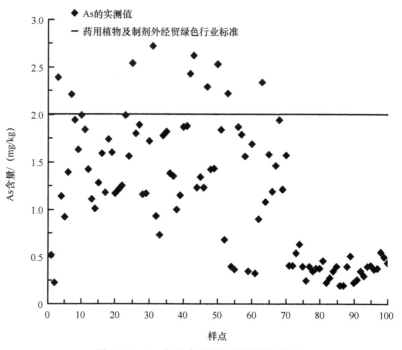

图 7-3-6　As 含量实测值与标准值的比较

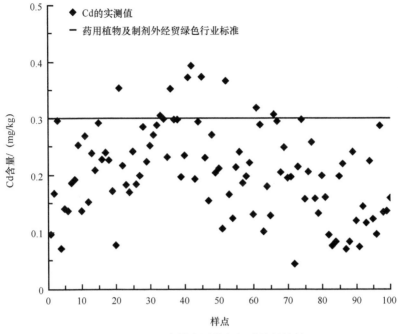

图 7-3-7 Cd 含量实测值与标准值的比较

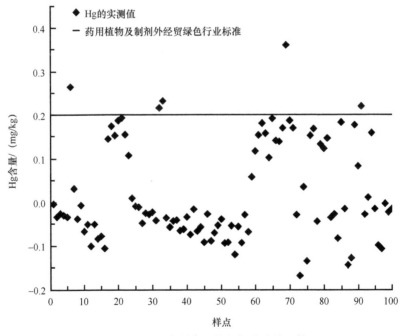

图 7-3-8 Hg 含量实测值与标准值的比较

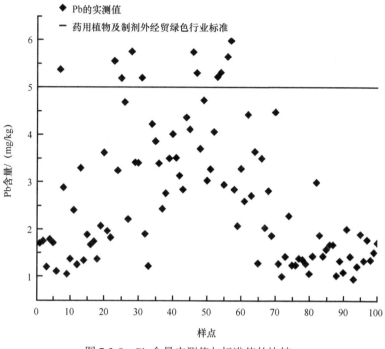

图 7-3-9　Pb 含量实测值与标准值的比较

（五）太子参中重金属标准值的拟定

由于，目前《药典》中未规定每类中草药中重金属的限量值。对于中药材中重金属的安全性评价单纯依靠《药用植物及制剂外经贸绿色行业标准（WM/T 2—2004）》，该标准中未规定 Cr 含量的限量标准，Cr 是中药材进出口中规定必须检测的指标。由图 7-3-6～图 7-3-9 可知，太子参块根中 Cu、As、Cd、Hg、Pb 5 种重金属的含量 90%以上均处于该标准规定的范围内。本节通过对施秉牛大场太子参进行的大量样品采集分析，对每个样点的数据进行了校正统计分析，剔除异常数据，使得置信区间在 90%范围内。从中随机选取 100 个数据进行分析，采用 Origin7.5 绘制重金属 Cr 、Cu、As、Cd、Hg、Pb 实测值分布图（图 7-3-10～图 7-3-15），为保证 80%以上的数据符合环境要求，各重金属含量限量值拟定为：Cr≤6.5 mg/kg、Cu≤10 mg/kg、As≤2.0 mg/kg、Cd≤0.3 mg/kg、Hg≤0.15 mg/kg、Pb≤4.0 mg/kg。

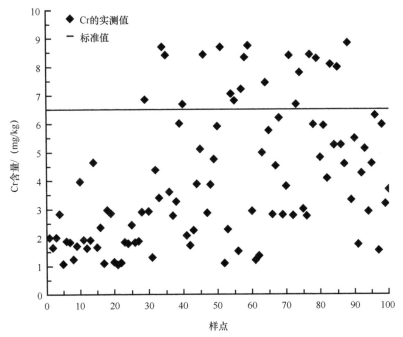

图 7-3-10　Cr 含量实测值与标准值

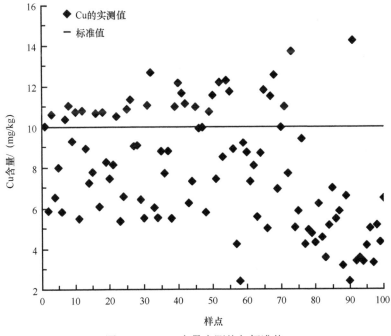

图 7-3-11　Cu 含量实测值与标准值

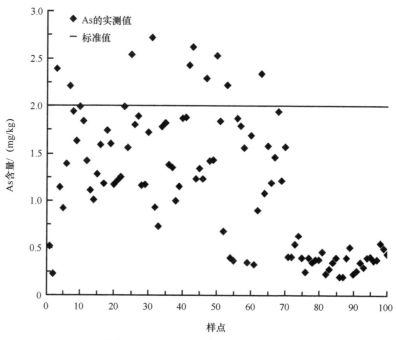

图 7-3-12　As 含量实测值与标准值

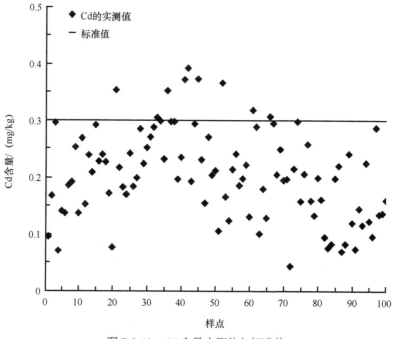

图 7-3-13　Cd 含量实测值与标准值

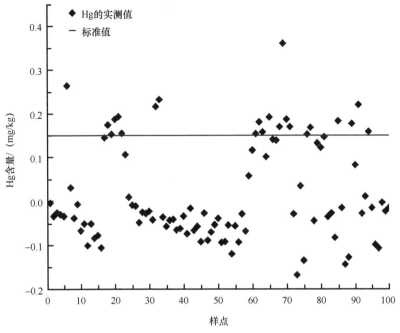

图 7-3-14 Hg 含量实测值与标准值

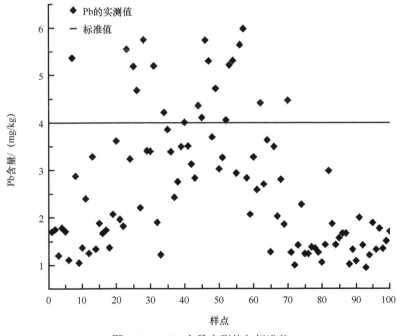

图 7-3-15 Pb 含量实测值与标准值

（六）不同太子参样品中无机元素含量测定分析

33 个不同太子参样品中无机元素含量的测定结果见表 7-3-24。

表 7-3-24　不同太子参样品中无机元素含量测定结果（mg/kg）

编号	Se	Cd	As	Pb	Cr	Cu	Co	Ni	Zn	Mn	Fe	Ca	Mg	Al
S1	0.067	0.044	0.409	1.00	2.00	3.69	0.58	13.37	18.41	314	612	769	1228	313
S2	0.022	0.215	0.540	1.42	1.65	5.07	1.07	12.25	29.41	322	609	739	1125	308
S3	0.053	0.298	0.625	2.28	2.00	5.87	1.91	10.24	34.83	352	514	646	1138	267
S4	0.041	0.158	0.395	1.24	3.83	3.41	0.98	15.06	26.39	225	542	672	1085	278
S5	0.011	0.206	0.247	1.24	1.08	4.23	1.46	15.99	28.33	342	589	721	1250	304
S6	0.044	0.258	0.398	1.38	1.87	4.95	3.54	16.36	35.00	305	570	690	1148	269
S7	0.012	0.159	0.348	1.36	1.83	4.77	1.68	10.45	25.67	269	503	633	1217	295
S8	0.256	0.133	0.381	1.27	1.23	4.31	1.27	16.72	35.25	239	588	724	1351	275
S9	0.089	0.199	0.376	1.06	1.70	6.23	1.97	15.70	28.13	269	594	724	1021	374
S10	0.090	0.161	0.456	1.43	2.96	4.58	1.17	15.90	25.99	241	514	644	1290	236
S11	0.109	0.095	0.235	0.99	1.92	3.58	1.10	16.86	22.65	294	537	666	1176	275
S12	0.059	0.076	0.277	0.87	1.63	3.17	1.25	12.90	18.94	289	502	636	1045	325
S13	0.069	0.083	0.348	1.86	1.91	2.99	1.81	13.36	17.85	310	514	649	1204	235
S14	0.009	0.198	0.405	1.57	2.64	5.48	2.07	13.48	25.80	291	589	726	1119	366
S15	0.177	0.220	0.298	1.67	1.66	5.86	1.88	15.38	35.06	321	546	676	1146	332
S16	0.031	0.070	0.296	1.67	2.36	3.20	0.70	14.26	16.59	315	543	668	1117	272
S17	0.170	0.083	0.396	1.02	1.10	2.60	0.89	12.26	17.18	270	589	721	1149	293
S18	0.120	0.241	0.507	1.33	2.97	2.53	0.72	15.08	19.35	285	598	725	1128	399
S19	0.083	0.120	0.231	1.09	2.85	4.23	1.57	13.21	22.70	311	511	644	1394	321
S20	0.023	0.074	0.258	2.00	1.14	3.42	1.76	13.21	23.25	246	513	652	1130	307
S21	0.027	0.145	0.353	1.42	1.05	3.57	3.24	16.99	17.33	327	537	674	1156	369
S22	0.063	0.116	0.300	0.95	1.12	3.39	1.15	15.12	29.52	277	530	660	1254	302
S23	0.253	0.225	0.402	1.21	1.84	4.18	1.91	12.86	30.72	331	521	655	1343	245
S24	0.157	0.123	0.405	1.91	1.79	5.03	1.48	11.02	22.81	307	511	641	1146	317
S25	0.153	0.096	0.373	1.33	2.45	3.33	1.77	10.65	21.62	297	514	650	1144	248
S26	0.018	0.287	0.378	1.77	1.83	5.18	3.45	15.98	28.46	300	529	662	1273	288
S27	0.087	0.135	0.554	1.35	1.88	4.34	1.50	18.42	29.21	283	556	680	1019	318
S28	0.174	0.337	0.501	1.51	2.90	6.50	3.33	16.70	36.99	350	551	683	1206	344
S29	0.213	0.160	0.438	1.71	6.85	6.54	3.32	13.36	24.00	337	543	679	1004	352

编号	Se	Cd	As	Pb	Cr	Cu	Co	Ni	Zn	Mn	Fe	Ca	Mg	Al
S30	0.188	0.195	0.521	1.89	3.92	3.56	1.26	14.71	34.00	249	553	682	1334	236
S31	0.148	0.186	0.234	1.43	1.31	5.20	2.63	12.61	30.56	318	554	696	1220	288
S32	0.286	0.166	0.405	1.93	4.38	4.77	1.81	18.18	23.40	345	566	698	1068	332
S33	0.186	0.066	0.368	1.03	3.40	2.96	0.82	14.53	16.82	321	584	709	1047	321

（七）太子参无机元素含量图谱的建立

根据元素含量的测定结果，筛选出 14 种无机元素，制定了 14 种元素的含量分布曲线。为了便于比较，将 33 个太子参样品中的无机元素含量分布图谱拟合在一起，如图 7-3-16 所示；本研究还将 33 个太子参样品中 14 种无机元素含量的平均值做了无机元素分布图谱，见图 7-3-17。

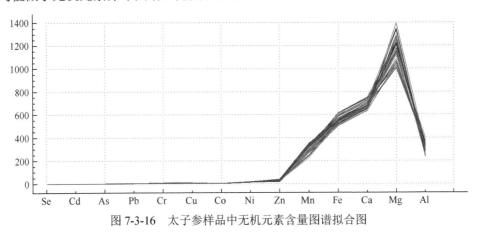

图 7-3-16　太子参样品中无机元素含量图谱拟合图

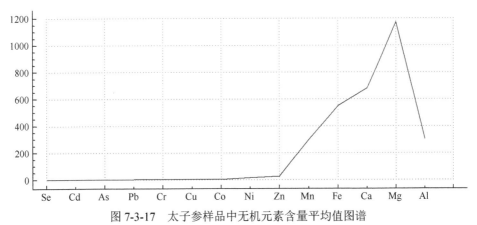

图 7-3-17　太子参样品中无机元素含量平均值图谱

图 7-3-16 表明，33 个太子参样品中 14 种无机元素具有相似的峰形，这一共性可用于区分太子参无机元素图谱与其他药材无机元素图谱，为鉴定假、伪太子参提供了参考依据。由于样品质量不同，其无机元素含量也有所差异，对于鉴定太子参的质量优劣也有一定的意义。从图 7-3-17 可知，不同的太子参样品，峰形上会产生一定的差异，据此来建立道地药材无机元素含量特征模式图谱是可行的，本书著者认为，采用多种不同太子参样品中无机元素含量的平均值建立无机元素分布图谱，用该图谱作为标准图谱来鉴定真、伪太子参更为准确，这样就可以避免由于太子参产地、种类的不同而引起的峰形差异。

（八）不同太子参样品因子分析

（1）因子分析

因子分析的基本出发点就是用较少的几个因子反映原资料的大部分信息，可以通过式（7-1）～式（7-4）数学模型来表示。

$$x_1 = a_{11}F_1 + a_{12}F_2 + \cdots + a_{1m}F_m + a_1\varepsilon_1 \qquad (7\text{-}1)$$

$$x_2 = a_{21}F_1 + a_{22}F_2 + \cdots + a_{2m}F_m + a_2\varepsilon_1 \qquad (7\text{-}2)$$

$$\vdots \qquad \vdots$$

$$x_p = a_{p1}F_1 + a_{p2}F_2 + \cdots + a_{pm}F_m + a_p\varepsilon_1 \qquad (7\text{-}3)$$

式中，x_1、x_2、x_3、$\cdots$、x_p 为 p 个原有变量，是均值为零，标准差为 1 的标准化变量，F_1、F_2、F_3、$\cdots$、F_m 为 m 个因子变量，m 小于 p，表示成矩阵形式为

$$X = AF + a\varepsilon \qquad (7\text{-}4)$$

式中，F 为因子变量或公共因子，A 为因子载荷矩阵，a_{ij} 为因子载荷，是第 i 个原有变量在第 j 个因子变量上的负荷。

采用主成分分析法，确定共性因子数，获得变量在初始共性因子上的负荷，建立初始因子分析模型，在数学变换中保持变量的总方差不变，使第一变量具有最大的方差，称为第 1 主成分，所以各观察变量在由主成分分析所得的初始共性因子上的载荷往往较为均匀，因此，为了获得一组新的共性因子，需要对初始共性因子进行旋转，旋转的方法有：最大四次方值法（quartimax method）、最大方差法（varimax）、直接斜交转轴法（direct oblimin）、最优斜交旋转法（promax rotation），本研究选择最大方差法。

由表 7-3-25 可知：Cd 与 As、Cu、Co、Zn，Cu 与 Co、Zn，Ca 与 Fe，Al 与 Mg 之间具有极显著相关性；Pb 与 Cd、As、Cu，Mn 与 Cu、Co，Ca 与 Al，Al 与 Fe，Co 与 Zn 之间具有显著相关性。

表 7-3-25　14 个元素的相关系数矩阵

元素	Se	Cd	As	Pb	Cr	Cu	Co	Ni	Zn	Mn	Fe	Ca	Mg	Al
Se	1.00													
Cd	0.01	1.00												
As	0.14	0.47**	1.00											
Pb	0.04	0.34*	0.35*	1.00										
Cr	0.39*	0.08	0.31	0.23	1.00									
Cu	0.1	0.65**	0.26	0.35*	0.21	1.00								
Co	0.00	0.56**	0.03	0.33	0.11	0.61**	1.00							
Ni	0.13	0.16	−0.02	−0.14	0.08	0.03	0.16	1.00						
Zn	0.16	0.73**	0.31	0.24	−0.07	0.63**	0.38*	0.19	1.00					
Mn	0.14	0.30	0.06	0.21	0.11	0.36*	0.38*	−0.06	0.01	1.00				
Fe	0.10	0.10	0.23	−0.28	0.00	0.03	−0.20	0.31	0.04	0.05	1.00			
Ca	0.09	0.05	0.19	−0.28	−0.01	−0.19	0.25		0.07	0.98**	1.00			
Mg	0.08	0.13	−0.18	−0.06	−0.26	−0.10	−0.03	−0.04	0.30	−0.13	−0.18	−0.13	1.00	
Al	−0.05	0.13	0.02	−0.14	0.12	0.25	0.15	−0.18	0.22	0.39*	0.39*	−0.48**	1.00	

**表示极显著相关（显著水平为 0.01）；*表示显著相关（显著水平为 0.05）

（2）数据标准化处理

主成分综合评价法的关键是利用样本协方差矩阵求其主成分，但由于协方差矩阵易受指标的量纲和数量级的影响，因此，需要对原数据进行预处理，通常的数据处理方法有标准化、均值法。应用 SPSS 19.0 统计软件中的因子分析对原始数据进行标准化后再进行主成分分析。

（九）主成分筛选及其贡献率

主成分分析中特征值及贡献率是选择主成分的依据，表 7-3-26 描述了主成分分析初始统计值，第二列是因子变量的特征值，它是主成分先后顺序的判别值，第 1 主成分的特征值是 3.430，其他主成分描述的特征值依次减小。第三列是各主成分方差贡献率，表示该主成分描述的方差占原有变量总方差的比例。它的值是第二列的特征值除以总方差的结果。从表 7-3-26 中可以看出，选择前 5 个主成分，累积贡献率达到 74.524%，即前 5 个主成分模型解释了实验数据的 74.524%。

表 7-3-26　主成分分析初始统计值

主成分	特征值	方差贡献率/%	累积贡献率/%
1	3.430	24.502	24.502
2	2.669	19.066	43.568
3	1.719	12.279	55.847
4	1.456	10.401	66.248
5	1.159	8.277	74.525
6	0.964	6.886	81.411
7	0.642	4.584	85.995
8	0.484	3.457	89.452
9	0.472	3.375	92.826
10	0.400	2.860	95.687
11	0.319	2.276	97.963
12	0.193	1.381	99.344
13	0.083	0.595	99.939
14	0.009	0.061	100

由 Cattell 提出的公共因子碎石图（图 7-3-18）来看，前面 5 个公共因子特征值变化非常明显，第 8 个公因子以后，特征值曲线趋于平滑。因此提取第 5～第 8 个公共因子来描述原变量的信息具有显著的效果。

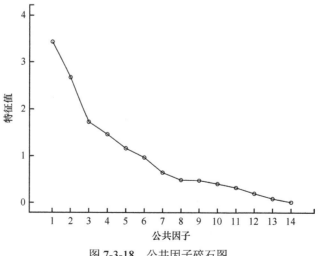

图 7-3-18　公共因子碎石图

为了更好地看出主成分负荷矩阵中的各元素对主成分的贡献率，采用最大方差法对初始负荷矩阵进行旋转分析，旋转后的因子负荷矩阵见表7-3-27。

表7-3-27　无机元素对主成分负荷矩阵旋转后的结果

元素	主成分				
	1	2	3	4	5
Se	0.037	0.089	−0.148	−0.035	0.859
Cd	0.851	0.159	−0.138	0.279	−0.030
As	0.213	0.266	−0.013	0.815	0.185
Pb	0.382	−0.392	0.069	0.560	0.111
Cr	0.042	−0.079	0.323	0.279	0.748
Cu	0.840	0.021	0.140	0.170	0.076
Co	0.819	−0.235	0.179	−0.158	0.036
Ni	0.240	0.428	−0.061	−0.439	0.305
Zn	0.728	0.147	−0.526	0.177	0.041
Mn	0.455	−0.067	0.437	−0.043	0.092
Fe	−0.025	0.958	0.128	0.057	0.024
Ca	−0.043	0.935	0.133	0.039	0.007
Mg	0.084	−0.102	−0.799	−0.199	−0.039
Al	0.197	0.405	0.711	−0.181	−0.043

由表7-3-27可知，对第1主成分贡献较大的元素为Cd、Cu、Co、Zn；对第2主成分贡献较大的元素为Fe、Ca；对第3主成分贡献较大的元素为Zn、Mg、Al；对第4主成分贡献较大的元素为As、Pb；对第5主成分贡献较大的元素为Se、Cr。总方差55%以上的贡献来自第1、第2、第3主成分，所以可以认为Cd、Cu、Co、Zn、Fe、Ca、Mg、Al是太子参的特征无机元素。

（十）不同太子参样品聚类分析

本节以14种无机元素含量为变量，采用SPSS 19.0中的系统进行聚类分析，聚类分析之前先对原始数据进行标准化处理，采用欧氏距离结合类间平均链锁法（between-groups linkage），对33个不同的太子参样品进行聚类分析，结果如图7-3-19所示。

图7-3-19为Q型聚类分析的树状图，该图直观地描述了整个聚类过程。33个太子参样品用14种元素含量作为聚类变量，可分成三个大类：其中S22、S26、

S7、S10、S8、S30、S19、S23、S5、S31、S28、S1 为一类；S15、S21、S24、S11、
S25、S6、S16、S3、S13、S4、S20、S12 为一类；S14、S18、S2、S17、S32、S33、
S27、S29、S9 为一类。聚类结果表明：同一区域的不同太子参样品未聚为一类，
说明每棵太子参对元素的选择吸收-运输-再分配这一系列环节不同，使得这些元
素在不同的太子参样品中存在差异。在进行聚类分析时，分别对绝对值距离、欧
氏距离及马氏距离做了比较，结果以欧氏距离分类效果最佳，本节采用欧氏距离
分类法对样品进行树状聚类分析。

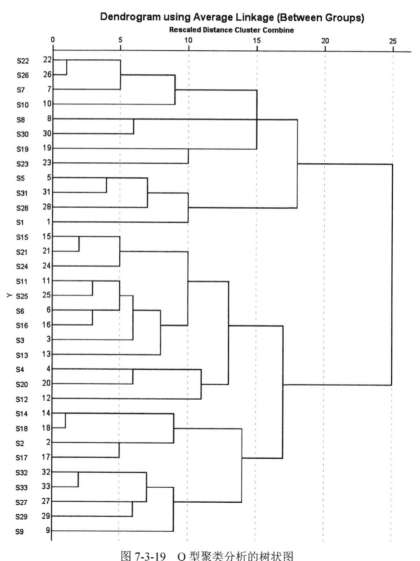

图 7-3-19　Q 型聚类分析的树状图

八、小结

1）太子参块根中 Cu 实测含量均低于《药用植物及制剂外经贸绿色行业标准》（WM/T 2—2004）；90%As、Pb 以及 90%以上的 Cd、Hg 实测含量均低于行业标准。

2）本研究制定的太子参中重金属含量的限量值：Cr≤6.5 mg/kg、Cu≤10 mg/kg、As≤2.0 mg/kg；Cd≤0.3 mg/kg；Hg≤0.15 mg/kg；Pb≤4.0 mg/kg。

3）通过对太子参样品中 14 种无机元素指纹图谱拟合可知：不同样品间具有相似的峰形，这一共性可用于区分太子参无机元素图谱与其他药材无机元素图谱，为鉴定假、伪太子参提供了参考依据。

4）主成分分析表明，第 1、第 2、第 3 主成分占了总方差 55%以上，反映了太子参中 55%以上的信息，前 3 个主成分主要贡献元素为：Cd、Cu、Co、Zn、Fe、Ca、Mg、Al，可作为太子参的特征无机元素。同区域的不同太子参样品未聚为一类，说明不同品种的太子参对元素的选择吸收性不同，使得这些元素在不同太子参样品中存在差异。

第四节　贵州山银花污染研究与元素指纹图谱

一、材料与方法

山银花的优良品质是在适宜的土壤环境条件下形成的，土壤是山银花生长和品质形成所需营养元素的最主要来源，土壤的物理、化学条件对山银花的品质有着不同的影响，并最终共同影响着山银花的药用品质。通过对贵州山银花产地土壤环境性状的调查与研究，找出影响山银花品质的主要因子，同时找到培育出高产优质山银花的最佳土壤环境条件，为山银花的 GAP 基地建设提供资料。

（一）研究区域概况

研究区域地处黔东南丹寨兴仁境内，其位于贵州黔东南南部、丹寨北部，地处东经 107°45′～107°57′，北纬 26°14′～26°25′，属亚热带湿润季风性气候，四季分明、冬无严寒、夏无酷暑，年平均温度 15.2℃，年平均降水量 1372.9 mm，年平均日照时数 1321.6 h，4～10 月为雨季，降水量占全年的 75.6%左右。境内最高海拔 1328 m，最低海拔 670 m。研究区域为山银花种植区，其位于兴仁西部，远离城镇。该地区气候、土壤适宜，土壤为发育于第四纪红黏土及石灰岩风化物的黄壤，该基地共种植山银花 265 亩，每亩种植 150 株，株、行距为 2 m×2.5 m，不施底肥，每年 3 月底至 4 月初追肥一次。

（二）样品采集

2013 年 6 月于黔东南丹寨兴仁、绥阳山银花基地进行采样（表 7-4-1），共采集土壤-植株样品 11 套，每套有 6 个样品，即根区土壤、非根区土壤、环刀样、茎、叶和花，另外采集 100 份山银花花蕾样品，共采集 166 个样品（土壤样品 33 个，植株样品 133 个），以掌握山银花生长的土壤特性，探寻山银花品质与其生长土壤特性的关系并建立山银花元素指纹图谱。

表 7-4-1　采样表

样品名称	采集部位	样品数/个
土壤	根区	11
	非根区	11
	环刀样	11
植株	茎	11
	叶	11
	花	111
合计		166

（三）实验方法

（1）重金属测试方法

土壤样品和植株样品参照国家标准方法消解，采用 ICP-MS 测定。

（2）数据处理

半方差函数最优模型采用 ArcGIS9.0 里的 Geostatistical Analysis 模块，拟合参数采用地统计分析软件 GS，空间分布采用 ArcGIS9.0 里的 Spatial Analyst 模块，土壤重金属含量相关性分析采用 DPS 分析软件进行数据处理。

二、贵州山银花产地土壤微量元素与重金属元素含量特征

（一）土壤微量元素的含量与分布

土壤中的微量元素对药用植物的作用很大，它不仅影响植物的根系生长及生理代谢活动，而且还是某些药用植物药效成分的构成因子，影响中药材药效成分的含量。土壤中微量元素的全量，可以反映出土壤中微量元素潜在的供应水平，为了更全面地了解贵州山银花产地土壤中微量元素的分布特征，将其全量含量的平均值与中国及世界土壤微量元素全量含量的平均值进行对照分析，结果见

表 7-4-2。由表 7-4-2 可知，除了微量元素 Co 以外，Cu、Zn、Mn 三者含量均低于中国或世界土壤平均含量，Cu、Zn、Co 含量的变异程度较大，Fe、Mn 的变异程度较小，表明 Cu、Zn、Co 含量可能受外源引入的影响较大，而 Fe、Mn 元素含量可能受地质背景下成土母质中两种元素含量的影响而出现较小变异。

表 7-4-2 山银花产地根区与非根区土壤微量元素全量含量特征

样点部位	样品数/个	特征值	Cu	Zn	Mn	Fe	Co
根区	11	平均值/（mg/kg）	3.31 aA	32.26 aA	55.88 aA	14 686.97 aA	2.85 aA
		标准差/（mg/kg）	1.80	16.92	19.82	3 792.05	1.95
		变异系数/%	54.26	52.44	35.48	25.82	68.20
非根区	11	平均值/（mg/kg）	4.31 aA	39.01 aA	67.94 aA	16 285.19 aA	2.95 aA
		标准差/（mg/kg）	2.00	21.03	24.52	4 312.31	1.68
		变异系数/%	46.36	53.92	36.09	26.48	57.12
合计	22	平均值/（mg/kg）	3.81	35.63	61.91	15 486.08	2.90
		标准差/（mg/kg）	1.92	18.94	22.62	4 046.19	1.78
		变异系数/%	50.49	53.16	36.53	26.13	61.25
中国平均含量			22	100	710	—	1.7
世界平均含量			20	50	850	—	2

注：不同小写字母代表在 0.05 水平差异显著；不同大写字母代表在 0.01 水平差异极显著

对根区和非根区土壤微量元素全量含量进行分析比较，结果显示，各微量元素含量均表现出根区低于非根区的趋势，但差异性均不显著，这与植物的吸收利用紧密相关。

（二）土壤重金属元素的含量与分布

土壤中重金属元素的含量，可直接反映土壤重金属污染状况，根据研究区土壤 pH 范围（4.21～4.91），对贵州山银花产地土壤重金属元素含量进行统计，并将其与国家《土壤环境质量标准》（GB 15618—1995）规定的各重金属元素含量限值进行比较分析，结果见表 7-4-3。

表 7-4-3 山银花产地土壤重金属元素含量

特征值	Cr	As	Cd	Hg	Pb	Cu
最小值/（mg/kg）	15.75	5.46	0.05	0.03	3.00	1.72
最大值/（mg/kg）	26.89	19.83	0.16	0.35	67.77	8.78
平均值/（mg/kg）	19.89±3.29	9.79±3.84	0.10±0.03	0.12±0.08	14.30±16.24	3.81±1.92
变异系数/%	16.53	39.26	29.85	65.32	113.57	50.49

续表

特征值	Cr	As	Cd	Hg	Pb	Cu
《土壤环境质量标准》（GB 15618—1995）规定的限值（pH<6.5）	150	40	0.30	0.30	250	150

由表 7-4-3 可知，土壤中 Cr 的含量范围为 15.75～26.89 mg/kg，平均值为 19.89 mg/kg；As 的含量范围为 5.46～19.83 mg/kg，平均值为 9.79 mg/kg；Cd 的含量范围为 0.05～0.16 mg/kg，平均值为 0.10 mg/kg；Hg 的含量范围为 0.03～0.35 mg/kg，平均值为 0.12 mg/kg；Pb 的含量范围为 3.00～67.77 mg/kg，平均值为 14.30 mg/kg；Cu 的含量范围为 1.72～8.78 mg/kg，平均值为 3.81 mg/kg。土壤中 6 种重金属 As、Pb、Cd、Cr 和 Cu 含量低于贵州《土壤环境质量标准》规定值，Hg 含量略高，是贵州土壤质量标准规定值的 1.17 倍；Cd 和 Hg 较中国土壤质量标准规定值高出 1.03 倍和 1.85 倍，As、Pb 和 Hg 高出世界土壤质量标准规定值 1.63 倍、1.19 倍和 1.85 倍。

山银花产地土壤中 As、Cd、Hg、Pb、Cr 和 Cu 元素含量均未超标，土壤重金属变异程度为 Pb>Hg>Cu>As>Cd>Cr，变异系数分别为 113.57%、65.32%、50.49%、39.26%、29.85%、16.53%，由此可知，土壤中 Pb、Hg 和 Cu 含量分布不均匀，极有可能是外源污染所致。

由表 7-4-4 可知，重金属元素 Cr、As、Hg、Cu 含量均表现为根区低于非根区，且差值不大；Pb 含量则表现为根区高于非根区约 3 倍。这可能是山银花对 Cr、As、Hg、Cu 的吸收富集作用，使得根区含量低于非根区；根区 Pb 含量过高，可能与施肥习惯有关。山银花根系分泌物和土壤微生物对不同重金属的吸收、迁移、富集等特征与土壤腐殖质的螯合或固定等也有一定关系。

表 7-4-4 山银花产地根区与非根区土壤重金属元素含量特征

样点部位	样本数/个	项目	Cr	As	Cd	Hg	Pb	Cu
根区	11	含量范围/(mg/kg)	15.75～25.34	5.46～13.81	0.07～0.16	0.03～0.19	7.96～67.77	1.72～6.85
		平均值±标准差/(mg/kg)	18.85±3.05 aA	7.76±2.71 aA	0.10±0.03 aA	0.09±0.05 aA	21.43±20.23 aA	3.31±1.80 aA
		变异系数/%	16.16	34.96	32.55	56.97	94.41	54.26
非根区	11	含量范围/(mg/kg)	16.59～26.89	7.87～19.83	0.05～0.14	0.05～0.35	3.00～21.39	2.08～8.78
		平均值±标准差/(mg/kg)	20.93±3.32 aA	11.81±3.82 bB	0.09±0.02 aA	0.15±0.09 aA	7.18±5.75 bA	4.31±2.00 aA
		变异系数/%	15.88	32.37	27.16	62.25	80.09	46.36

（三）贵州山银花产地土壤重金属评价

以国家《土壤环境质量标准》（GB 15618—1995）二级标准作为参照标准，本研究区域土壤的 pH 均小于 6.5，属于标准中的 pH<6.5 区间，依据单因子污染指数（P_i）和多因子综合污染指数（$P_综$）法对产地土壤重金属进行评价，结果见表 7-4-5。

表 7-4-5　山银花产地土壤重金属单项、综合及分级评价结果

样点部位	样本数/个	单因子污染指数（P_i）						多因子综合污染指数（$P_综$）	污染等级
		Cr	As	Cd	Hg	Pb	Cu		
根区	11	0.17	0.35	0.54	0.56	0.27	0.05	0.46	安全
		0.12	0.21	0.32	0.21	0.07	0.03		
		0.12	0.16	0.29	0.24	0.05	0.02		
		0.12	0.16	0.22	0.27	0.03	0.01		
		0.14	0.21	0.35	0.33	0.08	0.03		
		0.11	0.17	0.32	0.20	0.05	0.02		
		0.11	0.14	0.25	0.16	0.03	0.01		
		0.11	0.14	0.25	0.20	0.05	0.01		
		0.15	0.29	0.52	0.63	0.22	0.04		
		0.10	0.16	0.23	0.11	0.04	0.01		
		0.14	0.15	0.37	0.54	0.05	0.01		
	平均值	0.13	0.19	0.33	0.31	0.09	0.02		
非根区	11	0.18	0.50	0.45	1.15	0.09	0.04	0.83	警戒线
		0.14	0.33	0.27	0.38	0.02	0.03		
		0.14	0.26	0.29	0.43	0.02	0.03		
		0.11	0.20	0.18	0.41	0.01	0.02		
		0.17	0.40	0.43	1.01	0.05	0.06		
		0.12	0.26	0.24	0.40	0.02	0.02		
		0.13	0.23	0.23	0.42	0.01	0.04		
		0.11	0.20	0.26	0.28	0.02	0.02		
		0.16	0.38	0.36	0.63	0.05	0.03		
		0.15	0.27	0.30	0.16	0.02	0.02		
		0.13	0.22	0.34	0.24	0.02	0.01		
	平均值	0.14	0.30	0.30	0.50	0.03	0.03		

由表 7-4-5 可知，研究区土壤中 Cr、As、Cd、Hg、Pb、Cu 的单因子污染指数都低于 0.7，属清洁安全水平。根区与非根区土壤的重金属多因子综合污染指数

分别为 0.46 和 0.83，分别处于安全等级和警戒线，其中，Cd 和 Hg 的贡献率较高。单因子污染指数中 Cd、Pb 表现为根区＞非根区，而 As、Hg、Cu、Cr 则为非根区＞根区。土壤中 Cr、As、Cd、Pb、Cu 含量均在《土壤环境质量标准》（GB 15618—1995）规定范围内；非根区土壤中两个样点 Hg 含量超标，占样点总数的 9.09%，单因子污染指数分别为 1.15 和 1.01，达到轻度污染。在所选定的污染评价因子中，根区土壤 Cd 为主要影响因子，其次是 Hg；非根区土壤 Hg 贡献率最高，Cd 和 As 次之。根区土壤多因子综合污染指数低于非根区，表明非根区受外界干扰较大，极有可能是受施肥习惯的影响。

三、山银花重金属含量特征

（一）山银花茎、叶、花重金属含量特征

由表 7-4-6 可知，山银花茎、叶、花中重金属的含量存在明显的差异，其中山银花中 Pb 含量的变化范围在 0.00～17.44 mg/kg；Cr 含量的变化范围在 0.70～105.77 mg/kg；As 含量的变化范围在 0.00～0.74 mg/kg；Cd 含量的变化范围在 0.73～3.10 mg/kg；Cu 含量的变化范围在 3.76～10.01 mg/kg；Hg 含量的变化范围在 0.00～1.59 mg/kg。

表 7-4-6　山银花茎、叶、花重金属含量

样品名称	样品数/个	特征值	Pb	Cr	As	Cd	Cu	Hg
茎	11	变化范围/（mg/kg）	0.60～14.13	1.41～105.77	0.02～0.18	0.73～1.97	3.76～10.01	0.00～0.01
		平均值±标准差/（mg/kg）	5.47±4.81	25.49±30.64	0.11±0.05	1.29±0.44	6.08±2.21	0.001±0.002
		变异系数/%	87.83	120.21	45.77	33.97	36.32	331.66
叶	11	变化范围/（mg/kg）	3.33～17.44	2.81～44.83	0.05～0.37	0.78～3.03	3.77～7.54	0.00～1.05
		平均值±标准差/（mg/kg）	7.46±4.77	12.76±12.11	0.19±0.08	1.71±0.72	5.03±1.28	0.13±0.33
		变异系数/%	63.86	94.88	42.41	41.94	25.48	245.21
花	11	变化范围/（mg/kg）	0.00～2.07	0.70～12.06	0.00～0.74	1.13～3.10	5.32～8.06	0.00～1.59
		平均值±标准差（mg/kg）	0.39±0.73	5.19±3.32	0.16±0.21	1.87±0.64	6.86±1.03	0.15±0.48
		变异系数/%	187.25	63.94	128.78	34.04	15.02	315.91
合计	33	变化范围/（mg/kg）	0.00～17.44	0.70～105.77	0.00～0.74	0.73～3.10	3.76～10.01	0.00～1.59
		平均值±标准差（mg/kg）	4.44±3.43	14.48±15.36	0.16±0.11	1.63±0.60	5.99±1.51	0.10±0.27
		变异系数/%	77.31	106.05	73.66	36.80	25.15	282.70

山银花中重金属的分布规律各不相同，横向比较得出，茎中重金属含量为 Cr＞Cu＞Pb＞Cd＞As＞Hg，其平均含量依次为 25.49 mg/kg、6.08 mg/kg、5.47 mg/kg、1.29 mg/kg、0.11 mg/kg、0.001 mg/kg；叶中重金属含量为 Cr＞Pb＞Cu＞Cd＞As＞Hg，其平均含量依次为 12.76 mg/kg、7.46 mg/kg、5.03 mg/kg、1.71 mg/kg、0.19 mg/kg、0.13 mg/kg；花中重金属含量为 Cu＞Cr＞Cd＞Pb＞As＞Hg，其平均含量依次为 6.86 mg/kg、5.19 mg/kg、1.87 mg/kg、0.39 mg/kg、0.16 mg/kg、0.15mg/kg；纵向分析可知，Pb 的平均含量表现为叶＞茎＞花；Cr 的平均含量表现为茎＞叶＞花；As 的平均含量表现为叶＞花＞茎；Cu 的平均含量表现为花＞茎＞叶；Cd 和 Hg 的平均含量均表现为花＞叶＞茎。

整体而言，各重金属在山银花中的变异程度呈现出 Hg＞Cr＞Pb＞As＞Cd＞Cu 的趋势。茎的重金属变异系数在 33.97%～331.66%；叶的重金属变异系数在 25.48%～245.21%，其中茎和叶中重金属变异程度均是 Hg＞Cr＞Pb＞As；花的重金属变异系数在 15.02%～315.91%，其中 Hg 的变异系数最大，高达315.91%，Pb 次之，为187.25%，Cu 则最小，为15.02%。说明山银花茎和叶中的 Hg 与 Cr 及花中的 Hg 与 Pb 分布不均匀，这可能与植物不同部位对重金属的吸附特性有关。

（二）山银花茎、叶、花重金属含量评价

通过对山银花茎、叶、花样品中重金属含量的测定，按照《药用植物及制剂外经贸绿色行业标准》（WM/T 2—2004）要求，由表7-4-7可知，山银花茎、叶中 As、Cu 和 Hg 含量均未超标，而 Cd 和 Pb 含量都超标，其中 Cd 含量超标率都为 100%，茎和叶中 Pb 含量超标率分别 45.45%与 54.54%；花中 As、Pb、Cu 和 Hg 含量均未超标，Cd 含量超标，超标率也为 100%。此外，山银花叶和花中的 Hg 含量整体上未超标，但存在少部分超标现象，超标率分别为 18.18%和 9.09%。

总的来看，山银花植株中 As、Pb、Cu、Hg 4 种重金属元素含量均未超标，但有少部分样品中 Pb 和 Hg 出现超标现象，超标率分别为18.18%和9.09%。而山银花中的 Cd 不论从局部还是从整体而言含量均远超出了相应的限量值，且超标率为 100%。山银花中的重金属主要源自其生长的土壤，而土壤中 Cd 的含量均未超出土壤环境质量标准中的限定值，说明 Cd 在山银花中具有很强的累积效应，这与刘周莉等（2013）在《忍冬——一种新发现的镉超富集植物》中的研究结果一致。

表 7-4-7　山银花茎、叶、花重金属元素含量及安全性评价结果

样品名称	样品数/个	特征值	Cr	As	Cd	Pb	Cu	Hg
茎	11	平均值/（mg/kg）	25.49	0.11	1.29	5.47	6.08	0.00
		超标情况	—	未超标	超标	超标	未超标	未超标
		超标率/%	—	0	100	45.45	0	0
叶	11	平均值/（mg/kg）	12.76	0.19	1.71	7.46	5.03	0.13
		超标情况	—	未超标	超标	超标	未超标	未超标
		超标率/%	—	0	100	54.54	0	18.18
花	11	平均值/（mg/kg）	5.19	0.16	1.87	0.39	6.86	0.15
		超标情况	—	未超标	超标	未超标	未超标	未超标
		超标率/%	—	0	100	0	0	9.09
合计	33	平均值/（mg/kg）	14.48	0.16	1.63	4.45	5.99	0.10
		超标情况	—	未超标	超标	未超标	未超标	未超标
		超标率/%	—	0	100	18.18	0	9.09

（三）山银花茎、叶、花中重金属的富集特征

植物所吸收的元素主要来自土壤，富集系数的大小表明了植物对某种元素富集能力的强弱，富集系数越高，表明植物对该元素的吸收能力越强。山银花植株中某重金属元素的富集系数=山银花植株中该重金属含量/土壤中该重金属含量。

由表 7-4-8 可知，山银花茎、叶、花对土壤中重金属元素 Cd 的富集能力均为最强，其次为 Cu。叶和花均呈现出 Cd＞Cu＞Hg＞Cr 的变化趋势，而茎则为 Cd＞Cu＞Cr＞Pb＞As＞Hg；其中，山银花茎、叶、花对 Cd 的富集系数分别为 7.250、10.580、14.750，茎和花对 Cu 的富集系数分别为 1.037、1.633，花对 Hg 的富集系数为 1.255，富集系数均大于 1，即富集能力很强。有研究表明，可用富集系数来衡量植物对重金属的超富集特性，即富集系数大于 1 是重金属超富集植物的评价标准之一。Cd 在山银花植株中的累积效应非常强，表明山银花为 Cd 的超富集植物，这与刘周莉等（2013）的研究结果一致，值得进一步关注。

表 7-4-8　山银花不同部位中重金属含量及生物富集系数（以鲜重计）

指标	特征值	土壤	茎	叶	花
Pb	平均含量/（mg/kg）	21.426	3.036	4.631	0.319
	生物富集系数（BCF）		0.142	0.216	0.015
Cr	平均含量/（mg/kg）	18.855	14.485	8.017	4.082
	生物富集系数（BCF）		0.768	0.425	0.216

续表

指标	特征值	土壤	茎	叶	花
As	平均含量/（mg/kg）	7.764	0.063	0.119	0.129
	生物富集系数（BCF）		0.008	0.015	0.017
Cd	平均含量/（mg/kg）	0.100	0.725	1.058	1.475
	生物富集系数（BCF）		7.250	10.580	14.750
Cu	平均含量/（mg/kg）	3.312	3.434	3.145	5.410
	生物富集系数（BCF）		1.037	0.950	1.633
Hg	平均含量/（mg/kg）	0.094	0.0003	0.085	0.118
	生物富集系数（BCF）		0.003	0.904	1.255

（四）山银花茎、叶、花之间重金属含量的相关性分析

由表 7-4-9、表 7-4-10 和表 7-4-11 可知，山银花茎中的 Hg 含量与叶和花中的 6 种重金属元素含量均无相关性，而茎与叶中 Cd 含量的相关性达到显著水平，茎与叶中 Pb 含量相关性达到极显著水平，茎中 Pb 与叶中 As 含量的相关性达到显著水平，茎中 Cu 与叶中 Hg 含量的相关性达到极显著水平；花中 Hg 与茎中 Cu、Cr 含量的相关性分别达到显著、极显著水平；叶中 Hg 与花中 Pb、As 含量的相关性分别达到显著和极显著水平，叶中 Cd 与花中 Hg 含量的相关性达到显著水平，其余元素含量呈不同程度的相关性。说明，山银花茎、叶、花对 6 种重金属元素有不同的吸附强度，此外还表现出一定程度的协同作用和拮抗作用，其中，茎中的 Cr 与花中的 Hg，以及叶中的 Hg 与花中的 Cr 协同作用最强，其次为茎与叶中的 Pb。而拮抗作用最强的是茎中的 Cr 与叶中的 Pb 和花中的 Cd，茎中的 Cu 与叶中的 Pb 次之。从整体上看，相关性分析表明，各重金属含量之间相关性不明显，说明山银花在生长过程中对不同种重金属的吸收、迁移及富集等特征有较大的差异性。

表 7-4-9　山银花茎与叶之间重金属含量相关性分析

		茎					
		Cr	As	Cd	Pb	Cu	Hg
叶	Cr	0.21	−0.16	−0.25	0.01	0.12	0
	As	−0.04	0.06	0.31	0.61*	−0.07	0
	Cd	0.31	0.41	0.68*	−0.12	0.35	0
	Pb	−0.47	−0.07	0.10	0.79**	−0.45	0
	Cu	0.10	−0.06	−0.10	−0.17	0.36	0
	Hg	0.31	0.48	0.55	−0.24	0.76**	0

*表示 0.05 水平上显著相关；** 表示 0.01 水平上极显著相关，下同

表 7-4-10　山银花茎与花之间重金属含量相关性分析

		茎					
		Cr	As	Cd	Pb	Cu	Hg
花	Cr	0.15	−0.56	−0.26	0.28	−0.41	0
	As	−0.04	0.26	0.39	−0.11	0.40	0
	Cd	−0.47	0.28	0.47	−0.03	0.19	0
	Pb	−0.15	0.07	0.26	−0.18	0.26	0
	Cu	0.22	−0.25	0.08	−0.31	0.07	0
	Hg	0.86**	0.45	0.52	−0.18	0.58*	0

表 7-4-11　山银花叶与花之间重金属含量相关性分析

		叶					
		Cr	As	Cd	Pb	Cu	Hg
花	Cr	−0.02	0.56	−0.10	0.01	−0.26	−0.33
	As	−0.18	−0.31	−0.17	−0.19	0.51	0.86**
	Cd	−0.05	0.14	0.43	0.03	0.10	0.22
	Pb	−0.28	0.14	−0.04	−0.36	0.25	0.66*
	Cu	0.28	−0.12	0.53	−0.38	0.12	−0.10
	Hg	0.09	0.07	0.60*	−0.21	−0.08	0.29

　　植物对某种重金属元素的吸收超过阈值时，导致其体内承担主动运输作用的载体蛋白失活或抑制了线粒体产生 ATP，并向外分泌螯合剂，从而导致植物根系对其他重金属吸收减少；植物自身的解毒机制将吸收到的一部分有毒元素通过有机酸或氨基酸螯合封存在液泡内，另一部分则转运出细胞，减少毒害，大多数超富集植物将重金属局限于根部，从而防止损害光合器官，通过增强某些生理作用可达到该目的。本书著者认为，山银花也可能存在某种源-库调节机制，如果花或叶中有毒元素含量达阈值，则抑制另一种有毒元素往库运输，减少毒害；花和叶同时承担了矿质元素库的作用，因为叶是光合作用有机产物的源，所以花则变为库。减少源的有毒元素积累，利于正常养分和有机物的积累，符合生物趋利避害的自然规律。

四、贵州山银花无机元素含量分析及图谱的建立

（一）山银花中无机元素含量分布

　　对 100 份山银花样品中 K、Ca、Mg、Al、Mn、Fe、Zn、Cu、Cr、Ni、Cd、Co、As、Se、Mo、Pb 的含量进行测定，结果见表 7-4-12。由表 7-4-12 可知：不

表 7-4-12　100 份山银花中无机元素含量

特征值	As	Mo	Co	Pb	Se	Cd	Ni	Cr	Cu	Zn	Fe	Mn	Al	Mg	Ca	K
最小值/（mg/kg）	0.00	0.02	0.09	0.00	0.00	1.12	0.65	0.07	7.35	13.83	0.92	209	7.43	1962	542	11180
最大值/（mg/kg）	0.65	1.93	0.57	2.74	3.54	3.64	3.70	63.77	14.94	38.59	711.29	723	497.71	3376	6725	20996
平均值/（mg/kg）	0.11	0.19	0.27	0.61	0.91	1.85	2.42	4.27	10.79	22.03	88.80	434	57.26	2525	4552	15693
标准差/（mg/kg）	0.09	0.22	0.12	0.43	0.98	0.56	0.57	6.57	1.66	3.78	99.42	133	96.27	317	1003	2524
CV/%	87.13	114.06	43.45	69.71	107.19	30.22	23.80	153.87	15.34	17.17	111.96	30.65	168.14	12.54	22.02	16.08

同样品中 Al、Fe、Cr、Mo 含量差异较大，其中以 Cr 的差异最为明显，含量在 0.07～63.77 mg/kg，均值为 4.27 mg/kg，最高含量为最低含量的 911.0 倍；其次为 Fe，含量在 0.92～711.29 mg/kg，均值为 88.80 mg/kg，最高含量为最低含量的 773.1 倍，Mo 的最高含量为最低含量的 96.5 倍，Al 的最高含量为最低含量的 67.0 倍。从变异系数来看，以 Cr、Mo、Fe、Se、Al 的变异程度较强，其中 Al 高达 168.14%。

（二）山银花中无机元素含量分析

41 个不同山银花样品中无机元素含量的测定结果见表 7-4-13。

（三）山银花无机元素图谱的建立

本研究根据元素含量的测定结果，筛选出 16 种无机元素，绘制了这 16 种元素含量的分布曲线。为了便于比较，将 41 个山银花样品中无机元素含量的分布曲线拟合在一起，如图 7-4-1 所示；本研究还将 41 个山银花样品中 16 种无机元素的平均含量做无机元素分布图谱，如图 7-4-2 所示。

由图 7-4-1 可知，41 个山银花样品中 16 种无机元素含量具有相似的峰形，这一共性可用于区分山银花无机元素图谱与其他药材无机元素图谱，为鉴定假、伪山银花提供了参考依据。样品质量不同，其无机元素含量也有所差异，对于鉴定山银花的质量优劣具有一定的意义。由图 7-4-2 可知，不同的山银花样品，峰形上会有一定的差异性，以此来建立道地药材无机元素特征图谱是可行的，并且采用不同山银花样品中无机元素的平均值进行图谱分析，用该图谱作为标准图谱来鉴定真、伪山银花更为准确，由此就可以避免由于山银花产地、种类的不同而引起的峰形差异。

（四）山银花样品主成分分析

主成分分析中特征值及贡献率是选择主成分的依据，山银花主成分分析初始统计值见表 7-4-14，表中第二列是因子变量的特征值，它是主成分先后顺序的判别值，第 1 主成分的特征值是 4.035，后面主成分描述的特征值依次减小。第三列是各主成分方差贡献率，表示该主成分描述的方差占原有变量总方差的比例。它的值是第二列的特征值除以总方差的结果。从表 7-4-14 中可以看出，前 5 个主成分累积贡献率达到 74.461%，即前 5 个主成分模型解释了实验数据的 74.461%。

表 7-4-13　山银花中无机元素含量测定结果（mg/kg）

样品代码	As	Mo	Co	Pb	Se	Cd	Ni	Cr	Cu	Zn	Fe	Mn	Al	Mg	Ca	K
1	0.16	0.20	0.52	0.49	0.27	1.62	2.46	10.79	10.34	21.23	82.18	338.31	58.14	2 474.14	4 961.69	12 025.86
2	0.10	0.19	0.55	0.65	3.54	1.89	2.73	9.19	10.42	25.97	88.05	373.41	86.56	2 716.27	5 828.37	13 382.94
3	0.65	0.25	0.54	0.85	1.59	1.72	2.73	7.98	10.28	24.86	91.22	355.84	66.95	2 550.81	5 223.17	12 564.10
4	0.20	0.19	0.54	0.53	1.31	1.67	2.52	7.56	10.08	23.12	78.77	367.98	65.86	2 661.58	5 428.57	13 113.30
5	0.36	0.22	0.57	0.78	1.22	1.74	2.85	8.98	10.78	21.31	90.88	375.97	55.36	2 647.68	5 564.67	13 494.21
6	0.07	0.17	0.27	1.59	1.45	1.80	2.45	9.98	13.13	25.68	83.56	487.43	44.08	2 412.96	4 177.95	15 183.75
7	0.12	0.15	0.26	0.91	1.14	1.75	1.80	9.04	10.51	20.73	67.62	476.91	39.79	2 411.40	4 082.94	15 433.55
8	0.11	0.15	0.27	1.04	1.07	1.81	1.77	9.78	10.56	19.93	62.97	486.02	47.30	2 478.30	4 102.70	15 998.07
9	0.20	0.18	0.26	0.86	2.00	1.86	1.84	8.52	10.36	21.30	201.97	493.13	250.41	2 413.46	4 213.37	15 169.41
10	0.11	0.14	0.26	1.14	1.87	1.69	1.75	9.25	9.80	19.90	72.24	458.32	47.34	2 261.12	3 899.90	14 559.96
11	0.15	0.20	0.33	0.91	1.32	2.33	2.40	7.77	9.18	21.07	58.56	680.30	21.75	2 150.33	5 461.47	12 112.27
12	0.18	0.22	0.35	1.23	2.62	2.50	2.74	9.25	10.49	23.52	55.16	694.84	14.97	2 237.82	5 625.60	12 125.12
13	0.07	0.17	0.35	0.81	0.41	2.34	2.47	1.87	9.52	18.70	63.31	709.92	13.24	2 233.30	5 663.17	12 619.27
14	0.07	0.17	0.36	0.70	1.39	2.38	2.49	1.12	9.59	19.85	62.41	723.15	18.20	2 249.26	5 630.54	12 364.53
15	0.15	0.22	0.34	0.81	1.21	2.26	2.50	1.53	9.37	19.29	71.69	688.42	31.51	2 170.76	5 529.93	12 291.46
16	0.11	0.19	0.37	0.67	3.19	2.67	2.59	0.93	9.88	23.74	497.71	673.08	497.71	2 127.29	5 567.77	11 730.77
17	0.16	0.09	0.23	0.13	0.29	1.80	2.37	0.13	13.69	25.60	24.87	364.16	7.43	2 207.03	3 238.28	16 391.60
18	0.16	1.43	0.25	1.02	0.28	1.43	2.70	2.97	12.94	20.34	84.89	339.21	37.56	1 961.50	2 864.54	15 408.75
19	0.13	0.14	0.25	0.11	0.40	1.56	3.30	3.73	13.74	20.33	76.01	361.58	29.57	2 118.73	3 105.21	16 380.31
20	0.10	0.16	0.34	0.93	0.06	1.61	2.98	2.49	9.55	21.17	174.08	442.48	247.66	2 529.82	3 731.19	13 160.55
21	0.08	0.19	0.46	1.35	2.36	1.90	3.31	3.02	10.87	26.46	414.01	521.44	456.66	3 078.01	4 333.03	16 459.85

续表

样品代码	As	Mo	Co	Pb	Se	Cd	Ni	Cr	Cu	Zn	Fe	Mn	Al	Mg	Ca	K
22	0.10	0.13	0.15	0.27	2.15	1.24	2.20	2.12	11.88	24.05	108.62	373.81	112.84	2 514.22	3 695.87	18 174.31
23	0.14	0.12	0.14	0.06	1.02	1.20	1.66	1.44	11.34	22.17	38.75	363.38	9.76	2 443.48	3 625.60	18 314.01
24	0.06	0.13	0.11	1.30	1.97	2.23	2.03	2.22	11.93	29.11	159.27	480.73	223.44	3 076.15	5 105.50	19 756.88
25	0.10	0.14	0.09	0.20	0.32	1.73	1.89	1.04	10.42	25.33	35.63	437.10	10.01	2 707.64	4 528.40	17 867.78
26	0.06	0.15	0.11	0.37	2.84	2.10	2.09	2.54	12.27	29.66	144.18	504.09	155.73	3 197.45	5 404.91	20 996.36
27	0.11	0.15	0.15	0.37	0.66	1.35	3.04	2.38	12.34	22.81	59.40	297.93	22.22	2 479.32	4 345.39	14 910.71
28	0.01	0.18	0.19	0.28	3.01	1.50	2.80	4.12	12.16	22.43	78.82	337.40	19.24	2 823.47	4 937.98	17 280.53
29	0.07	0.13	0.16	0.31	0.13	1.47	2.66	2.36	11.17	20.80	55.77	309.19	14.82	2 556.21	4 482.40	15 801.56
30	0.13	0.25	0.34	0.62	1.11	1.16	1.87	3.53	7.97	15.18	54.47	218.72	13.82	2 776.07	4 070.01	18 718.97
31	0.07	0.28	0.36	0.64	2.13	1.33	0.65	3.19	8.51	17.16	176.35	238.95	284.06	2 986.76	4 482.19	19 799.09
32	0.08	0.25	0.34	0.54	0.43	1.20	1.90	2.84	8.03	15.03	48.02	225.59	12.87	2 788.33	4 072.44	19 223.89
33	0.08	0.26	0.35	0.58	1.48	1.19	2.03	3.76	8.25	16.23	65.18	223.29	12.14	2 731.49	4 166.35	18 177.13
34	0.10	0.27	0.34	0.59	0.93	1.25	1.56	2.80	7.84	15.09	54.70	229.70	13.02	2 780.69	4 169.31	19 074.26
35	0.10	0.25	0.34	0.53	1.64	1.27	1.81	4.32	8.13	15.28	61.16	232.90	12.85	2 836.21	4 155.17	18 975.10
36	0.12	0.27	0.36	0.64	0.39	1.33	2.43	1.70	8.47	19.12	68.94	235.93	54.92	2 790.07	4 470.40	17 946.27
37	0.10	0.14	0.26	0.22	0.05	2.07	2.49	3.31	10.20	20.87	72.43	396.07	29.18	2 269.42	4 893.20	15 631.07
38	0.08	0.17	0.26	0.28	0.54	2.22	3.19	3.87	10.42	22.33	72.07	412.96	18.35	2 298.52	5 088.67	15 349.75
39	0.14	0.16	0.25	0.24	0.77	2.15	2.48	3.15	9.95	20.99	61.87	385.71	16.47	2 204.93	4 899.01	14 591.13
40	0.06	0.19	0.25	0.60	1.44	3.34	2.88	2.55	12.33	24.23	85.85	660.26	52.29	2 804.49	6 597.99	15 718.86
41	0.11	1.93	0.26	0.59	1.34	3.24	3.46	3.75	12.14	23.21	83.72	668.62	19.39	2 775.66	6 520.04	16 075.27

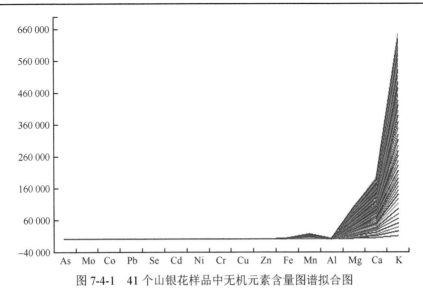

图 7-4-1 41 个山银花样品中无机元素含量图谱拟合图

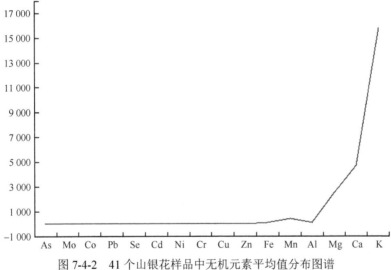

图 7-4-2 41 个山银花样品中无机元素平均值分布图谱

表 7-4-14 主成分分析初始统计值

主成分	特征值	方差贡献率/%	累计贡献率%
1	4.035	25.221	25.221
2	2.631	16.446	41.667
3	2.454	15.340	57.007
4	1.468	9.175	66.182
5	1.325	8.278	74.461
6	1.145	7.158	81.618

续表

主成分	特征值	方差贡献率/%	累计贡献率%
7	1.052	6.576	88.195
8	0.583	3.641	91.836
9	0.519	3.243	95.079
10	0.278	1.738	96.817
11	0.167	1.044	97.861
12	0.140	0.875	98.736
13	0.083	0.519	99.255
14	0.076	0.473	99.728
15	0.029	0.184	99.912
16	0.014	0.088	100.000

由表 7-4-15 可知，Cd、Mn、Ca 为第 1 主成分贡献较大的元素；Al、Mg 为第 2 主成分贡献较大的元素；Co、Cr、Cu 为第 3 主成分贡献较大的元素；Cu、Zn、As、Ca 为第 4 主成分贡献较大的元素；Mg、Cr、Fe 为第 5 主成分贡献较大的元素。总方差 55% 以上的贡献来自第 1、第 2、第 3 主成分，所以可以认为 Cd、Mn、Ca、Al、Mg、Co、Cr、Cu 是山银花的特征无机元素。

表 7-4-15　无机元素对主成分负荷矩阵旋转后的结果

元素	主成分				
	1	2	3	4	5
As	0.093	−0.278	0.238	0.333	0.179
Mo	0.078	−0.087	−0.156	−0.112	0.106
Co	0.150	−0.201	0.478	−0.003	0.034
Pb	0.228	0.037	0.281	0.088	0.001
Se	0.225	0.334	0.190	−0.007	0.263
Cd	0.406	−0.025	−0.206	−0.317	0.029
Ni	0.276	−0.167	−0.238	0.164	−0.024
Cr	0.127	−0.227	0.327	0.234	0.353
Cu	0.141	0.034	−0.440	0.473	0.173
Zn	0.289	0.204	−0.241	0.348	0.279
Fe	0.249	0.388	0.168	0.135	−0.375
Mn	0.405	−0.040	−0.149	−0.239	−0.145
Al	0.210	0.432	0.197	0.163	−0.330

续表

元素	主成分				
	1	2	3	4	5
Mg	−0.088	0.400	0.129	−0.147	0.484
Ca	0.337	−0.034	0.015	−0.465	0.298
K	−0.330	0.374	−0.105	−0.058	0.243

（五）山银花样品聚类分析

以 16 个无机元素含量为变量，对 41 个不同样品的山银花进行系统聚类分析，如图 7-4-3 所示。该层次聚类分析的树状图，直观地描述了整个聚类过程。如

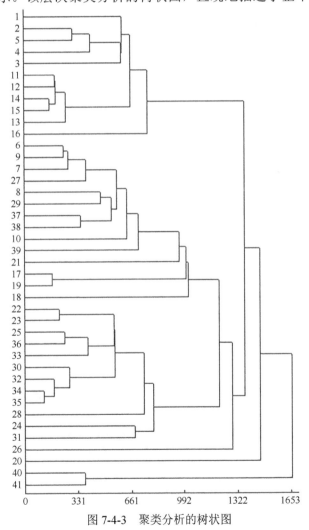

图 7-4-3　聚类分析的树状图

图 7-4-3 所示，41 个山银花样品用 16 个元素含量作为聚类变量，可分成五大类：其中 S1、S2、S5、S4、S3、S11、S12、S14、S15、S13、S16 为一类；S6、S9、S7、S27、S8、S29、S37、S38、S10、S39、S21、S17、S19、S18 为一类；S22、S23、S25、S36、S33、S30、S32、S34、S35、S28、S24、S31 为一类；S20 单独为一类；S40、S41 为一类。聚类结果表明：同一区域的不同山银花样品未聚为一类，说明山银花对元素的选择吸收—运输—再分配这一系列环节不同，进而使得这些元素含量在不同的山银花样品中存在差异。

五、小结

（1）贵州山银花产地土壤微量元素与重金属元素含量特征

总的来说，山银花产地土壤除了微量元素 Co 以外，Cu、Zn、Mn 三者含量均低于全国或世界土壤平均含量，Cu、Zn、Co 含量的变异程度较大，Fe、Mn 含量的变异程度较小，表明 Cu、Zn、Co 含量可能受外源引入的影响较大，而 Fe、Mn 元素含量可能受地质背景下成土母质中两种元素含量的影响而出现较小变异。土壤中重金属 As、Pb、Cd、Cr 和 Cu 含量低于贵州土壤背景值，Hg 含量略高，超贵州土壤背景值 1.17 倍；Cd 和 Hg 较中国土壤背景值高出 1.03 倍和 1.85 倍，As、Pb 和 Hg 分别高出世界土壤背景值 1.63 倍、1.19 倍和 1.85 倍。山银花产地土壤中 As、Cd、Hg、Pb、Cr 和 Cu 含量均未超标，且变异程度各异，表现为 Pb＞Hg＞Cu＞As＞Cd＞Cr。根区与非根区土壤差异性表现为：①各微量元素含量均表现出根区＞非根区的趋势，且差异性均不显著，这与植物的吸收利用紧密相关；②重金属元素 Cr、As、Hg、Cu 含量均表现为根区低于非根区，且差值不大，Pb 则表现为根区高于非根区约 3 倍。这可能是山银花对 Cr、As、Hg、Cu 吸收富集的作用，使得根区含量低于非根区；Pb 含量过高，可能与施肥习惯有关。

（2）贵州山银花产地土壤环境质量评价

1）山银花产地土壤肥力适宜，土壤中 Cr、As、Cd、Hg、Pb、Cu 的单因子污染指数都低于 0.7，属清洁安全水平。根区与非根区土壤差异性表现为：①山银花产地根区土壤养分含量较非根区丰富，其中根区土壤碱解氮的肥力等级大都为Ⅰ级，其余指标均为Ⅱ级，说明根区土壤养分供应水平较高；非根区土壤速效磷、速效钾肥力等级较低，为Ⅲ级，其余指标均为Ⅱ级。②土壤多因子综合污染指数表现为非根区＞根区，分别处于警戒线和安全等级，其中，Cd 和 Hg 的贡献率较高，为主要影响因子。单因子污染指数中 Cr、Cd、Pb 表现为根区＞非根区，而 As、Hg、Cu 则为非根区＞根区，表明非根区受外界干扰较大，极有可能是受施肥习惯的影响。

2）山银花中微量元素的分布规律各异，茎中的微量元素含量表现为 Mn＞Fe＞Zn＞Mo＞Co；叶和花中的微量元素含量均表现为 Mn＞Fe＞Zn＞Co＞Mo。各微量元素在山银花中的变异程度呈现出 Mo＞Mn＞Fe＞Co＞Zn 的趋势，均为强变异。

3）山银花中重金属的分布规律各不相同，茎中重金属含量为 Cr＞Cu＞Pb＞Cd＞As＞Hg；叶中重金属含量为 Cr＞Pb＞Cu＞Cd＞As＞Hg；花中重金属含量为 Cu＞Cr＞Cd＞Pb＞As＞Hg；各重金属元素在山银花植株中的变异程度呈现出 Hg＞Cr＞Pb＞As＞Cd＞Cu 的趋势，另外，山银花茎和叶中 Hg 与 Cr 及花中的 Hg 与 Pb 均分布不均匀，这可能与植物不同部位对重金属的吸附特性有关。

4）按照《药用植物及制剂外经贸绿色行业标准》（WM/T 2—2004）中规定的限量值，山银花植株中 As、Pb、Cu、Hg 4 种重金属元素含量均未超标，而山银花中的 Cd 含量远超出了相应的限量值，且超标率为 100%。山银花植株内的重金属主要源自其生长的土壤，而土壤中 Cd 的含量均未超出土壤环境质量标准中的限定值，说明 Cd 在山银花中具有很强的累积效应。

5）山银花茎、叶、花对土壤中重金属元素的富集能力不同，除 Pb 和 As 外，山银花叶和花对土壤中重金属元素的富集能力均呈现出 Cd＞Cu＞Hg＞Cr 的趋势，而茎则为 Cd＞Cu＞Cr＞Pb＞As＞Hg；茎、叶、花对土壤中重金属元素 Cd 的富集能力均为最强，富集系数分别为 7.250、10.580、14.750，符合重金属超富集植物评价标准，说明 Cd 在山银花植株中的累积效应非常强，表明山银花为 Cd 的超富集植物，这与前人的研究结果一致。

6）从整体上看，相关性分析表明，各重金属元素含量之间相关性不明显，说明山银花在生长过程中对不同种重金属的吸收、迁移及富集等特征有较大的差异性，这可能与山银花存在某种源-库调节机制有关。

（3）贵州山银花无机元素含量分析及图谱的建立

1）据山银花样品中 16 种无机元素指纹图谱拟合可知，不同样品间具有相似峰形的这一共性可用于区分山银花无机元素图谱与其他药材无机元素图谱，并为鉴定假、伪山银花提供了参考依据。

2）山银花样品主成分分析结果表明，第1、第2、第3主成分占了总方差55%以上，反映了山银花中 55%以上的信息，前 3 个主成分主要贡献元素为：Cd、Mn、Ca、Al、Mg、Co、Cr、Cu，这些元素可作为山银花的特征无机元素。

3）同一区域的不同山银花样品未聚为一类，说明不同山银花样品对元素的选择吸收性不同，使得这些元素含量在不同山银花样品中存在差异。

第五节　贵州何首乌污染研究

一、材料与方法

本研究所用样品分两次采集。于 2013 年 4 月底对施秉双井龙塘、都匀王司何首乌种植基地进行混合土样采集，以掌握何首乌生长的土壤特性；2013 年 11 月底进行土壤-植株定点采集，共采集植株-土壤样品 20 套，以探寻何首乌品质与其生长土壤特性的关系（表 7-5-1）。

表 7-5-1　土壤样点的分布情况

采样时间	样品名称	采样地点		合计/个
		都匀	施秉	
2013 年 4 月底	混合样	39	8	47
	环刀样	19	4	23
2013 年 11 月底	根区	14	6	20
	非根区	14	6	20
	环刀样	14	6	20
合计/个		100	30	130

重金属测试方法：土壤样品和植株样品参照国家标准方法消解，采用 ICP-MS 测定。

二、何首乌产地土壤微量元素含量分析

（一）土壤有效态微量元素的含量与分布

微量元素的全量只能反映成土母质和成土过程的环境影响，不能作为评价微量元素有效程度的标准，土壤中微量元素能否满足作物的需求，只能用有效含量高低来衡量。土壤有效态微量元素的含量分布是成土母质、地形、地貌、气候，以及人为耕作、施肥水平等各种因素综合作用的结果，土壤有效态微量元素含量在一定条件下说明了土壤微量元素的供应水平。贵州何首乌种植基地土壤有效态微量元素的含量见表 7-5-2，贵州何首乌产地土壤大多为酸性或微酸性，土壤有效态微量元素含量变异较大，有效态 Mn、有效态 Fe 含量低于贵州土壤平均含量，有效态 Cu、有效态 Zn 含量远高于贵州平均水平。土壤有效态 Mn 平均含量为 7.17 mg/kg，施秉产区略高于都匀产区，但差异不显著；土壤有效态 Fe 平均含量为 4.41 mg/kg，施秉产区显著高于都匀产区；土壤有效态 Cu 平均含量为 3.07 mg/kg，都匀产区极显著高于施秉产区；土壤有效态 Zn 平均含量为 5.68 mg/kg，

两地差异不显著。

表 7-5-2　贵州何首乌种植基地土壤有效态微量元素含量

产区	样品数/个	特征值	Mn	Fe	Cu	Zn
都匀	67	平均值/（mg/kg）	6.94 aA	3.53 bA	3.41 aA	6.02 aA
		标准差/（mg/kg）	4.79	1.78	2.03	9.24
		变异系数/%	68.99	50.33	57.51	154.59
施秉	20	平均值/（mg/kg）	7.96 aA	7.34 aA	1.93 bB	4.53 aA
		标准差/（mg/kg）	6.07	4.33	0.72	2.41
		变异系数/%	76.26	59.06	36.42	52.72
合计	87	平均值/（mg/kg）	7.17	4.41	3.07	5.68
		标准差/（mg/kg）	5.15	3.26	1.81	7.80
		变异系数/%	71.03	69.68	61.20	141.36
贵州平均含量			27.40	70.83	2.50	1.73

注：同列不同小写字母表示 0.05 水平差异显著；同列不同大写字母表示 0.01 水平差异极显著，下同

对根区和非根区土壤有效态微量元素含量特征进行分析（表 7-5-3），结果显示：整体上除有效态 Zn 外，各有效态微量元素含量表现出根区高于非根区的趋势，有效态 Fe、有效态 Cu 含量差异显著，有效态 Mn 含量差异不显著；两产地根区、非根区除都匀产区有效态 Zn 外，也都表现出根区高于非根区；表明微量元素在根区的有效性高于非根区。根区与非根区土壤重金属元素有效态含量在地域上差异也不同。

表 7-5-3　不同产地根区与非根区土壤有效态微量元素含量特征（mg/kg）

产地	根区/非根区	样品数/个	Mn	Fe	Cu	Zn
都匀	根区	14	7.12±5.53 aA	4.13±2.11 aA	3.93±2.41 aA	4.78±4.86 aA
	非根区	14	6.75±4.10 aA	2.93±1.16 bA	2.84±1.19 bA	7.12±12.21 aA
施秉	根区	6	9.37±7.96 aA	8.51±5.41 aA	1.99±0.74 aA	5.13±2.08 aA
	非根区	6	8.16±3.59 aA	7.25±2.96 aA	1.12±0.70 aA	2.31±2.62 bB
合计	根区	20	7.80±6.22 aA	5.44±3.87 aA	3.35±2.22 aA	4.88±4.16 aA
	非根区	20	7.17±3.86 aA	4.23±2.35 bA	2.32±1.16 bA	5.68±10.31 aA

（二）土壤微量元素全量含量对有效态含量的影响

土壤中的微量元素全量和有效态含量是反映土壤微量元素状况的基本指标。微量元素全量反映了土壤提供微量元素的能力，微量元素有效态含量反映了土壤提供微量元素的强度。土壤中微量元素全量是其有效态的主要来源，在很大程度上决定了微量元素有效态的多少。通过对土壤微量元素全量与有效态含量之间进

行相关性分析，结果如表 7-5-4 所示，Mn、Fe、Cu 和 Zn 4 种微量元素全量与有效态含量之间大多表现出正相关关系，其中有效态 Mn 与全量 Cu 含量相关性不显著；有效态 Fe 与全量 Zn 含量相关性显著。另外，Mn、Fe、Cu、Zn 和 Co 5 种微量元素全量之间、有效态含量之间大多表现出显著或极显著的正相关关系，表明贵州何首乌产地土壤微量元素来源相同。

表 7-5-4　何首乌产地土壤微量元素全量与有效态含量的相关性

	全量 Mn	全量 Fe	全量 Cu	全量 Zn	全量 Co	有效态 Mn	有效态 Fe	有效态 Cu	有效态 Zn
全量 Mn	1								
全量 Fe	0.68**	1							
全量 Cu	0.77**	0.93**	1						
全量 Zn	0.15	0.46**	0.35*	1					
全量 Co	0.91**	0.77**	0.76**	0.21	1				
有效态 Mn	0.04	−0.14	−0.07	−0.06	0.09	1			
有效态 Fe	−0.15	0.41**	−0.43**	−0.34*	−0.02	0.33*	1		
有效态 Cu	0.31*	0.22	0.28	0.26	0.31*	0.35*	0.08	1	
有效态 Zn	−0.02	0.01	0.02	0.44**	−0.01	0.38*	0.05	0.48**	1

*表示在 0.05 水平显著相关；**表示在 0.01 水平极显著相关，下同

（三）土壤理化性质及养分对微量元素全量与有效态含量的影响

贵州何首乌产地土壤理化性质与土壤微量元素全量与有效态含量的相关性分析表明（表 7-5-5）：土壤中 5 种微量元素全量与土壤容重、土壤比重呈负相关关系，其中与土壤比重的相关性达到显著或极显著；与土壤毛管孔隙度呈显著或极显著正相关，与土壤非毛管孔隙度呈负相关，其中与 Fe、Cu 相关性极显著；与 >0.25 mm 团聚体稳定度呈负相关关系，其中与 Fe、Cu 相关性极显著；各元素含量与各级土粒表现出显著或极显著相关关系，且与较细土粒含量呈正相关，与较粗土粒含量呈负相关；与土壤 pH 都呈显著或极显著负相关关系；与土壤有机质含量（除 Zn 外）没有显著关系。结果显示，贵州何首乌种植基地土壤微量元素含量表现出比重越小、团聚体越不稳定、土粒越细、土壤 pH 越小其含量越高的特点。

表 7-5-5　何首乌产地土壤理化性质与土壤微量元素含量的相关性

理化指标		全量					有效态			
		Mn	Fe	Cu	Zn	Co	Mn	Fe	Cu	Zn
	容重	−0.22	−0.17	−0.19	−0.31	−0.15	0.00	0.05	−0.37*	0.01
	比重	−0.50**	−0.57**	−0.63**	−0.39*	−0.44**	−0.21	0.31	−0.45**	−0.25
土壤孔隙度	总孔隙度	0.10	0.04	0.05	0.21	0.05	−0.05	0.02	0.26	−0.06
	毛管孔隙度	0.31*	0.43**	0.45**	0.39*	0.17	−0.19	−0.63**	0.22	−0.02
	非毛管孔隙度	−0.30	−0.51**	−0.53**	−0.28	−0.17	0.19	0.83**	−0.02	−0.04

续表

理化指标		全量					有效态			
		Mn	Fe	Cu	Zn	Co	Mn	Fe	Cu	Zn
>0.25 mm 团聚体稳定度		-0.27	-0.45**	-0.50**	-0.30	-0.24	-0.08	0.30	-0.12	0.06
土壤机械组成	0.25~1 mm	-0.50**	-0.70**	-0.74**	-0.52**	-0.50**	0.14	0.35*	-0.3	-0.01
	0.05~0.25 mm	-0.14	-0.35*	-0.38**	-0.47**	-0.10	0.12	0.44**	-0.02	0.07
	0.01~0.05 mm	-0.46**	-0.66**	-0.71**	-0.32*	-0.43**	0.10	0.34*	-0.23	0.03
	0.005~0.01 mm	-0.36*	-0.49**	-0.56**	-0.45**	-0.27	0.14	0.56**	-0.26	-0.10
	0.001~0.005 mm	0.32*	0.20	0.27	-0.05	0.31*	0.04	-0.12	0.14	-0.11
	<0.001 mm	0.48**	0.76**	0.81**	0.62**	0.42**	-0.18	-0.58**	0.27	0.02
	<0.01 mm	0.47**	0.72**	0.77**	0.53**	0.43**	-0.15	-0.47**	0.24	-0.04
pH		-0.43**	-0.49**	-0.50**	-0.67**	-0.37*	0.07	0.33*	-0.30	-0.19
有机质		-0.14	0.08	-0.03	0.36*	-0.01	0.05	0.23	0.04	-0.04

土壤 4 种微量元素有效态含量与土壤理化性质相关。土壤有效态 Mn 与土壤理化性质没有显著相关性；土壤有效态 Fe 与土壤比重呈正相关，与土壤毛管孔隙度极显著负相关，与土壤非毛管孔隙度呈极显著正相关关系，与>0.25 mm 团聚体稳定度呈正相关关系，与较细土粒含量呈负相关关系，与较粗土粒含量呈正相关关系，与土壤 pH 呈极显著正相关关系。表明，土壤 Fe 元素有效态含量表现出比重越大、团聚体越稳定、土粒越粗、pH 越大其含量越高的特点；土壤有效态 Cu 与土壤容重、比重相关性分别达到显著与极显著负相关，与土壤非毛管孔隙度呈负相关关系，与>0.25 mm 团聚体稳定度呈负相关关系，与较细土粒含量呈正相关关系，与较粗土粒含量呈负相关关系，与土壤 pH 呈负相关关系，与土壤有机质含量呈正相关关系，但相关性都不显著；土壤有效态 Zn 与土壤各理化指标相关性都不显著。

三、贵州何首乌产地土壤重金属含量特征

（一）土壤重金属元素的含量与分布

土壤中重金属元素的含量，可直接反映土壤重金属污染状况，对贵州何首乌产地土壤重金属元素含量进行检测，并将其与国家《土壤环境质量标准》（GB 15618—1995）中规定的各重金属元素含量限值进行比较分析，结果见表 7-5-6。统计结果显示，贵州何首乌产地土壤 As、Hg 元素含量都超过限值，表明贵州何首乌产地土壤受一定程度的重金属污染，且 Cd、Pb、Hg 含量的变异系数较大，三者在何首乌产地分布不均。对两个产区土壤重金属元素含量进行比较分析，结果显示，除 Cr、Cd、Pb 外，都匀产区各重金属元素含量都有超限现象；施秉产

区土壤重金属含量均远低于限值，且极显著低于都匀产区，土壤清洁。变异性 As、Cr、Cd、Pb 两地相差不大，Hg 在两地变异性相差较大，Hg 含量在施秉分布较不均匀。

表 7-5-6　贵州何首乌产地土壤重金属元素含量

产区	样品数/个	特征值	As	Cr	Cd	Pb	Hg
都匀	67	平均值/（mg/kg）	64.27 aA	79.15 aA	0.26 aA	81.33 aA	0.48 aA
		标准差/（mg/kg）	13.73	9.02	0.19	37.42	0.17
		变异系数/%	21.36	11.39	74.22	46.01	35.68
施秉	20	平均值/（mg/kg）	22.83 bB	62.93 bB	0.23 bB	29.77 bB	0.09 bB
		标准差/（mg/kg）	5.27	9.89	0.14	9.87	0.09
		变异系数/%	23.08	15.71	62.29	33.15	101.56
合计	87	平均值/（mg/kg）	54.74	75.42	0.25	69.48	0.39
		标准差/（mg/kg）	21.19	11.37	0.18	39.63	0.23
		变异系数/%	38.38	15.03	72.22	56.55	57.41
限值（pH 4.0~6.5）			40.00	150.00	0.30	100.00	0.30

注：不同小写字母表示 0.05 水平差异显著；不同大写字母表示 0.01 水平差异极显著，下同

对根区和非根区土壤重金属元素含量特征进行分析（表 7-5-7），结果显示，除 Hg 外，整体上各重金属元素含量表现出根区高于非根区的趋势，但差异不显著，两产地根区与非根区 As、Cr 含量也表现出相同特征，出现此趋势的原因可能与微量元素相关。根区与非根区土壤重金属元素含量在地域上差异不显著。

表 7-5-7　不同产地根区与非根区土壤重金属元素含量特征（mg/kg）

产地	根区/非根区	样品数/个	As	Cr	Cd	Pb	Hg
都匀	根区	14	64.30±12.01 aA	80.04±6.61 aA	0.48±0.07 aA	65.11±16.43 aA	0.38±0.16 aA
	非根区	14	62.94±12.23 aA	82.26±5.99 aA	0.49±0.06 aA	62.79±14.70 aA	0.42±0.18 aA
施秉	根区	6	23.58±6.47 aA	63.82±14.64 aA	0.37±0.06 aA	31.67±13.67 aA	0.05±0.07 aA
	非根区	6	22.24±4.81 aA	57.34±8.62 aA	0.31±0.03 aA	32.43±12.91 aA	0.05±0.04 aA
合计	根区	20	52.08±21.28 aA	75.17±11.54 aA	0.45±0.09 aA	55.08±21.57 aA	0.28±0.21 aA
	非根区	20	50.73±23.75 aA	74.78±21.40 aA	0.44±0.14 aA	53.68±19.90 aA	0.31±0.24 aA

（二）土壤理化性质对重金属元素含量的影响

贵州何首乌产地土壤理化性质与土壤重金属元素含量的相关性分析表明（表 7-5-8）：①土壤中 5 种重金属元素含量与土壤比重呈极显著负相关关系；②与土壤毛管孔隙度呈正相关，其中与 As、Pb 相关性达到极显著，与 Hg 相关性

达到显著；除 Cr 外，与土壤非毛管孔隙度都呈显著或极显著负相关关系；③与
>0.25 mm 土壤团聚体稳定度呈负相关关系，其中与 As、Hg 和 Pb 相关性达到显著
或极显著；④各元素与土壤各级土粒（0.001～0.005 mm 除外）表现出显著或极显
著相关性，且与较细土粒含量呈正相关关系，与较粗土粒含量呈负相关关系；
⑤除 Hg 外，其余元素与土壤 pH 都呈极显著负相关关系；⑥与土壤各微量元素含
量呈显著或极显著正相关；⑦5 种重金属元素含量之间都呈极显著正相关关系。结
果显示，贵州何首乌产地土壤重金属元素含量表现出比重越小、团聚体越不稳定、
土粒越细、土壤 pH 越小其含量越高的特点，重金属元素与微量元素来源相同。

表 7-5-8　何首乌产地土壤理化性质与土壤重金属元素含量的相关性

项目		As	Cr	Cd	Hg	Pb
容重		−0.24	−0.20	−0.16	−0.13	−0.30
比重		−0.56**	−0.45**	−0.45**	−0.48**	−0.46**
土壤孔隙度	总孔隙度	0.11	0.09	0.06	0.03	0.18
	毛管孔隙度	0.52**	0.29	0.29	0.38*	0.45**
	非毛管孔隙度	−0.57**	−0.29	−0.32*	−0.46**	−0.40*
>0.25 mm 团聚体稳定度		−0.44**	−0.28	−0.25	−0.52**	−0.31*
土壤机械组成	0.25～1 mm	−0.73**	−0.51**	−0.53**	−0.60**	−0.59**
	0.05～0.25 mm	−0.47**	−0.17	−0.32*	−0.36*	−0.27
	0.01～0.05 mm	−0.64**	−0.45**	−0.43**	−0.64**	−0.48**
	0.005～0.01 mm	−0.57**	−0.37*	−0.42**	−0.47**	−0.54**
	0.001～0.005 mm	0.18	0.13	0.09	0.16	0.18
	<0.001 mm	0.83**	0.52**	0.59**	0.72**	0.63**
	<0.01 mm	0.76**	0.48**	0.53**	0.68**	0.55**
pH		−0.54**	−0.41**	−0.42**	−0.29	−0.46**
有机质		0.16	0.11	0.15	−0.04	0.09
土壤微量元素	Mn	0.62**	0.60**	0.54**	0.50**	0.82**
	Fe	0.92**	0.88**	0.89**	0.76**	0.87**
	Cu	0.92**	0.76**	0.78**	0.83**	0.87**
	Zn	0.54**	0.47**	0.46**	0.17	0.40*
	Co	0.64**	0.78**	0.69**	0.49**	0.84**
土壤重金属元素	As	1	0.73**	0.80**	0.76**	0.89**
	Cr	0.73**	1	0.84**	0.51**	0.75**
	Cd	0.80**	0.84**	1	0.65**	0.81**
	Hg	0.76**	0.51**	0.65**	1	0.66**
	Pb	0.89**	0.75**	0.81**	0.66**	1

（三）贵州何首乌产地土壤重金属含量评价

以国家《土壤环境质量标准》（GB 15618—1995）为土壤环境质量评价标准，本研究区域土壤的 pH 均小于 6.5，属于标准中的 pH<6.5 区间。依据土壤环境质量二级标准对其污染程度进行单因子指数（P_i）和多因子综合污染指数（$P_综$）评价，结果如表 7-5-9 所示。

表 7-5-9　贵州何首乌产地土壤重金属污染的评价

| 产地 | 根区/非根区 | P_i | | | | | | $P_综$ | 污染等级 |
		As	Cr	Cd	Pb	Hg	Cu		
都匀	根区	1.07	0.55	0.96	0.63	1.39	0.76	0.99	警戒
	非根区	1.01	0.53	0.91	0.65	1.32	0.60	0.90	警戒
	合计	1.07	0.53	0.86	0.65	1.33	0.70	0.97	警戒
施秉	根区	0.59	0.43	0.63	0.32	0.17	0.28	0.63	安全
	非根区	0.56	0.38	0.80	0.32	0.16	0.26	0.51	安全
	合计	0.57	0.42	0.76	0.30	0.19	0.27	0.61	安全
全产区	根区	0.91	0.51	0.93	0.46	0.99	0.85	0.86	警戒
	非根区	0.96	0.50	0.60	0.44	1.00	0.81	0.84	警戒
	合计	0.95	0.50	0.84	0.45	1.02	0.81	0.86	警戒

通过对何首乌产地土壤重金属单因子污染指数的评价，结果表明（表 7-5-9），整体上土壤中 Pb、Cr、Cu、Cd 和 As 没有超出限定值，Hg 有一定程度的污染。Pb 的污染指数最小，为 0.45，其中都匀（0.65）＞施秉（0.30）；其次为 Cr，污染指数为 0.50，其中都匀（0.53）＞施秉（0.42）；Cu 的污染指数为 0.81，都匀（0.70）＞施秉（0.27）；Cd 的污染指数为 0.84，都匀（0.86）＞施秉（0.76）；As 的污染指数为 0.95，都匀（1.07）＞施秉（0.57）；Hg 的污染指数为 1.02，都匀（1.33）高于施秉（0.19）6 倍，所有指标在不同产地都表现出根区污染指数大于非根区的趋势。单因子污染指数评价表明，贵州何首乌产地受到一定程度的 Hg 污染，都匀产区还受到 As 的威胁，施秉产区土壤环境清洁，没有污染现象发生，非根区土壤环境优于根区土壤环境。

通过对何首乌产地土壤重金属多因子综合污染指数的评价，结果表明，土壤多因子综合污染指数为 0.86，处于警戒线水平，其中施秉产区土壤多因子综合污染指数为 0.61，污染等级处于安全水平，都匀产区为 0.97，污染水平处于警戒水平，表明施秉产区土壤受到重金属污染的程度不严重，而都匀产区则应注意 As、Hg 两种重金属引起的土壤污染。生产中应选择优质的有机肥和复合肥，增施有机肥，杜绝外来污染源带来的污染，降低目前土壤中超标重金属元素的含量，以免引起污染而影响何首乌的品质。

四、何首乌微量元素和重金属元素含量特征

（一）何首乌块根微量元素含量

何首乌中微量元素含量较多，如 Ca、Fe、Zn、Mn、Se 等，其中 Fe 的含量最高，还含有丰富的 Mn、Ca，长期服用可补充体内这些元素的不足，达到"乌须黑发"的功效。本研究测定了 20 个何首乌块根样品中微量元素的含量，结果如表 7-5-10 所示。可以看出，贵州何首乌块根中微量元素，以 Ca、Fe、Mn、Zn 4 种含量较大，可为人体提供身体必需的 Ca、Fe、Mn 元素，另外还含有 Se、Mo、Co 等对人体有益的元素，长期服用，可达到强身健体的效果。两产地所产何首乌微量元素含量差异不大，除 Se 外，各微量元素含量表现出施秉产区高于都匀产区的地域特征。

表 7-5-10　不同产地何首乌块根微量元素含量

产地	样品数	特征值	Mn	Fe	Co	Zn	Se	Mo	Ca
都匀	14	平均值/（mg/kg）	9.69	203.21	0.28	9.25	1.96	0.33	1096.06
		标准差/（mg/kg）	5.32	27.65	0.09	2.77	0.25	0.08	334.67
		变异系数/%	54.92	13.61	32.45	29.92	12.60	25.23	30.53
施秉	6	平均值/（mg/kg）	14.59	212.00	0.29	10.27	1.93	0.40	1200.58
		标准差/（mg/kg）	5.99	80.82	0.14	2.02	0.17	0.08	325.54
		变异系数/%	41.07	38.12	49.51	19.63	8.64	19.80	27.12
合计	20	平均值/（mg/kg）	11.16	205.85	0.28	9.56	1.95	0.35	1127.42
		标准差/（mg/kg）	6.11	69.74	0.13	2.22	0.22	0.09	327.88
		变异系数/%	46.13	33.27	45.05	22.25	11.50	24.69	29.16

（二）何首乌块根重金属含量

本研究测定的 20 个何首乌样品重金属含量，结果如表 7-5-11 所示。可以看出，按照《药用植物及制剂外经贸绿色行业标准》（WM/T 2—2004）要求，Cu、As、Cd、Pb、Hg 5 种重金属在何首乌块根中的含量均未超标，所有样品符合标准要求。植株中的 Hg 和 As 大部分直接来源于土壤，而土壤中的 Hg 和 As 主要来源于矿物的天然释放，以及以有机农药为主的农业污染和工业废物污染排放等。虽然都匀产区 Hg、As 含量在部分土壤样品中超标，但并未在何首乌块根中大量富集，引起何首乌块根中 Hg、As 含量超标。

表 7-5-11　不同产地何首乌块根重金属含量

产地	样品数/个	特征值	Cu	As	Cd	Hg	Pb
都匀	14	平均值/（mg/kg）	1.13	0.03	0.11	0.21	0.34
		标准差/（mg/kg）	0.18	0.07	0.08	0.07	0.24
		变异系数/%	16.29	244.95	69.52	32.30	72.47
施秉	6	平均值/（mg/kg）	2.88	0.00	0.12	0.18	0.63
		标准差/（mg/kg）	1.49	0.00	0.06	0.04	0.25
		变异系数/%	51.75	—	53.04	18.08	39.39
合计	20	平均值/（mg/kg）	1.66	0.02	0.11	0.20	0.43
		标准差/（mg/kg）	1.49	0.04	0.07	0.05	0.28
		变异系数/%	62.12	469.04	55.95	23.61	0.00
		限定值	20.00	2.00	0.30	0.20	5.00

五、小结

　　贵州大部分何首乌产地土壤中各微量元素含量高于全国或世界土壤平均含量，土壤微量元素潜在供应水平尚可，表现出一定根区增加效应。都匀产区土壤微量元素 Cu 的供应水平显著高于施秉产区，施秉产区土壤各微量元素含量不均且远低于全国或世界水平，出现供应匮乏；有效态微量元素含量变异较大，Mn、Fe 含量低于贵州土壤平均含量，Cu、Zn 含量高于贵州土壤平均水平，且两产地差异不大。除有效态 Zn 外，各有效态微量元素含量表现出根区高于非根区的趋势；对土壤有效态微量元素含量进行丰缺评价，结果显示，土壤 Mn 供应水平尚可，Fe 在都匀产区缺乏，应增施微肥，Cu、Zn 含量丰富，但应注意避免土壤 Cu 的污染。

　　土壤重金属 As、Cd、Pb、Hg 元素含量都有超过限值现象，单因子污染指数 Hg＞As＞Cd＞Cu＞Cr＞Pb，表明贵州何首乌产地土壤受一定程度的 Hg、As 污染，其中都匀产区各重金属元素含量都有超限现象，综合污染指数达到 0.97，处于警戒水平，施秉产区土壤清洁安全。各重金属元素含量也在根区表现出一定的富集效应，根区土壤清洁度差；土壤理化性质对土壤微量元素、重金属元素含量影响都表现出比重越小、团聚体越不稳定、土粒越细、土壤 pH 越小其含量越高的规律。但各有效态微量元素与土壤理化性质没有形成一致规律，表明影响各微量元素有效性的土壤理化因子不同。

第六节　贵州钩藤污染物与微量元素研究

一、材料与方法

2013 年 3 月 8 日，本研究团队中的 5 人前往剑河，完成剑河久仰摆伟钩藤产地土壤采样，共采集土壤样品 46 个，其中剖面样品 1 组。2013 年 3 月 25 日在剑河钩藤基地采集了 3 份钩藤植株样品。2013 年 4 月 25 日在都匀钩藤基地采集了 1 份 10 年生的钩藤植株样品。2013 年 9 月完成 10 个对应钩藤根际土壤、非根际土壤、茎、钩、叶样品采集。

重金属含量测定方法：土壤样品和植株样品参照国家标准方法消解，采用 ICP-MS 测定。

二、钩藤产地土壤重金属研究

（一）不同土壤利用方式下土壤重金属含量分布

对钩藤产地不同土壤利用方式下的根区和非根区土壤重金属含量分析表明（表 7-6-1），土壤重金属含量钩藤基地＞林地＞荒地。

根区：根区土壤重金属 Cu、As、Pb、Cr 含量表现为钩藤基地＞林地＞荒地，Cd 含量表现为林地＞钩藤基地＞荒地，Hg 含量表现为钩藤基地＞荒地＞林地。钩藤基地的 Cu 含量分别比林地、荒地高 115.98%、171.71%；钩藤基地的 As 含量分别比林地、荒地高 0.61%、193.81%；钩藤基地的 Pb 含量分别比林地、荒地高 38.89%、124.84%；钩藤基地的 Cr 含量分别比林地、荒地高 38.38%、96.85%；钩藤基地的 Hg 含量分别比林地、荒地高 360.00%、53.33%；林地的 Cd 含量分别比荒地、钩藤基地高 52.00%、31.03%。

非根区：非根区土壤重金属 As 含量表现为钩藤基地＞林地＞荒地，Cd 含量表现为林地＞钩藤基地＞荒地，Cu、Hg、Cr 含量表现为钩藤基地＞荒地＞林地，Pb 含量表现为荒地＞钩藤基地＞林地。钩藤基地的 Cu 含量分别比林地、荒地高 120.19%、64.45%；钩藤基地的 As 含量分别比林地、荒地高 14.19%、124.00%；荒地的 Pb 含量分别比林地、钩藤基地高 14.07%、13.85%；钩藤基地的 Cr 含量分别比林地、荒地高 35.21%、30.63%；钩藤基地的 Hg 含量分别比林地、荒地高 100.00%、71.43%；林地的 Cd 含量分别比荒地、钩藤基地高 75.00%、16.67%。

对于同一种土壤利用方式，钩藤基地的重金属含量表现为根区＞非根区，而从同一区位因素上看，一般表现为钩藤基地重金属含量较高。这种变化趋势主要是两个因素的作用：一是根系对土壤重金属的富集作用，造成根区土壤重金属含

表 7-6-1　不同土壤利用方式下土壤重金属含量分布

利用方式	根区/非根区	描述性统计	Cu	As	Cd	Hg	Pb	Cr
钩藤基地	根区	范围（mg/kg）	3.80~23.27	1.12~7.02	0.09~0.46	0~0.47	7.72~31.63	25.84~56.10
		平均值（mg/kg）	10.95	3.32	0.29	0.23	21.18	38.72
		标准偏差（mg/kg）	6.39	1.73	0.12	0.19	7.48	12.16
		变异系数/%	58.35	52.15	40.87	85.68	35.31	31.41
	非根区	范围（mg/kg）	0.73~19.72	0.50~8.95	0~0.46	0~0.38	14.41~30.24	13.38~56.73
		平均值（mg/kg）	9.16	3.36	0.30	0.12	21.01	35.48
		标准偏差（mg/kg）	5.26	2.39	0.12	0.14	5.06	15.97
		变异系数/%	57.39	70.91	41.77	110.86	24.10	45.01
林地	根区	范围（mg/kg）	4.34~5.76	2.78~3.71	1.75~2.65	0~0.10	0.47~20.02	25.38~30.13
		平均值（mg/kg）	5.07	3.30	0.38	0.05	15.25	27.98
		标准偏差（mg/kg）	0.61	0.42	0.09	0.05	8.36	1.84
		变异系数/%	12.01	12.86	24.36	105.60	54.82	6.58
	非根区	范围（mg/kg）	2.12~5.38	2.02~3.43	0.29~0.45	0.02~0.11	17.49~28.33	24.59~28.53
		平均值（mg/kg）	4.16	2.94	0.35	0.06	20.97	26.24
		标准偏差（mg/kg）	1.25	0.56	0.07	0.03	4.40	1.57
荒地	根区	范围（mg/kg）	0.90~5.93	0.71~1.44	0.05~0.47	0~0.39	0.44~23.58	7.63~26.63
		平均值（mg/kg）	4.03	1.13	0.25	0.15	9.42	19.67
		标准偏差（mg/kg）	2.74	0.38	0.21	0.21	12.41	10.47
		变异系数 /%	67.79	33.60	82.72	142.97	131.67	53.20
	非根区	范围（mg/kg）	4.57~6.50	1.31~1.71	0.11~0.25	0~0.19	21.2~25.92	26.25~27.9
		平均值（mg/kg）	5.57	1.50	0.20	0.07	23.92	27.16
		标准偏差（mg/kg）	0.97	0.20	0.08	0.11	2.44	0.84
		变异系数 /%	17.34	13.31	39.97	153.09	10.19	3.10

量较非根区高；二是人为施用有机肥，从而增加了钩藤基地根区的重金属含量。因此，在种植基地人工管理过程中，尽量采取秸秆还田、施用农家肥或是动物-钩藤种养殖模式来培肥土壤。

（二）不同土壤利用方式下钩藤土壤重金属的污染评价

以《土壤环境质量标准》（GB 15618—1995）为依据，本实验不同土壤利用方式下钩藤土壤的 pH 均小于 6.5，属于标准中的 pH＜6.5 区间。依据土壤环境质量二级标准对其污染程度进行单因子污染指数（P_i）和多因子综合污染指数（$P_综$）评价。由表 7-6-2 可知：土壤中 Cu 的最小单因子污染指数为 0.04，最大单因子污染指数为 0.11；Cr 的最小单因子污染指数为 0.10，最大单因子污染指数为 0.19；Cd 的最小单因子污染指数为 0.45，最大单因子污染指数为 0.84；Hg 的最小单因子污染指数为 0.07，最大单因子污染指数为 0.32；Pb 的最小单因子污染指数为 0.12，最大单因子污染指数为 0.30；As 的最小单因子污染指数为 0.04，最大单因子污染指数为 0.11。表明不同利用方式下的钩藤土壤为安全等级。

表 7-6-2 不同土壤利用方式下土壤重金属污染的评价

利用方式	根区/非根区	P_i						$P_综$	污染等级
		Cu	Cr	Cd	Hg	Pb	As		
钩藤基地	根区	0.11	0.19	0.65	0.32	0.26	0.11	0.409	安全
	非根区	0.09	0.18	0.66	0.18	0.26	0.11	0.416	安全
林地	根区	0.05	0.14	0.84	0.07	0.19	0.11	0.393	安全
	非根区	0.04	0.13	0.79	0.09	0.26	0.10	0.399	安全
荒地	根区	0.04	0.10	0.56	0.21	0.12	0.04	0.443	安全
	非根区	0.06	0.14	0.45	0.10	0.30	0.05	0.449	安全

如表 7-6-2 所示，通过对不同利用方式下钩藤土壤重金属多因子综合污染指数的评价可以看出，根区和非根区土壤重金属多因子综合污染指数表现为荒地＞钩藤基地＞林地。在所测定的不同利用方式下钩藤土壤重金属多因子综合污染指数均小于 0.7，表明污染等级属安全级，土壤较为清洁。

（三）钩藤土壤重金属含量的相关性分析

由表 7-6-3 可以看出，在不同利用方式下，钩藤根区和非根区土壤重金属 Cr、Cd、Cu、As、Hg、Pb 含量存在一定的相关性：①在根区、非根区的土壤中，Cr 与 Cu 相关性最大，其中根区的 Cr 与 Cu 相关系数达到了 0.91，非根区的 Cr 与 Cu 相关系数达到了 0.79；②在根区、非根区土壤中，Cr 与 Pb 相关性最大，其中根区的 Cr 与 Pb 相关系数达到了 0.43，非根区的 Cr 与 Pb 相关系数达到了 0.50；③在根区土壤中，As 与 Cd 显著相关，相关系数达到了 0.41。

表 7-6-3　钩藤土壤重金属含量的相关性

重金属元素	Cu	Cr	Cd	Hg	Pb	As
Cu	1.00	0.91**	−0.21	0.21	0.43*	−0.30
Cr	0.79**	1.00	−0.06	0.24	0.50*	−0.24
Cd	−0.33	−0.59**	1.00	0.16	−0.03	0.41*
Hg	0.21	0.31	0.02	1.00	0.12	−0.16
Pb	0.57**	0.43*	−0.35	0.17	1.00	0.07
As	−0.10	−0.14	0.15	−0.53**	−0.31	1.00

*表示 0.05 水平显著相关，**表示 0.01 水平极显著相关；以表中对角线为分界线，右上方数据为根区钩藤土壤重金属含量相关性，左下方数据为非根区钩藤土壤重金属含量相关性

三、钩藤微量元素与重金属研究

（一）钩藤不同部位的微量元素含量

从表 7-6-4 可以看出，不同利用方式下钩藤叶、茎、钩中的微量元素 Mg、Ca、Mn、Fe、Co、Zn、Mo 含量是存在显著差异的。①叶片中的微量元素含量：林地的 Mg 含量分别比荒地、钩藤基地高 8.11%、44.18%；荒地的 Ca 含量分别比钩藤基地、林地高 37.19%、61.15%；荒地的 Mn 含量分别比钩藤基地、林地高 8.68%、14.72%；钩藤基地的 Fe 含量分别比荒地、林地高 29.73%、85.42%；荒地的 Zn 含量比林地高 70.27%；荒地的 Co 含量分别比钩藤基地、林地高 134.78%、200.00%。②茎中的微量元素含量：钩藤基地的 Mg 含量分别比林地、荒地高 5.90%、19.25%；荒地的 Ca 含量分别比钩藤基地、林地高 10.58%、15.97%；荒地的 Mn 含量分别比钩藤基地、林地高 32.04%、28.10%；荒地的 Fe 含量分别比钩藤基地、林地高 160.41%、24.55%；荒地的 Co 含量分别比钩藤基地、林地高 174.19%、77.08%；荒地的 Zn 含量分别比钩藤基地、林地高 11.36%、7.06%；林地 Mo 含量最高，分别比钩藤基地、荒地高 3.77%、2650.00%。③钩中的微量元素含量：林地的 Mg 含量分别比钩藤基地、荒地高 9.94%、32.65%；荒地的 Ca 含量分别比钩藤基地、林地高 10.05%、7.24%；钩藤基地的 Mn 含量分别比林地、荒地高 13.11%、19.53%；林地的 Fe 含量分别比钩藤基地、荒地高 29.26%、37.77%；荒地的 Co 含量分别比钩藤基地、林地高 17.14%、9.33%；荒地 Zn 含量分别比钩藤基地、林地高 53.79%、10.02%；钩藤基地的 Mo 含量分别比林地、荒地高 1700.00%、227.27%。

表 7-6-4 钩藤不同部位的微量金属含量

不同利用方式	部位	描述统计	Mg	Ca	Mn	Fe	Co	Zn	Mo
钩藤基地	叶	平均值/（mg/kg）	111.36	90.10	90.56	167.92	0.23	26.65	0.01
		标准差/（mg/kg）	33.02	31.31	25.25	113.48	0.11	24.70	0.03
		变异系数/%	29.65	34.75	27.89	67.58	45.62	92.70	232.88
	茎	平均值/（mg/kg）	129.23	93.77	89.97	78.15	0.31	10.21	0.53
		标准差/（mg/kg）	38.60	23.49	25.62	111.93	0.25	7.27	1.26
		变异系数/%	29.87	25.05	28.48	143.22	80.66	71.19	236.50
	钩	平均值/（mg/kg）	156.38	90.77	102.33	181.40	0.70	7.92	0.36
		标准差/（mg/kg）	36.31	26.06	19.87	117.03	0.36	2.80	0.71
		变异系数/%	23.22	28.71	19.42	64.51	52.45	35.41	197.24
林地	叶	平均值/（mg/kg）	160.56	76.47	85.79	90.56	0.18	2.59	0.13
		标准差/（mg/kg）	54.47	11.91	12.08	170.70	0.11	2.13	0.16
		变异系数/%	33.92	15.57	14.08	188.48	58.53	82.27	129.99
	茎	平均值/（mg/kg）	122.03	89.41	92.74	163.39	0.48	10.62	0.55
		标准差/（mg/kg）	32.80	30.24	25.49	63.75	0.16	3.22	0.85
		变异系数/%	26.88	33.82	27.49	39.02	32.55	30.33	155.09
	钩	平均值/（mg/kg）	171.93	93.15	90.47	234.49	0.75	11.07	0.02
		标准差/（mg/kg）	43.68	31.23	25.83	51.03	0.63	4.71	0.02
		变异系数/%	25.40	33.52	28.55	21.76	83.91	42.53	97.23
荒地	叶	平均值/（mg/kg）	148.52	123.61	98.42	129.44	0.54	4.41	0.18
		标准差/（mg/kg）	70.95	18.91	13.05	71.06	0.23	1.10	0.17
		变异系数/%	47.77	15.30	13.26	54.90	43.18	24.84	97.31
	茎	平均值/（mg/kg）	108.37	103.69	118.80	203.51	0.85	11.37	0.02
		标准差/（mg/kg）	25.43	37.64	11.20	107.30	0.12	4.98	0.03
		变异系数/%	23.46	36.29	9.42	52.72	13.94	43.83	139.66
	钩	平均值/（mg/kg）	129.61	99.89	85.61	170.20	0.82	12.18	0.11
		标准差/（mg/kg）	37.47	40.87	25.78	43.92	0.49	3.65	0.10
		变异系数/%	28.91	40.91	30.11	25.80	59.59	30.00	89.18

（二）钩藤不同部位的重金属含量

钩藤中富含多种人体必需的微量元素，而有害重金属 As、Pb、Cr、Cd、Hg、Cu 的含量很低（表 7-6-5）。

表 7-6-5　钩藤不同部位的重金属含量

不同利用方式	部位	描述统计	Cu	As	Cd	Hg	Pb	Cr
钩藤基地	叶	平均值/（mg/kg）	3.27 aA	0.24 aA	0.02 aA	6.14 aA	4.69 aA	0.29 bB
		标准差/（mg/kg）	1.37	0.13	0.04	11.98	3.80	0.27
		变异系数/%	42.10	55.64	187.70	195.01	81.06	92.57
	茎	平均值/（mg/kg）	3.47 aA	0.22 aA	0.08 aA	0.91 aA	3.40 aA	0.39 cB
		标准差/（mg/kg）	0.80	0.20	0.10	2.87	8.31	0.87
		变异系数/%	23.09	90.09	123.89	316.23	244.45	220.02
	钩	平均值/（mg/kg）	3.89 aA	0.27 aA	0.06 bB	0.00	0.36 aA	17.20 aA
		标准差/（mg/kg）	0.83	0.15	0.08	0.00	0.65	13.20
		变异系数/%	21.35	55.75	139.52	0.00	180.61	76.74
林地	叶	平均值/（mg/kg）	5.85 aA	0.13 aA	0.04 aA	0.00 aA	1.20 aA	0.04 bB
		标准差/（mg/kg）	6.05	0.11	0.07	0.00	2.69	0.10
		变异系数/%	103.43	86.80	202.39	0.00	223.61	223.61
	茎	平均值/（mg/kg）	4.21 aA	0.26 aA	0.03 aA	0.00 aA	0.33 aA	10.91 bA
		标准差/（mg/kg）	0.66	0.09	0.06	0.00	0.73	5.05
		变异系数/%	15.56	33.50	223.61	0.00	223.61	46.32
	钩	平均值/（mg/kg）	4.75 aA	0.16 aA	0.02 bB	0.00 aA	4.18 aA	12.19 aA
		标准差/（mg/kg）	1.53	0.12	0.04	0.00	8.55	13.48
		变异系数/%	32.34	74.16	189.94	0.00	204.55	110.55
荒地	叶	平均值/（mg/kg）	4.49 aA	0.26 aA	0.08 aA	0.00 aA	1.03 aA	7.32 aA
		标准差/（mg/kg）	0.66	0.07	0.07	0.00	0.38	10.13
		变异系数/%	14.65	27.44	91.49	0.00	37.27	138.50
	茎	平均值/（mg/kg）	4.66 aA	0.36 aA	0.10 aA	0.00 aA	0.00 aA	16.81 aA
		标准差/（mg/kg）	1.20	0.12	0.07	0.00	0.00	8.88
		变异系数/%	25.82	34.05	73.46	0.00	0.00	52.80
	钩	平均值/（mg/kg）	5.47 aA	0.13 aA	0.17 aA	0.00 aA	0.00 aA	13.22 aA
		标准差/（mg/kg）	2.54	0.04	0.05	0.00	0.00	5.99
		变异系数/%	46.48	29.22	32.31	0.00	0.00	45.33

　　重金属 As、Hg、Pb、Cd、Cr、Cu 等是对人体有害的微量元素，当其在体内蓄积至一定量时可引起免疫系统障碍和多种器官功能损害，目前我国仅制定了部分中药材和中药制剂中 Pb、As、Hg 的限量标准，本实验中检测的钩藤中重金属含量，既为药材的质量评价提供了依据，也为制定药材中重金属限量标准提供了参考。

依据《药用植物及制剂外经贸绿色行业标准》（WM/T 2—2004）对重金属的限量指标（mg/kg）：Pb≤5.0、Cd≤0.3、Hg≤0.2、As≤2.0。除 Cr 无标准外，钩藤中重金属含量除 Hg 外均符合标准。

从表 7-6-5 中可以看出，不同利用方式下钩藤叶、茎、钩中的重金属元素 As、Pb、Cr、Cd、Hg、Cu 含量是存在显著性差异的。

1）叶片中的重金属含量：林地的 Cu 含量分别比钩藤基地、荒地高 78.90%、30.29%；荒地的 Cd 含量分别比钩藤基地、林地高 300%、100.00%；荒地的 As 含量分别比钩藤基地、林地高 8.33%、100.00%；林地、荒地的 Pb 含量分别较钩藤基地低 74.41%、78.04%；钩藤基地的 Hg 含量为 6.14 mg/kg，林地和荒地未检出；林地的 Cr 含量分别比荒地、钩藤基地低 99.45%、86.21%。对钩藤叶中重金属含量分析发现，钩藤基地的重金属含量普遍较低，但 Hg 和 Pb 出现反常，调查发现，这与当地农户施用有机肥有关，这一观点和张莉等（2011）的研究结果一致。

2）茎中的重金属含量：荒地的 Cu 含量分别比钩藤基地、林地高 34.29%、10.69%；荒地的 Cd 含量分别比钩藤基地、林地高 25.00%、233.33%；荒地的 As 含量分别比钩藤基地、林地高 63.64%、38.46%；钩藤基地的 Pb 含量分别比荒地、林地高 3.40 mg/kg、3.07 mg/kg；钩藤基地的 Hg 含量为 0.91 mg/kg，林地和荒地未检出；荒地的 Cr 含量比林地高 54.08%、是钩藤基地含量的 43.1 倍。从钩藤茎中重金属含量来看，钩藤基地的重金属含量较低（Hg 和 Pb 除外），Cr 含量钩藤基地与荒地和林地差异极显著。

3）钩中的重金属含量：荒地的 Cu 含量分别比林地、钩藤基地高 15.16%、40.62%；荒地的 Cd 含量比钩藤基地高 183.33%、是林地的 8.5 倍；钩藤基地的 As 含量分别比荒地、林地高 107.69%、68.75%；林地的 Pb 含量是钩藤基地的 11.6 倍，荒地未检出；Hg 元素钩藤基地、林地和荒地均未检出；钩藤基地的 Cr 含量分别比荒地、林地高 2.32%、41.10%。从钩藤钩部重金属含量分析来看，钩藤基地的重金属含量较低（As、Cr 除外）。Cd 含量，钩藤基地与荒地和林地差异极显著。

（三）钩藤不同部位的重金属含量相关性分析

从表 7-6-6 可以看出，不同利用方式下钩藤叶片中重金属 Cu 和 Cd 元素含量极显著相关，其他重金属元素之间相关性不显著。

表 7-6-6　不同利用方式下钩藤叶片中重金属含量的相关性

重金属元素	Cu	Cr	Cd	Hg	Pb	As
Cu	1.00					
Cr	−0.16	1.00				

重金属元素	Cu	Cr	Cd	Hg	Pb	As
Cd	0.63**	0.16	1.00			
Hg	−0.03	−0.18	−0.08	1.00		
Pb	0.22	0.15	0.20	0.34	1.00	
As	0.00	−0.01	−0.11	−0.07	−0.19	1.00

*表示 0.05 水平显著相关，**表示 0.01 水平极显著相关，下同

从表 7-6-7 可以看出，不同利用方式下钩藤茎中重金属 Cu 和 Cd 元素含量极显著相关，其他重金属元素含量之间相关性不显著。

表 7-6-7 不同利用方式下钩藤茎中重金属的相关性

重金属元素	Cu	Cr	Cd	Hg	Pb	As
Cu	1.00					
Cr	−0.16	1.00				
Cd	0.63**	0.16	1.00			
Hg	−0.03	−0.18	−0.08	1.00		
Pb	0.22	0.15	0.20	0.34	1.00	
As	0.00	−0.01	−0.11	−0.07	−0.19	1.00

从表 7-6-8 可以看出，不同利用方式下钩藤钩中重金属 Cu 和 Cr 元素显著相关，Hg 与 Pb 之间极显著相关，其他元素之间的相关性不显著。

表 7-6-8 不同利用方式下钩藤钩中重金属的相关性

重金属元素	Cu	Cr	Cd	Hg	Pb	As
Cu	1.00					
Cr	0.48*	1.00				
Cd	0.18	0.31	1.00			
Hg	0.05	−0.35	−0.20	1.00		
Pb	0.09	−0.25	−0.23	0.98**	1.00	
As	0.33	0.09	−0.21	−0.16	−0.21	1.00

（四）钩藤不同部位重金属富集系数

土壤重金属污染具有隐蔽性，通过调查发现，钩藤种植区域无工业污染和城市生活污染，重金属来源主要受土壤母质的影响，土壤对母岩具有很强的继承性，不同母质发育的土壤，其背景值存在较大差异。土壤重金属富集系数（EC）计算公式：$EC=CPi/CSi$，式中，CPi 指植物中某污染物含量，CSi 指土壤中该污染物

含量。富集系数反映了植物将土壤中重金属元素转移到植物体内的能力，富集系数越大，植物对该种重金属从土壤向体内的迁移能力越强。

通过对表 7-6-9 的分析表明，植物不同部位对土壤中重金属的吸收和富集特征存在较大差异，从同一部位来看，不同利用方式下钩藤重金属的富集作用总体表现为荒地＞林地＞钩藤基地。因此，钩藤种植基地土壤尚属安全区域，植株各部位重金属富集系数较小，排除工业污染，此种植区域人为活动对土壤重金属含量的影响较大，继续加大对种植区域的保护，有利于药材品质的长期发展。

表 7-6-9 不同利用方式下钩藤植株钩、茎、叶部位的重金属富集系数

部位	不同利用方式	富集系数					
		Cu	Cr	Cd	Hg	Pb	As
钩	钩藤基地	0.36	0.44	0.20	0.00	0.02	0.08
	林地	0.77	0.61	0.16	0.00	0.02	0.08
	荒地	1.18	0.62	0.09	0.00	0.44	0.14
茎	钩藤基地	0.32	0.01	0.27	0.04	0.16	0.07
	林地	0.83	0.39	0.07	0.00	0.02	0.08
	荒地	1.16	0.85	0.40	0.00	0.00	0.32
叶	钩藤基地	0.30	0.01	0.08	0.07	0.22	0.07
	林地	1.15	0.00	0.10	0.08	0.08	0.04
	荒地	1.11	0.37	0.30	0.00	0.11	0.23

四、小结

从同一种利用方式来看，钩藤产地的重金属含量表现为根区＞非根区，根区土壤重金属 Cu、As、Pb、Cr 含量表现为钩藤基地＞林地＞荒地，Cd 含量表现为林地＞钩藤基地＞荒地，Hg 含量表现我钩藤基地＞荒地＞林地。而从同一区位因素上看，一般表现为钩藤基地重金属含量较高。不同利用方式下，钩藤土壤的根区和非根区土壤重金属 Cr、Cd、Cu、As、Hg、Pb 含量存在一定的相关性。3 种利用方式下钩藤土壤多因子综合污染指数均小于 0.7，属于安全、清洁水平，土壤环境质量为一级，完全符合钩藤等中药材种植的土壤要求。

第七节 贵州玄参污染研究

一、材料与方法

2012 年 11 月在道真阳溪玄参基地采集玄参土壤和植株样品共计 112 个。采集 28 个土壤样品（每个土壤样品按根区和非根区采样，土壤样品共 14×2=28 个）及对应的 84 份玄参植株样品（叶 14 份、秆 14 份，每个植株对应块根分别按大、中、小分成 3 份，共 14×3=42 份、芽 14 份）。2014 年采集土壤样品 30 个，玄参植株 36 个（9×4）。

重金属测定方法：土壤样品和植株样品参照国家标准方法消解，采用 ICP-MS 测定。

二、玄参产地土壤重金属含量和分布研究

（一）玄参土壤重金属含量和分布

由表 7-7-1 可知，研究区域根区土壤 pH 在 5.31～6.60，非根区土壤 pH 在 4.92～5.88，该区域土壤属于酸性土壤，且非根区土壤的酸性强于根区土壤。对照国家《土壤环境质量标准》（GB 15618—1995）中的二级标准值（表 7-7-2），根区和非根区土壤中 Cr、Zn、Pb 含量均低于限量值要求，Cu、As、Cd、Hg 含量存在部分超标现象，从平均值来看，根区和非根区土壤中 Cd、Hg 含量均高于限量值要求，其他元素含量均低于限量值，根区和非根区土壤中重金属含量接近，无明显差异，根区土壤中 Cu、Zn、Hg 平均含量大于非根区土壤含量。为了定量描述调查区域内重金属元素含量的波动程度，选用变异系数（CV）来表示变化程度的大小，变异程度的划分等级：CV＞100%，强变异；CV=10%～100%，中等变异；CV＜10%，弱变异。由表 7-7-1 可知，根区和非根区土壤中 pH、Cr 的变异系数均小于 10%，属于弱变异，其他元素变异系数在 10%～100%，属于中等程度变异。

表 7-7-1　玄参非根区/根区土壤中 pH 和重金属含量及分布

土壤	项目	pH	Cr/ (mg/kg)	Cu/ (mg/kg)	Zn/ (mg/kg)	As/ (mg/kg)	Cd/ (mg/kg)	Hg/ (mg/kg)	Pb/ (mg/kg)
非根区	最大值	5.88	102.25	65.96	46.13	60.24	1.07	0.904	51.69
	最小值	4.92	80.69	6.44	2.92	14.40	0.19	0.136	37.44
	平均值	5.57	92.30	29.68	19.32	25.70	0.48	0.421	46.60
	标准差	0.447	6.265	15.70	17.07	14.38	0.25	0.226	4.67
	变异系数/%	8.00	6.80	52.90	88.40	56.00	51.10	53.60	10.00
根区	最大值	6.60	110.75	62.21	57.09	41.65	0.707	0.901	56.51
	最小值	5.31	77.98	9.244	7.077	15.65	0.224	0.060	37.15
	平均值	5.70	91.65	34.23	22.26	24.74	0.448	0.465	45.09
	标准差	0.428	8.46	19.16	19.38	10.69	0.158	0.267	5.55
	变异系数/%	7.50	9.20	56.00	87.00	43.20	35.30	57.40	12.30

表 7-7-2　《土壤环境质量标准》及 GAP 药用植物标准（mg/kg）

元素	《土壤环境质量标准》（GB 15618—1995）中的二级标准值		《药用植物及制剂外经贸绿色行业标准》（WM/T 2—2004）（GAP 药用植物标准）
	pH＜6.5	6.5≤pH＜7.5	
As	≤40	≤30	≤2.0
Hg	≤0.30	≤0.5	≤0.2
Cd	≤0.30	≤0.3	≤0.3
Pb	≤250	≤300	≤5.0
Cu	≤50	≤100	≤20.0
Zn	≤200	≤250	
Cr	≤150	≤200	

（二）玄参根区土壤重金属元素相关性和主成分分析

因是对玄参不同部位重金属富集特征研究，所以对玄参根区土壤 pH 和重金属元素进行了相关性（表 7-7-3）及主成分分析。可以看出，玄参根区土壤，As 与 Cu、Hg 与 Cu、Hg 与 As、Pb 与 Cr、Pb 与 Cd 具有较强的相关性，其中，As 与 Cu 极显著负相关；Hg 与 As、Pb 与 Cr、Pb 与 Cd 显著正相关，说明 Hg 与 As、Pb 与 Cr、Pb 与 Cd 具有同源性，pH 与重金属之间相关性不显著。

表 7-7-3　玄参根区土壤 pH 和重金属及重金属之间相关关系

	Cr	Cu	Zn	As	Cd	Hg	Pb	pH
Cr	1.00							
Cu	0.49	1.00						
Zn	0.11	0.42	1.00					
As	−0.48	−0.85[**]	−0.48	1.00				
Cd	0.22	−0.3	−0.5	0.38	1.00			
Hg	−0.5	−0.65[*]	−0.1	0.60[*]	0	1.00		
Pb	0.62[*]	0.11	−0.44	−0.18	0.59[*]	−0.45	1.00	
pH	−0.16	0.02	0.38	−0.21	0.14	−0.04	−0.05	1.00

由表 7-7-4 可知，当选择前 3 个主成分时，累积贡献率可达到 70%以上，符合主成分分析要求。由表 7-7-5 可知，对第 1 主成分负载量大的有：As（−0.927）、Cu（0.920）、Hg（−0.780）、Cr（0.666）；对第 2 主成分作用大的有：Pb（0.894）、Cd（0.842）、Zn（−0.666）；对第 3 主成分作用大的有：pH（0.968）。在本研究中，抽样适度 KMO 值为 0.413（表 7-7-6）（通常认为该值＞0.5 为好），这样

一来 8 个指标全部覆盖，显示不出"主成分"。

表 7-7-4　玄参根区土壤重金属和 pH 主成分信息值

项目	特征值	贡献率/%	累积贡献率/%
第 1 主成分	3.128	39.106	39.106
第 2 主成分	2.281	28.516	67.622
第 3 主成分	1.238	15.473	83.095

表 7-7-5　玄参根区土壤重金属和 pH 对主成分的负载量

项目	pH	Cr	Cu	Zn	As	Cd	Hg	Pb
第 1 主成分	0.093	0.666	0.920	0.454	−0.927	−0.252	−0.780	0.304
第 2 主成分	0.079	0.484	−0.131	−0.666	0.151	0.842	−0.223	0.894
第 3 主成分	0.968	−0.073	−0.081	0.303	−0.195	0.300	0.263	−0.016

表 7-7-6　KMO 和 Bartlett's 检验

抽样适度 KMO（Kaiser-Meyer-Olkin）检验	0.413
Bartlett's 球形检验　近似卡方	58.493
df	28
Sig.	0.001

三、贵州玄参重金属研究

（一）玄参植株重金属含量分布

对照《药用植物及制剂外经贸绿色行业标准》（WM/T 2—2004），茎中 As、Pb、Cu 含量均未超出限量值要求，Cd 含量有 13 个超标，超标率达到 92.86%，从平均值来看，As、Pb、Cu 含量均未超出限量值要求，Cd 平均含量超出限量值。叶中 As 含量有 2 个超标，超标率为 14.28%，叶中 Cd、Pb 含量全部超标，超标率达到 100%，Cu 含量未超标，从平均值来看，Cd 和 Pb 平均含量均高于限量值。块根中 As、Pb、Cu 含量均未出现超标现象。芽中 As、Pb、Cu 含量均未超标，Cd 含量有 1 个超标，超标率为 7.14%。

由表 7-7-7 可知，Cr 含量在 1.306～69.205 mg/kg，最大值是最小值的 52.99 倍，Cu 含量在 0.518～15.770 mg/kg，最大值是最小值的 30.44 倍，Zn 含量在 2.108～47.130 mg/kg，最大值是最小值的 22.36 倍，As 含量在 0.026～2.050 mg/kg，最大值是最小值的 78.85 倍，Cd 含量在 0.088～1.008 mg/kg，最大值是最小值的 11.45 倍，Pb 含量在 0.035～22.493 mg/kg，最大值是最小值的 642.66 倍。从平均值来看，参照《药用植物及制剂外经贸绿色行业标准》（WM/T 2—2004），Cu、As 含量均低于限量值要求，茎、叶中 Cd 平均含量高于限量值，块根、芽中 Cd 含量低于限量值；Pb 含量除了叶以外，其他部位含量低于限量值要求；Cr 平均含量表现为茎＞叶＞芽＞块根，Cu 平均含量表现为芽＞叶＞茎＞块根；Zn 平均含量表现为叶＞块根＞茎＞芽；As 平均含量表现为叶＞茎＞块根＞芽；Cd、Pb 平均含量表现为叶＞茎＞芽＞块根。

表 7-7-7　玄参不同部位重金属含量分布

部位	样本数/个	项目	Cr	Cu	Zn	As	Cd	Pb
茎	14	最大值/（mg/kg）	59.750	9.530	33.024	1.128	0.801	4.069
		最小值/（mg/kg）	15.464	0.518	6.989	0.026	0.121	0.160
		平均值/（mg/kg）	40.581	4.953	16.243	0.487	0.521	3.129
		标准差/（mg/kg）	19.793	2.296	6.989	0.335	0.178	1.014
		变异系数/%	0.488	0.464	0.430	0.689	0.341	0.324
叶	14	最大值/（mg/kg）	69.205	9.274	47.130	2.050	1.008	22.493
		最小值/（mg/kg）	14.497	3.321	23.208	0.583	0.493	9.477
		平均值/（mg/kg）	38.532	5.049	32.812	1.282	0.758	14.669
		标准差/（mg/kg）	16.590	1.453	7.516	0.605	0.160	3.720
		变异系数/%	0.431	0.288	0.229	0.472	0.211	0.254
块根	14	最大值/（mg/kg）	16.117	9.648	35.060	0.865	0.456	1.293
		最小值/（mg/kg）	1.306	2.568	7.220	0.141	0.088	0.035
		平均值/（mg/kg）	5.943	4.759	16.389	0.302	0.194	0.368
		标准差/（mg/kg）	4.033	1.963	4.812	0.187	0.093	0.309
		变异系数/%	0.679	0.412	0.294	0.618	0.480	0.839
芽	14	最大值/（mg/kg）	18.730	15.770	22.108	0.391	0.371	1.922
		最小值/（mg/kg）	3.573	5.857	2.108	0.129	0.090	0.411
		平均值/（mg/kg）	7.812	9.277	14.780	0.286	0.196	0.793
		标准差/（mg/kg）	4.675	2.680	7.624	0.127	0.080	0.425
		变异系数/%	0.598	0.289	0.516	0.446	0.407	0.537

（二）玄参不同部位对根区土壤重金属的富集能力

植物富集的重金属元素主要来自土壤，富集系数的大小反映了植株对某种重金属元素富集能力的强弱。玄参各部位某重金属元素的富集系数=玄参各部位该重金属元素的含量/土壤中该重金属元素的含量。表 7-7-8 表明，不同重金属在植株中的吸收、迁移能力差异较大，呈现出 Cd＞Zn＞Cr＞Cu＞Pb＞As 的变化趋势，茎中表现为：Cd＞Zn＞Cr＞Cu＞Pb＞As；叶中表现为：Cd＞Zn＞Cr＞Pb＞Cu＞As；块根中表现为：Zn＞Cd＞Cu＞Cr＞As＞Pb；芽中表现为：Zn＞Cd＞Cu＞Cr

＞Pb＞As。不同部位对同种重金属元素的富集能力大小表现为：Cr 为茎＞叶＞芽＞块根；Cu 为芽＞叶＞茎＞块根；Zn 为叶＞块根＞茎＞芽；As 为叶＞茎＞芽＝块根；Cd、Pb 为叶＞茎＞芽＞块根。

表 7-7-8　玄参不同部位重金属富集系数

植株部位	Cr	Cu	Zn	As	Cd	Pb
茎	0.443	0.145	0.730	0.020	1.162	0.069
叶	0.420	0.147	1.474	0.052	1.690	0.325
块根	0.065	0.139	0.736	0.012	0.432	0.008
芽	0.085	0.271	0.664	0.012	0.438	0.018

（三）玄参药用部位重金属生物富集量

生物富集量常用来反映植株对重金属元素的吸收累积能力，用植株中重金属元素的质量分数×植株的生物量来表示。各采样点玄参药用部位重金属 Cr、Cu、Zn、As、Cd、Pb 的生物富集量见表 7-7-9。从中可以看出，不同样品中玄参用药部位重金属富集量存在显著差异，块根样品中 8 号样品比 11 号样品富集量降低了 74.69%、Xs-8 号样品比 13 号样品降低了 74.31%。玄参块根中重金属平均富集量为：Zn（6006.50 μg）＞Cu（2053.43 μg）＞Cr（1611.14 μg）＞Pb（103.54 μg）＞As（92.67 μg）＞Cd（74.97 μg）。芽样品中 4 号样品比 8 号样品降低了 78.62%、1 号样品比 8 号样品降低了 66.93%。玄参芽中重金属平均富集量为：Zn（2393.14 μg）＞Cu（1481.86 μg）＞Cr（1171.36 μg）＞Pb（117.67 μg）＞As（44.77 μg）＞Cd（30.10 μg）。重金属元素在玄参入药部位中的平均生物富集量顺序：Cr 为块根（1611.14 μg）＞芽（1171.36 μg）、Cu 为块根（2053.43 μg）＞芽（1481.86 μg）、Zn 为块根（6006.50 μg）＞芽（2393.14 μg）、As 为块根（92.67 μg）＞芽（44.77 μg）、Cd 为块根（74.97 μg）＞芽（30.10 μg）、Pb 为芽（117.67 μg）＞块根（103.55 μg）。玄参入药部位块根和芽对 Zn、Cu 的富集量较大，对 Cd 的富集量最小。

表 7-7-9　玄参块根和芽中重金属生物富集量（μg）

部位	样品编号	Cr	Cu	Zn	As	Cd	Pb
	Xs-1	1 616	1 271	6 062	44.79	41.28	11.04
	Xs-2	1 098	1 946	8 052	61.70	81.59	57.60
	Xs-3	1 261	1 760	6 034	75.41	33.31	47.90
块根	Xs-4	633	1 613	6 129	60.40	107.30	100.04
	Xs-5	1 892	1308	5 847	123.98	75.31	83.33
	Xs-6	822	741	3 284	61.00	62.69	59.43
	Xs-7	1 146	842	2 796	53.54	40.21	35.92

续表

部位	样品编号	Cr	Cu	Zn	As	Cd	Pb
块根	Xs-8	853	969	2 710	44.12	39.92	54.52
	Xs-9	1 362	2 689	5 936	137.18	70.93	63.50
	Xs-10	1 043	3 115	7 456	61.04	126.46	62.60
	Xs-11	3 158	4 616	10 225	184.69	121.48	145.89
	Xs-12	3 601	1 178	3 262	95.43	31.31	104.10
	Xs-13	2 103	3 236	12 091	163.31	166.14	418.49
	Xs-14	1 968	3 464	4 207	130.83	51.63	205.27
芽	Xs-1	1 821	602	217	13.27	9.40	197.59
	Xs-2	764	1 143	813	47.95	30.60	65.10
	Xs-3	707	1 680	1 289	66.14	20.04	218.87
	Xs-4	596	637	456	35.57	27.58	96.76
	Xs-5	1 175	1 039	3 488	19.19	32.71	89.67
	Xs-6	1 161	1 201	3 810	72.63	48.40	151.15
	Xs-7	566	811	1 643	10.82	15.08	35.23
	Xs-8	3 466	2 147	2 832	44.76	42.20	116.72
	Xs-9	690	2 324	3 015	46.34	27.84	107.01
	Xs-10	1 109	1 959	3 740	59.24	43.84	123.68
	Xs-11	868	2 497	4 107	50.76	38.76	119.85
	Xs-12	1 203	927	1 977	34.80	13.73	63.72
	Xs-13	883	1813	3 729	84.85	46.81	162.58
	Xs-14	1 390	1 966	2 388	40.42	24.42	99.38

四、小结

1) 玄参根区和非根区土壤中 Cd、Hg 平均含量均高于限量值要求，土壤表现出一定程度的 Cd 和 Hg 污染，根区和非根区土壤中重金属含量接近，无明显差异。

2) 根区土壤重金属相关性及主成分分析表明，Hg 与 As、Pb 与 Cr、Pb 与 Cd 具有同源性，pH 与重金属之间相关性不显著。此外，Hg 与 As、Pb 与 Cd、As 与 Cu、Hg 与 Cu 之间不仅有较好的相关性，而且也是对主成分负载量较大的元素（As、Hg、Cu、Pb、Cd 的最大负载量分别为-0.927、-0.780、0.920、0.894、0.842）。

3) 玄参不同部位重金属含量差异性较为显著，其中差异性最大的是 Pb。不同部位重金属平均含量大小表现为：Cr 为茎>叶>芽>块根，Cu 为芽>叶>茎

＞块根；Zn 为叶＞块根＞茎＞芽；As 为叶＞茎＞块根＝芽；Cd、Pb 为叶＞茎＞芽＞块根。

4）不同重金属在植株中的吸收迁移能力差异较大，呈现出 Cd＞Zn＞Cr＞Cu＞Pb＞As 的变化趋势，茎中表现为：Cd＞Zn＞Cr＞Cu＞Pb＞As；叶中表现为：Cd＞Zn＞Cr＞Pb＞Cu＞As；块根中表现为：Zn＞Cd＞Cu＞Cr＞As＞Pb；芽中表现为：Zn＞Cd＞Cu＞Cr＞Pb＞As。

5）重金属元素在玄参块根和茎中的平均生物富集量大小顺序均为：Zn＞Cu＞Cr＞Pb＞As＞Cd，且块根中除 Pb 以外各元素的平均生物富集量均大于芽中的生物富集量，块根和芽对 Zn、Cu 的富集量较大，对 Cd 的富集量最小。

第八节　贵州土壤重金属污染分析

一、材料与方法

（一）样品采集

根据贵州省无公害农业基地选址的有关规划，结合土壤重金属分布的空间变异性特点，样品采集采用非均匀性布点方法。所采集的表层土壤样品（样品编号 1-3-23）覆盖贵州省近 46 个县（市、区），共有 1820 组，其位置如图 7-8-1 所示。各组土壤样品采用梅花形采样，即在 10 m×10 m 正方形 4 个顶点和中心共 5 处各

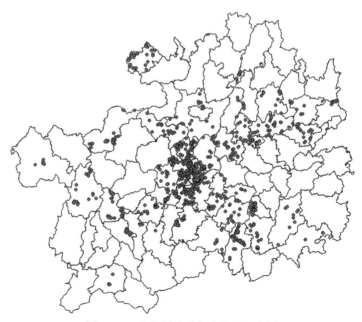

图 7-8-1　土壤样品采集点位置示意图

采集 1 kg 表土（0～20 cm 深度）组成混合样，充分混合后用四分法反复取舍，最后保留 1 kg 土样作为该点混合样品。

按土壤发育层次在土壤剖面采集耕作层、心土层和母质层土壤样品，采集 28 个土壤剖面样品，三层共 84 组土样。

（二）样品处理

采集后的土样按编号分别倒入有编号的清洁塑料盘内，在半干状态下把土块压碎，并除去残根、石砾等杂物，均匀铺开，置于风干室内自然风干。将风干土样放在清洁塑料板上，用木棍碾压，使样品全部过 20 目分样筛，除去 2 mm 以上杂物。将过筛后的土样经玛瑙研钵研细，全部过 100 目尼龙网筛，充分混合均匀供分析测试用。

为防止人为因素影响，样品采集、混合、装袋、粉碎、研磨等处理过程均采用木头、塑料、玛瑙等用具。

（三）样品分析

土壤酸碱度分析：称取过 20 目筛的土样 10 g，加无二氧化碳蒸馏水 25 ml，轻轻摇动，使水、土充分混合均匀。投入一枚磁搅拌子，放在磁力搅拌器上搅拌 1 min。放置 30 min，然后用 pH 计直接读取读数。

土壤样品采用 HNO_3-H_2O_2 高压密闭抽提消煮，分析方法为：准确称取 0.1000 g 过 100 目筛的土壤样品，加入 5 ml 优级纯浓硝酸，加盖后在沸腾的水浴中加热 3 h，加热期间振荡几次，定容至 50 ml，静置后取上清液进行分析，用石墨炉原子吸收光谱仪（AAS Vario 6）或 ICP-MS 测定含量。

分析过程中所用水均为二次去离子水，试剂均采用优级纯，每批样品测定均作全程试剂空白，同时加入土壤成分标准物质（GSS-2、GSS-5）平行测定，进行分析质量控制，且每批样品中随机抽取 10%～15% 样品用作内检。每批检测样品中，要求标准样品检测结果合乎规定误差要求，内检样品合格率不小于 90%，即认为该批分析结果有效，否则予以重做。测定结果精密度满足所用方法的允许值，准确度符合 95% 置信水平下置信区间要求。

二、基于 GIS 的土壤污染评价结果

利用贵州省农业农村厅开发出的贵州省土壤分析系统，对该系统中目前所覆盖的贵州省 46 个县（市、区）共 1820 组土壤样品，用单因子污染指数对 Cd 污染及其他重金属元素（As、Pb、Cr、Hg）污染进行评价，用多因子综合污染指数对综合污染状况进行评价，得出相应的评价结果图（图 7-8-2～图 7-8-6）。

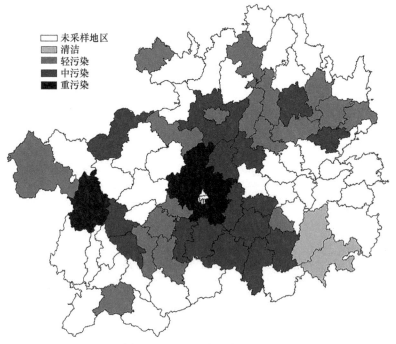

图 7-8-2 Cd 元素污染评价图

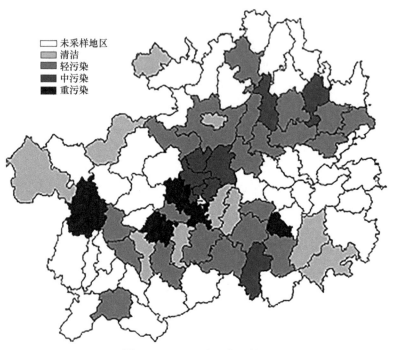

图 7-8-3 As 元素污染评价图

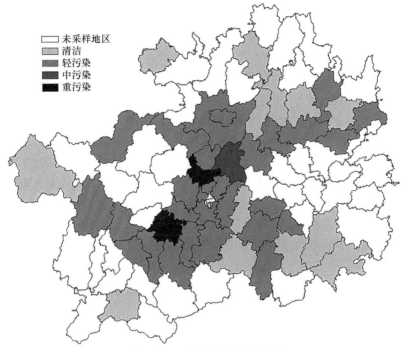

图 7-8-4 Pb 元素污染评价图

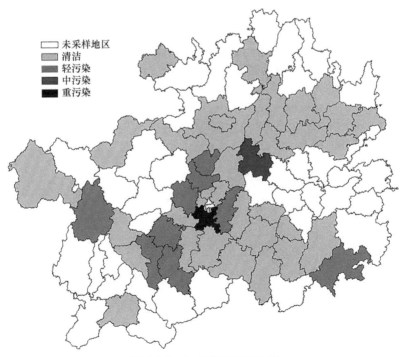

图 7-8-5 Cr 元素污染评价图

从 GIS 评价结果图可以看出，贵州省 Cd 的污染情况较为严重，除了溶江、从江两个县土壤清洁外，采样所涉及的其他县（市、区）土壤都受到了不同程度的污染，尤其是水城和贵阳各区县，污染水平均为重污染。As 的污染在花溪、清镇、安顺、水城和丹寨属于重污染，贵阳除花溪与清镇外的其他几个县（市、区）及独山、凤冈、印江属于中污染，其他地区的污染情况较轻。

Pb 的污染除了修文、西秀属重污染，开阳属于中污染外，其他县（市、区）的污染都较轻（图 7-8-4）。相比之下，Cr 的污染较小，除了花溪和翁安属于重污染，少数几个地区（如清镇、水城等）属于轻污染外，其余地区均为清洁。Hg 的污染范围也相对较小，除了铜仁属于重污染，修文、开阳、息烽、西秀、丹寨 5 个县（区）属于中污染外，其余各县（市、区）的污染情况都较轻，属于轻污染或清洁级别（图 7-8-6）。

从贵州省各市地州盟单因子污染指数图（图 7-8-7）也可以看出，除了安顺、六盘水、贵阳 As 污染明显，铜仁地区 Hg 污染明显外，其余地区均是 Cd 的污染比较明显。总的来说，贵州各个地区已经不同程度地受到了重金属的污染，尤其是受 Cd 的污染较为严重，应当给予足够的重视。

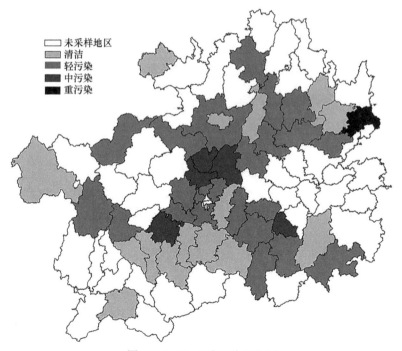

图 7-8-6　Hg 元素污染评价图

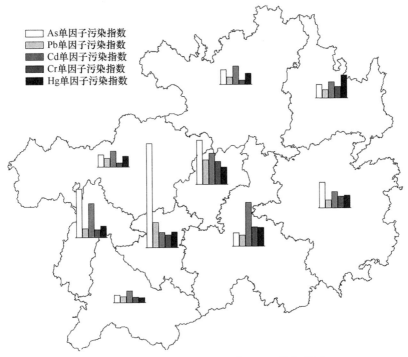

图 7-8-7　贵州省各市地州盟单因子污染指数图

三、小结

从贵州省农业土壤多因子综合污染指数图（图 7-8-8）可以看出，贵州省农业土壤污染情况已经相当严重，除了榕江、安龙属于清洁，威宁、石阡、从江等少数几个地区属于尚清洁外，其他大部分县（市、区）从中污染到重污染不等，污染都比较严重，尤其是贵阳各县（市、区）都达到了重污染级别；黔南地区污染也比较严重。

与贵州省土壤重金属背景值相比，各个地区重金属含量的超背景值率如图 7-8-9 所示。省内各个地区的 Pb、Hg 都远远超过了背景值，其中，贵阳、安顺、六盘水 Pb 超背景率明显，贵阳、安顺、铜仁和黔西南 Hg 超背景值率明显；而各个地区 Cd、As、Cr 含量的平均值却远低于背景值。

从评价结果来看，相对于其他几种重金属，贵州省农业土壤中的 Cd 污染情况较为严重，除了溶江、从江两个县属于清洁土壤外，采样所涉及的其他地区土壤都受到了不同程度的污染，尤其是水城和贵阳地区各县（市、区），污染水平均为重污染。铜仁的 Hg 属于重污染，修文、开阳、息烽、安顺、丹寨 5 个地区属于中污染，这与汞矿资源的开采利用密切相关。总的说来，贵州省农业土壤重

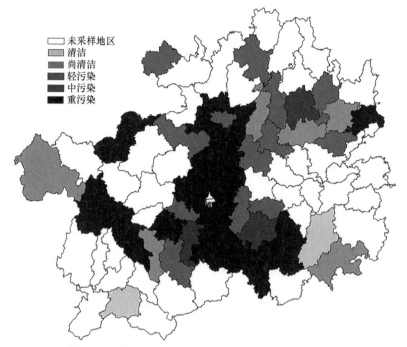

图 7-8-8　贵州省农业土壤多因子综合污染指数评价图

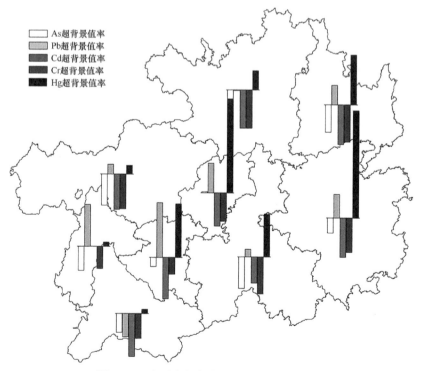

图 7-8-9　贵州省各个地区重金属超背景值率

金属污染已经相当严重，多因子综合污染指数为 11.8，除少数几个地区外，大部分地区土壤都远远超过了重污染级别，应该给予足够的重视。

以 GIS 为技术依托的农业土壤环境质量评价，充分利用了 GIS 对空间数据的处理能力，把评价结果以图斑和柱形图方式反映在地图上，使其更为直观和形象，其评价方法可行，评价结果符合实际，评价效率也大为提高。

总结与展望

本书通过分析贵州道地石斛、半夏等 7 种中药材产地环境，建立评价因子数据库，利用中药材用地区划指标数据库，对 7 种中药材产地适宜性进行了评价；在贵州中药材种植适宜区内，通过研究不同耕作方式对土壤环境质量性状的影响，比较了不同耕作方式对中药材品质提升的效果，探寻了能够调控半夏、太子参等 6 种中药材品质的最合理的耕作方式；通过测土配方施肥实验与主要养分丰缺评价，科学提出半夏、太子参等 6 种中药材示范基地的施肥建议；对石斛、太子参等 6 种中药材进行了污染情况与元素指纹图谱研究，开展了以 GIS 为技术依托的农业土壤环境质量评价。

全书内容涉及范围广、通俗易懂，道地中药材产地适宜性评价尚处于 3S 技术在喀斯特地貌应用的探索性阶段，未来希望能够继续深入开展相关内容的研究，探寻到一种在保证中药材品质的基础上，适用于喀斯特地貌的中药材现代化大规模高效种植管理方法，为贵州省中药材产业发展添一块砖。

参 考 文 献

白春阳, 王琪媛, 吴世琴, 等. 2012. 采用主成分分析法寻求重金属污染源位置[J]. 河南科技学院学报(自然科学版), 40(3): 72-76.

鲍士旦. 1999. 土壤农化分析(第 3 版)[M]. 3 版. 北京: 中国农业出版社.

柴世伟, 温琰茂, 张亚雷, 等. 2006. 广州市郊区农业土壤重金属污染评价分析[J]. 环境科学研究, (4): 138-142.

陈默涵, 何腾兵, 黄会前. 2016. 贵州地形地貌对土壤类型及分布的影响[J]. 贵州大学学报(自然科学版), 33(5): 14-16+35.

陈士林等. 2011. 中国药材产地生态适宜性区划[M]. 北京: 科学出版社.

陈士林, 苏钢强, 邹健强, 等. 2005. 中国中药资源可持续发展体系构建[J]. 中国中药杂志, (15): 1141-1146.

陈士林, 索风梅, 韩建萍, 等. 2006. 中国药材产地适宜性分析研究[C]//中国中药协会中药材种植养殖专业委员会成立大会暨 2006 中药可持续发展论坛论文集: 30-42.

陈士林, 肖小河, 陈善墉. 1990. 松贝品质与土壤生态的相关性研究[J]. 中药材, (9): 3-5.

陈士林, 肖小河, 王瑀. 1994. 中国药用植物的数值区划[J]. 资源开发与市场, (1): 8-10.

陈士林, 张本刚, 杨智, 等. 2005. 全国中药资源普查方案设计[J]. 中国中药杂志, (16): 1229-1232+1289.

陈士林, 张本刚, 张金胜, 等. 2005. 人参资源储藏量调查中的遥感技术方法研究[J]. 世界科学技术, (4): 37-43+36+86.

陈兴福, 刘思勋, 刘岁荣, 等. 2003. 款冬花生长土壤的研究[J]. 中药研究与信息, (5): 20-24.

陈旭晖. 1997. 贵州持续农业中的土壤肥力与水土保持问题[J]. 水土保持研究, 4(1): 83-85+85-87.

陈亚, 江滨, 曾元儿. 2011. 基于地理信息系统的何首乌地理分布与气候关系研究[J]. 中国现代中药, 13(5):10-13.

陈泽辉. 2011. 贵州玉米育种[M]. 贵阳: 贵州科技出版社.

丛兰庆, 张崇玉, 杨春. 2012. 施加硒对中草药吉祥草吸收镉、铬、汞、铅的影响[J]. 广东农业科学, (19):23-26.

崔秀明, 陈中坚, 王朝梁, 等. 2000. 土壤环境条件对三七皂甙含量的影响[J]. 人参研究, (3): 18-21.

D. 登特, A. 扬. 1988. 土壤调查与土地评价[M]. 倪绍祥译. 北京: 农业出版社.

段金廒, 钱士辉, 袁昌齐, 等. 2004. 江苏省中药资源区划研究[J]. 江苏中医药, 25(2): 5-7.

范英, 杨春, 丛兰庆等. 2012. 施用有机肥对中草药太子参和虎耳草吸收汞、铅的影响[J]. 广东农业科学, (21): 88-90.

傅伯杰. 1991. 土地评价的理论与实践[M]. 北京: 中国科学技术出版社.

高华端. 2003. 贵州陡坡退耕地立地分类系统研究[J]. 水土保持研究, (4): 76-79.

贵州省烤烟土壤区划项目组. 2015. 贵州省烤烟土壤区划[M]. 贵阳: 贵州人民出版社.

贵州省综合农业区划编委会. 1980. 贵州土壤资源及其利用[J]. 贵州农业科学, (6): 1-5.

郭宝林, 林生, 冯毓秀, 等. 2002. 丹参主要居群的遗传关系及药材道地性的初步研究[J]. 中草药, 33(12): 60-63.

郭兰萍, 黄璐琦, 阎洪, 等. 2005. 基于地理信息系统的苍术道地药材气候生态特征研究[J]. 中国中药杂志, 30(8): 565-569.

黄冬寿, 王树贵. 2010. 福建"柘荣太子参"栽培环境的道地性研究[J].中国野生植物资源, 29(2): 12-14.

黄林芳, 王雅平. 2015. 道地药材研究理论探讨[J]. 中国现代中药, 17(8): 770-775.

黄秀平, 周镁, 钱志瑶, 等. 2014. 贵州省施秉、黄平县太子参种植基地土壤肥力的测定与评价[J]. 中药材, 37(11): 1914-1918.

金志凤, 尚华勤. 2003. GIS 技术在常山县胡柚种植气候区划中的应用[J]. 农业工程学报, 19(3): 153-155.

李红, 孙丹峰, 张凤荣, 等. 2002. 基于 GIS 和 DEM 的北京西部山区经济林果适宜性评价[J]. 农业工程学报, (5): 250-255.

李金玲, 赵致, 龙安林, 等. 2013. 贵州野生钩藤生长环境调查研究[J].中国野生植物资源, 32(4): 58-60.

刘红, 林昌虎, 张清海, 等. 2015. 贵州施秉牛大场太子参基地土壤重金属的空间特征[J]. 贵州农业科学, 43(3): 147-151+154.

刘晔玮, 王勤, 马志刚, 等. 2004. 甘肃产三颗针植物中生物碱的测定及分布状态的研究[J]. 分析测试学报, 23(3): 54-57+60.

刘友兆, 夏敏, 杨建海. 2001. GIS 支持的土壤适宜性评价专家系统的实现[J]. 土壤通报, 32(5): 193-196.

刘周莉, 何兴元, 陈玮. 2013. 忍冬——一种新发现的镉超富集植物[J]. 生态环境学报, (4): 666-670.

鲁如坤. 1999. 土壤农业化学分析方法[M]. 北京: 中国农业科技出版社.

倪宏伶等. 1993. 山地土地适宜性评价[M]. 贵阳: 贵州科技出版社.

潘建. 把贵州建成全国道地中药材重要产区[N]. 贵州政协报, 2021-11-03. 2.

庞纯焘. 1982. 新疆土壤分类单元的划分依据及分类系统表[J]. 新疆师范大学学报(自然科学版), (Z1): 29-45.

秦樊鑫, 张明时, 张丹, 等. 2008. 贵州省地道药材 GAP 基地土壤重金属含量及污染评价[J]. 土壤, (1): 135-140.

秦维, 林昌虎, 何腾兵, 等. 2017. 基于经验指数和法的贵州施秉太子参产地土壤适宜性评价[J]. 山地农业生物学报, 36(1): 61-66.

任小巧, 倪健, 杜守颖, 等. 2014. 贵州中药产业发展现状及战略思考[J]. 中国中医药信息杂志, 21(2): 1-4.

史舟, 管彦良, 王援高, 等. 2002. 基于 GIS 的县级柑橘适宜性评价咨询系统研制[J]. 浙江大学学报(农业与生命科学版), (5): 23-25.

宋婕, 梁亮, 闫亚平, 等. 2004. 陕西佛坪山茱萸规范化种植基地适宜性研究[J]. 现代中药研究与实践, (5): 9-13.

孙瑞莲, 赵秉强, 朱鲁生, 等. 2003. 长期定位施肥对土壤酶活性的影响及其调控土壤肥力的作用[J]. 植物营养与肥料学报, (4): 406-410.

索风梅, 陈士林, 任德权. 2005. 道地药材的产地适宜性研究[J]. 中国中药杂志, (19): 9-12.

汪少林, 汪培玲, 朱亮. 2001. 甘肃绿色道地药材生产布局研究[J]. 甘肃中医学院学报, (2): 60-63.

王晓明, 罗金塔, 宋庆安, 等. 2004. 金银花(灰毡毛忍冬)新品种的选育[J]. 湖南林业科技, (6):15-17.

王孜昌, 王宏艳. 2002. 贵州省气候特点与植被分布规律简介[J]. 贵州林业科技, (4): 46-50.

文正敏. 2001. 广西巴马县土地适宜性评价模式探讨[J]. 桂林工学院学报, (4): 376-380.

吴俊铭, 谷晓平, 徐丹丹. 2005. 论贵州农业气候资源优势及其利用[J]. 贵州气象, (3): 3-5.

吴战平, 许丹. 2007. 贵州气候变化的科学事实[J]. 贵州气象, 31(4): 3-4.

肖小河, 陈士林, 陈善墉. 1990. 四川乌头和附子气候生态适宜性研究[J]. 资源开发与保护, 6(3): 151-153.

肖小河, 陈士林, 陈善墉. 1992a. 川产道地药材生产布局研究[J]. 中国中药杂志, (2): 70-72+125.

肖小河, 陈士林, 陈善墉. 1992b. 中国乌头属分布式样的数值分析[J]. 植物学通报, (1): 46-49.

谢彩香, 宋经元, 韩建萍, 等. 2016. 中药材道地性评价与区划研究[J]. 世界科学技术-中医药现代化, 18(6): 950-958.

邢俊波, 李萍, 张重义. 2003. 金银花质量与生态系统的相关性研究[J]. 中医药学刊, (8): 1237-1238.

严健汉, 詹重慈. 1985. 环境土壤学[M]. 武汉: 华中师范大学出版社.

杨春, 杨金笛, 成红砚. 2010. 黔东南州太子参种植土壤中重金属含量及污染评价[J]. 贵州农业科学, 38(02):196-198.

杨云. 1980. 贵州省土壤分布特点与农业利用的关系[J]. 贵州农业科学, (4): 1-4.

杨忠平, 赵剑剑, 曹明哲, 等. 2015. 长春市城区土壤重金属健康风险评价[J]. 土壤通报, 46(2): 502-508.

姚槐应. 2003. 评估红壤微生物群落结构BIOLOG体系的改进[J]. 浙江农业科学, (4): 48-51.

叶国华, 吕方军. 2008. 21种中药材中重金属含量测定[J]. 辽宁中医杂志, (2): 265-266.

余启高. 2008. 恩施州玄参高产栽培技术[J]. 现代农业科技, (18):70.

张本刚, 陈士林, 张金胜, 等. 2005. 基于遥感技术的甘草资源调查方法研究[J]. 中草药, (10): 112-115.

张国泰, 郭巧生, 王康才. 1995. 半夏生态研究[J]. 中国中药杂志, (7): 395-397+446.

张莉, 刘文拔, 丛兰庆, 等. 2011. 不同有机肥施用量对小麦吸收重金属汞和铅的影响[J]. 贵州农业科学, 39(4): 5.

张瑞萍. 2008. 喀斯特地貌自然环境、人口压力与农地制度变迁[D]. 贵阳: 贵州大学硕士学位论文.

张士增, 陈雅芝, 包青. 1995. 中国北方（黑龙江省）引种西洋参气候适宜性的研究[J]. 植物研究, (1): 110-117.

张珍明, 乐乐, 林昌虎, 等. 2016. 种植年限对山银花土壤质量的影响[J]. 水土保持研究, 23(2): 66-72.

张之申, 朱梅年, 闻家政. 1991. 不同产地三七的生态环境观察和微量元素研究[J]. 中国中药杂志, (6): 16-18.

赵莉, 高长健, 王刚, 等. 2000. 不同气候环境对乌头粗多糖含量的影响[J]. 绵阳师范高等专科学校学报, (5): 49-51.

中国药材公司. 1995. 中国中药区划[M]. 北京: 科学出版社.

钟有萍, 谷晓平, 张波, 等. 2018. 贵州省气候资源及农业气候资源特征分析[C]//第35届中国气象学会年会 S6 应对气候变化、低碳发展与生态文明建设论文集: 587-597.

邹国础. 1981. 贵州土壤的发生特性及分布规律[J]. 土壤学报, (1): 11-23.

附　　图

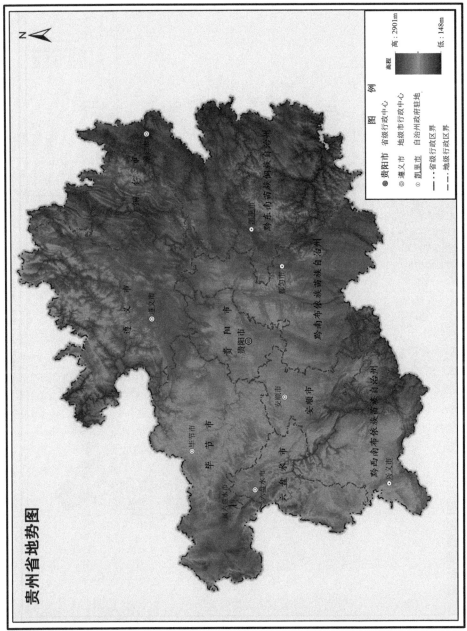

附图 1　贵州省地势图

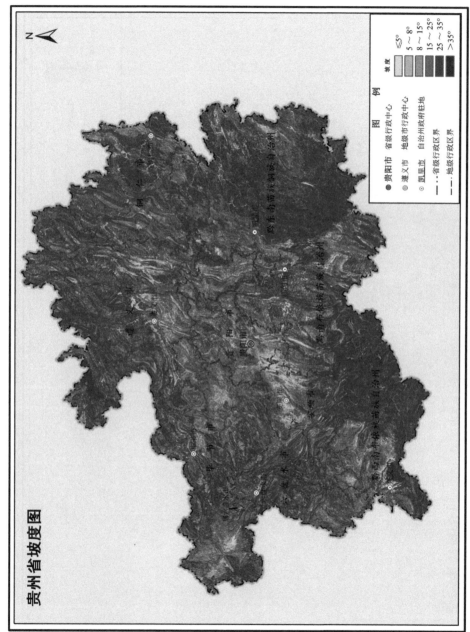

附图 2　贵州省坡度图

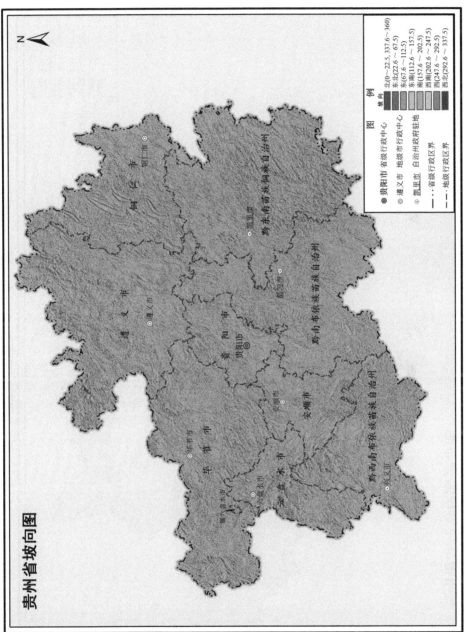

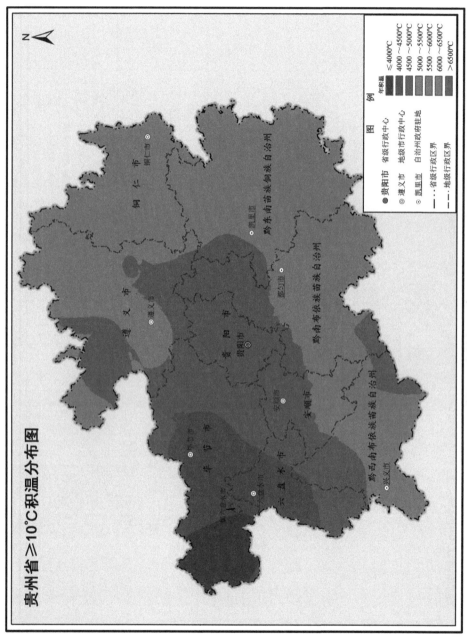

附图 4　贵州省≥10℃积温分布图

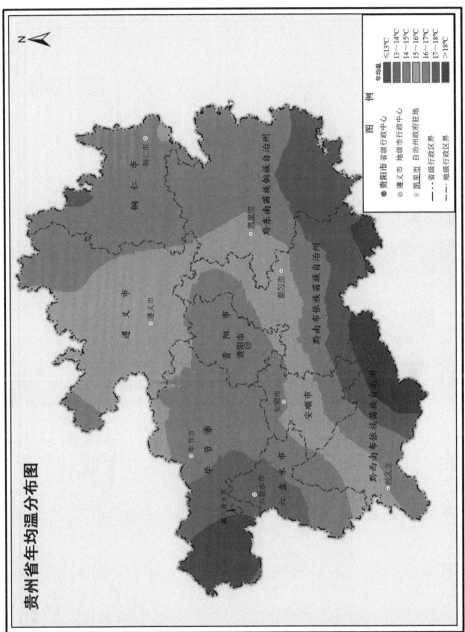

附图 5　贵州省年均温分布图

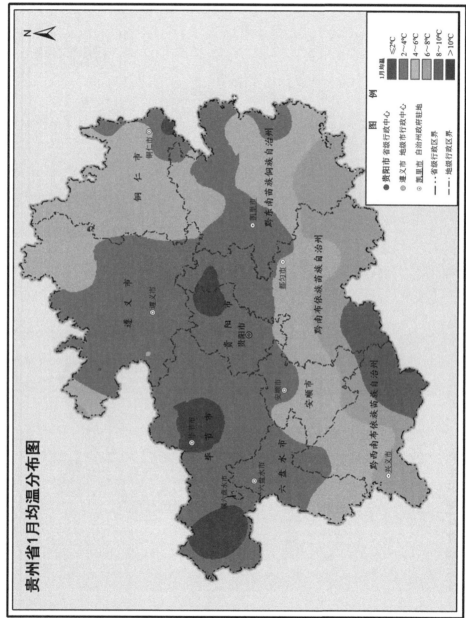

附图 6　贵州省 1 月均温分布图

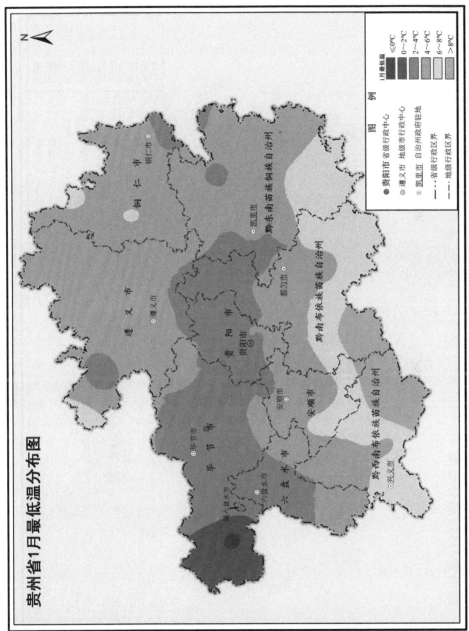

附图 7 贵州省 1 月最低温分布图

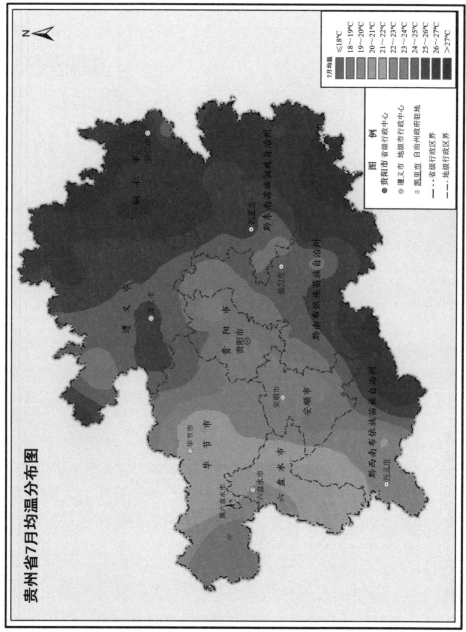

附图 8　贵州省 7 月均温分布图

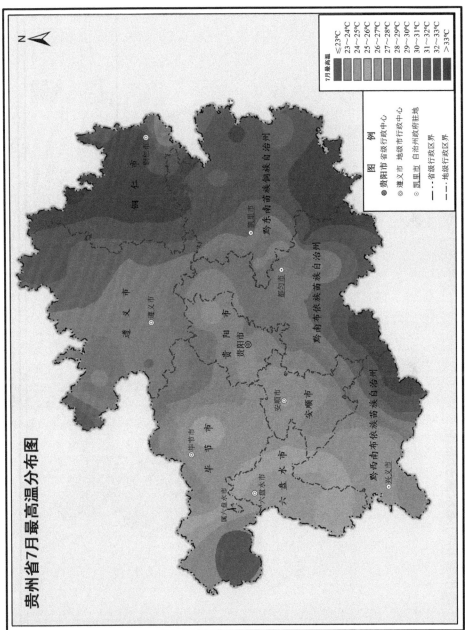

附图 9　贵州省 7 月最高温分布图

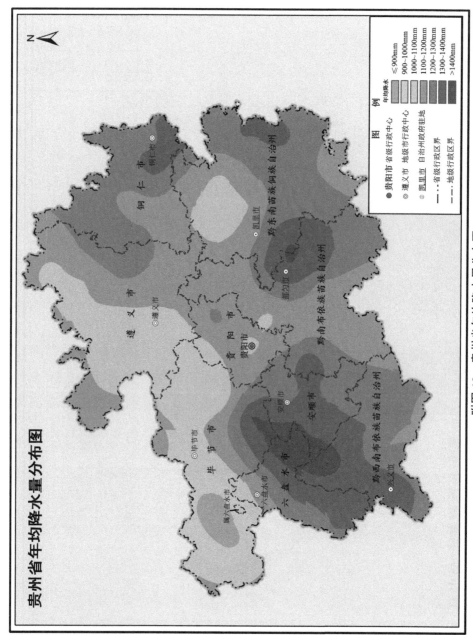

附图 10　贵州省年均降水量分布图

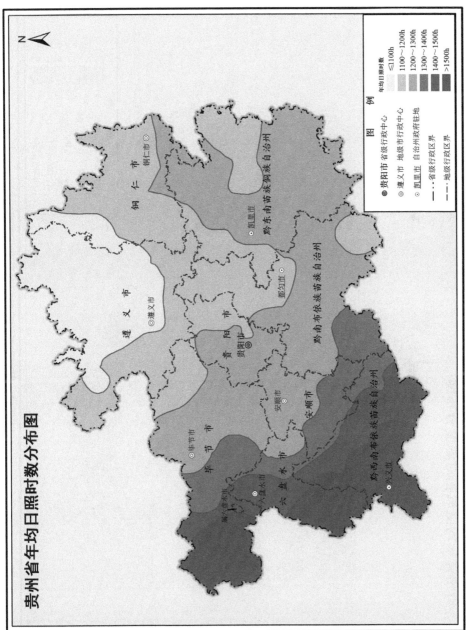

附图 11　贵州省年均日照时数分布图

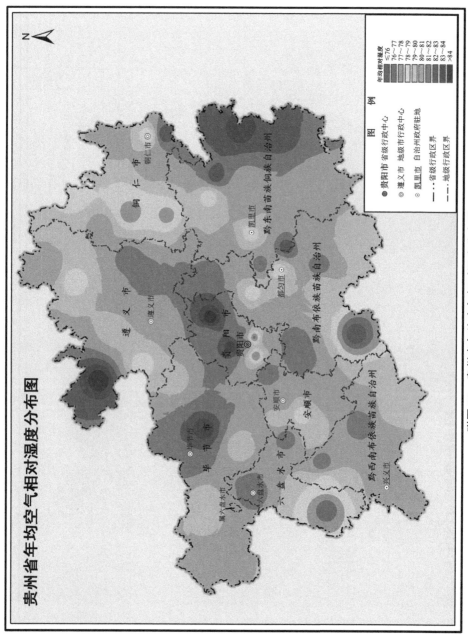

附图 12　贵州省年均空气相对湿度分布图

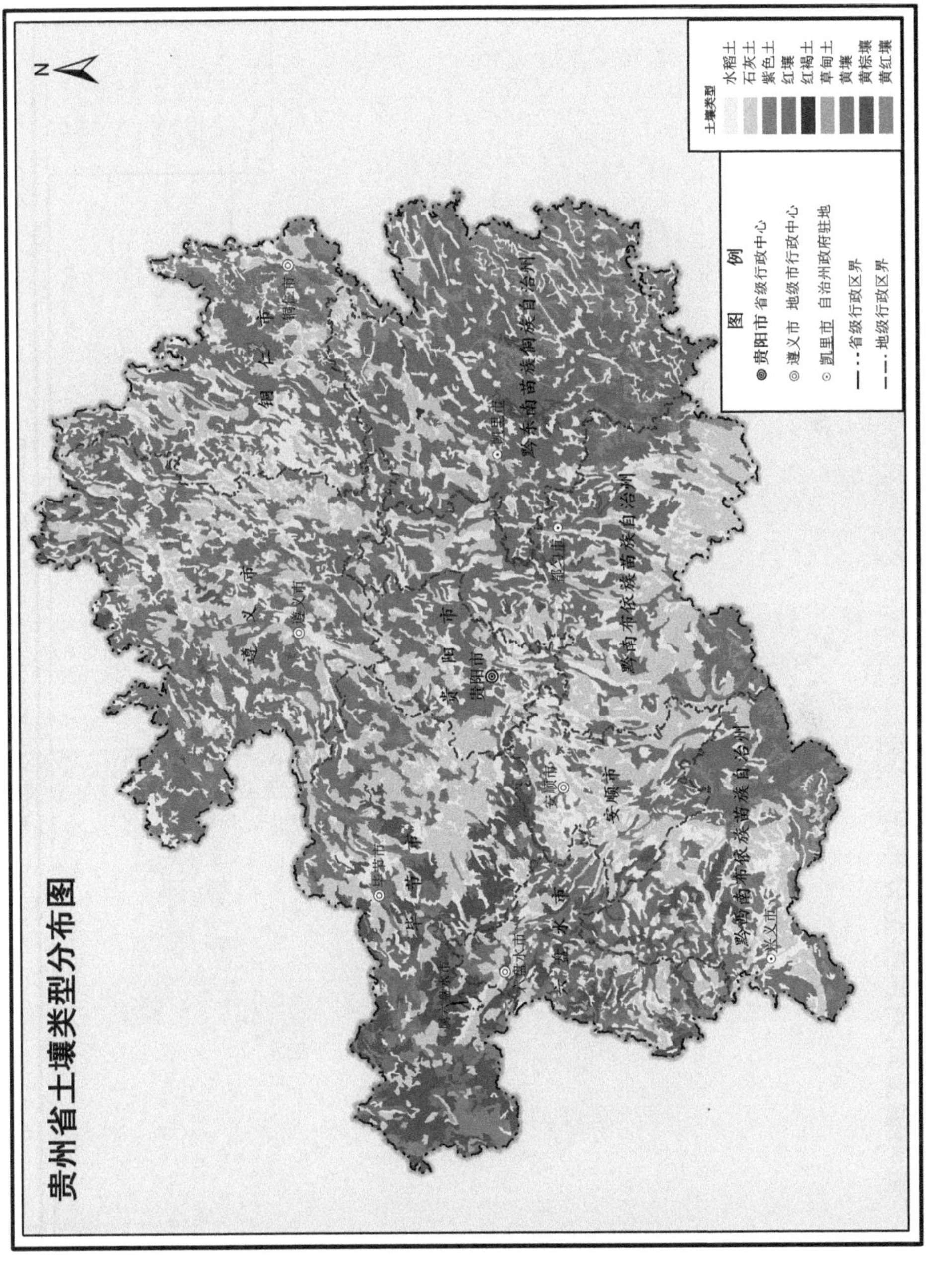

贵州省土壤类型分布图

附图 13　贵州省土壤类型分布图

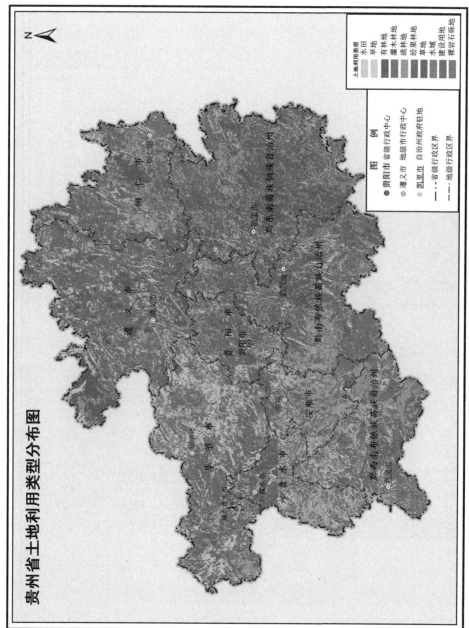

附图 14　贵州省土地利用类型分布图

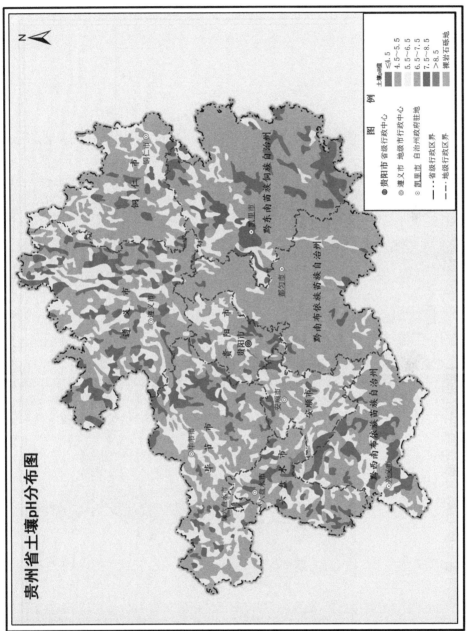

附图 15 贵州省土壤 pH 分布图

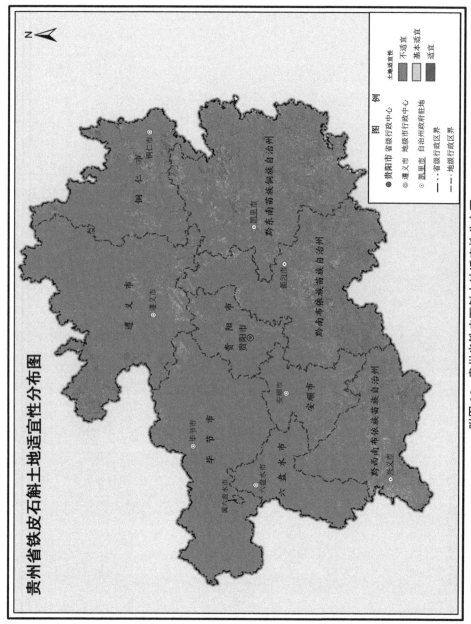

附图 16　贵州省铁皮石斛土地适宜性分布图

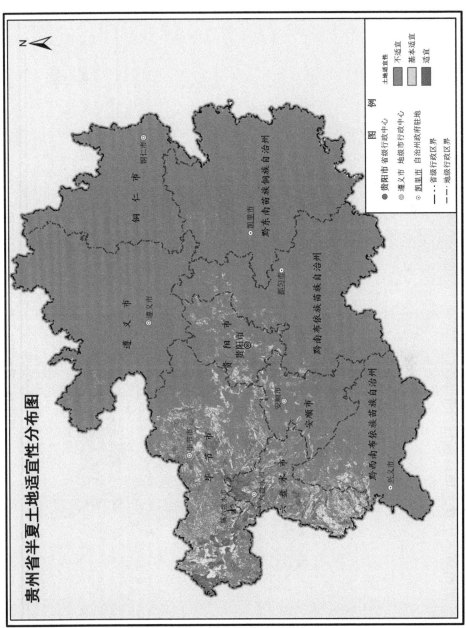

附图 17　贵州省半夏土地适宜性分布图

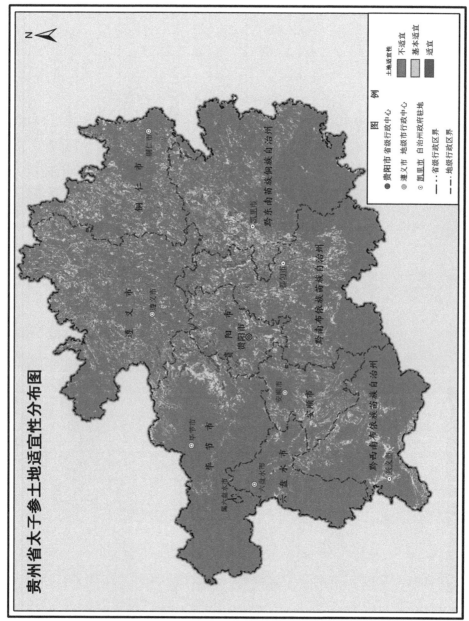

附图 18 贵州省太子参土地适宜性分布图

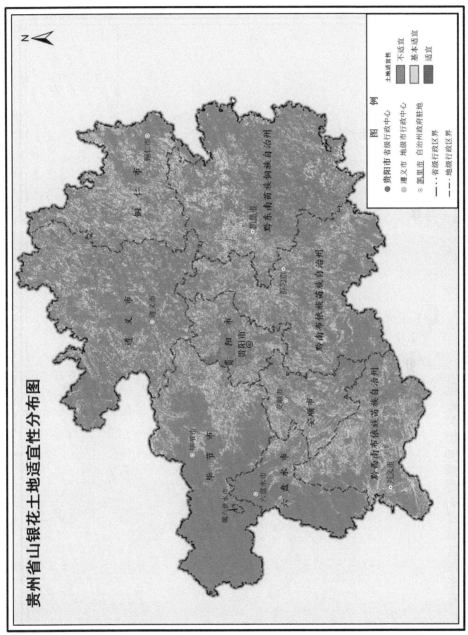

附图 19　贵州省山银花土地适宜性分布图

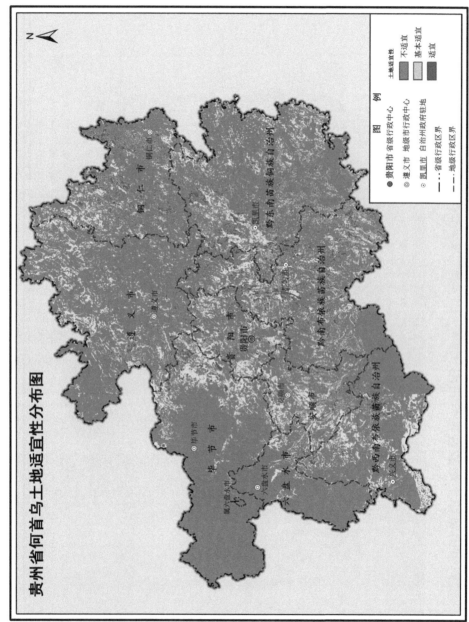

附图 20　贵州省何首乌土地适宜性分布图

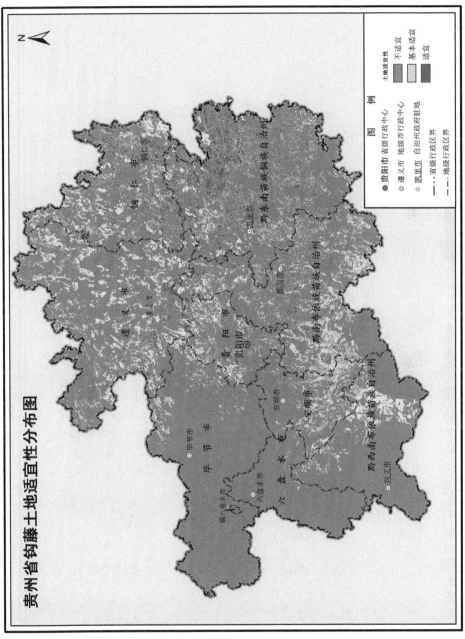

附图 21　贵州省钩藤土地适宜性分布图

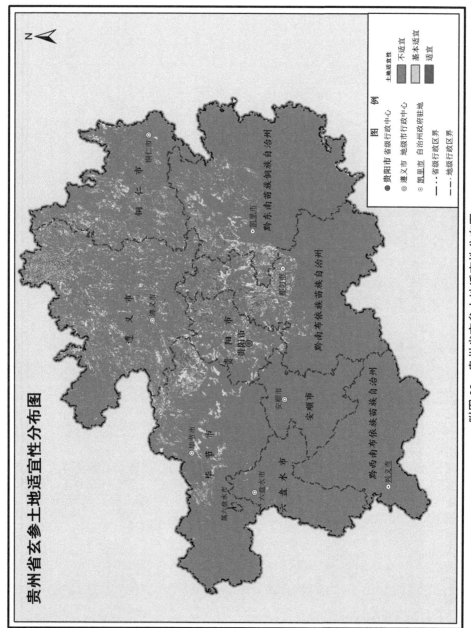

附图 22 贵州省玄参土地适宜性分布图